新农村快速致富宝典丛书

羊病防治新技术宝典

马玉忠　金东航　主编

化学工业出版社
北京

针对现在养羊业存在的问题和需要，河北农业大学马玉忠、金东航教授主编了《羊病防治新技术宝典》一书。本书系统介绍了羊病的诊断与治疗技术、养羊场的环境控制与防疫和保健、羊场的消毒和防疫技术、羊的主要传染病、羊的寄生虫病、羊的内科病、羊的营养代谢病及中毒病、羊的产科疾病和羊的外科疾病等，对羊病的发生原因、症状、治疗和预防措施作了详细介绍，以便帮助养羊户把因疾病造成的损失降低到最低限度。

《羊病防治新技术宝典》从现代养羊业的实际需要出发，内容丰富，先进实用，通俗易懂，技术可操作性强，是广大羊病防治工作者和羊场兽医技术人员、动物检疫工作者、基层兽医必备的工具书，同时也是大专院校动物医学、动物卫生检验、养羊和羊病防治等专业师生的重要参考书。

图书在版编目（CIP）数据

羊病防治新技术宝典/马玉忠，金东航主编．—北京：化学工业出版社，2017.4

（新农村快速致富宝典丛书）

ISBN 978-7-122-29210-0

Ⅰ.①羊… Ⅱ.①马…②金… Ⅲ.①羊病－防治 Ⅳ.①S858.26

中国版本图书馆CIP数据核字（2017）第042909号

责任编辑：尤彩霞　　装帧设计：张　辉

责任校对：宋　玮

出版发行：化学工业出版社（北京市东城区青年湖南街13号　邮政编码100011）

印　　装：三河市延风印装有限公司

850mm×1168mm　1/32　印张9　字数247千字

2017年8月北京第1版第1次印刷

购书咨询：010-64518888（传真：010-64519686）

售后服务：010-64518899

网　　址：http://www.cip.com.cn

凡购买本书，如有缺损质量问题，本社销售中心负责调换。

定　　价：35.00元

新农村快速致富宝典丛书
编委会

编写人员名单

主　编　马玉忠　金东航

副主编　邹东敏　张祎娜　耿艳杰

编著者（以姓氏笔画为序）

田梦悦　任灵肖　刘　芳　刘　佩

刘若楠　刘晓坤　刘新娜　汲如芬

李　楠　李鹏飞　杨　威　张文燕

陈有旺　尚　飞　侯海婷　耿绍辉

贾敬亮　徐丽娜　徐瑞涛　潘　青

鞠　雷

丛书序 PREFACE

多年来，养殖业一直都是我国广大农村的支柱产业，在增加农民收入、促进农村脱贫致富方面发挥了积极作用。随着我国城镇化进程的加快和人们生活水平的提高，对肉、蛋、奶的消费需求会越来越高，对肉、蛋、奶的质量安全水平要求也越来越高。如何指导养殖场（户）生产出高产、优质、安全、高效的畜产品的问题就摆在了畜牧科技工作者的面前。

近两年部分畜产品价格行情不好，养殖效益偏低或是亏损，除了市场波动外，主要原因还是供给结构问题，大路产品多，优质产品少，不能满足消费者对优质安全的需要。药物残留、动物疫病、违禁投入品、二次污染等，已经成为不得不面对、不得不解决的问题。

养殖业要想生存就必须实行标准化健康养殖，走生态循环和可持续发展之路。生态养殖是在我国农村大力提倡的一种生产模式，其最大的特点就是在有限的空间范围内，利用无污染的天然饵料为纽带，或者运用生态技术措施，改善养殖方式和生态环境，形成一个循环链，目的是最大限度地利用资源，减少浪费，降低成本。按照特定的养殖模式进行增殖、养殖，投放无公害饲料，目标是生产出无公害食品、绿色食品和有机食品。生态养殖的畜禽产品因其品质高、口感好而备受消费者欢迎，产品供不应求。

基于这一消费需求，生态养殖、工厂化养殖逐渐被引入主流农业生产当中，并已被国家高度重视。同时，结合这一肉、蛋、奶等农产品的消费需求及国家对农业养殖的重视、补贴政策，化学工业出版社与河北农业大学动物科技学院、动物医学院（中兽医学院）、保定农业职业技术学院、廊坊职业技术学院等相关专业老师合作组织了新农村快速致富宝典丛书，从养殖技术到疾病防治，每本书作者均为科研、教学一线的专业老师，他们长期深入到养殖场、养殖户进行技术指导，开展科技推广和培训，理论和实践经验较为丰富，每本书的编写都非常注重实用性、针对性和先进性相结合，突出问题导向性和可操作性，根据养殖场（户）的需要展开编写，争取每一个知识点都能解决生产中的一个关键问题，注重养殖细节。本套丛书采取滚动出版的方式，逐年增加新的版本，相信本套丛书的出版会为我国的畜牧养殖业做出应有的贡献。

丛书编委会主任：

河北农业大学动物科技学院　教授

2016年11月

前言 FOREWORD

随着社会的发展和进步，我国的养羊业也得到了迅猛的发展，并已成为畜牧业新的经济增长点。由于羊的生物学价值是其他动物性食品无法替代的，因而备受广大消费者的青睐，市场的需求量也越来越大。为了进一步增加羊的数量和提高羊的质量，有效地预防和治疗羊的各种疾病已经成为畜牧兽医和羊养殖、管理人员的首要任务，只有这样才能确保养羊业的健康快速发展，最大限度地满足市场需要。

《羊病防治新技术宝典》一书是为了适应当前养羊业快速发展的需要，在总结实践经验、借鉴先进科技成果、参考大量文献资料的基础上完成的，其宗旨在于直接服务广大畜牧兽医相关人员，促进我国养羊业发展再上一个新的台阶。

《羊病防治新技术宝典》共分为9章，主要讲解了羊病防治新技术的应用，包括羊病的诊断与治疗技术、养羊场的环境控制与防疫和保健、羊场的消毒和防疫技术、羊的主要传染病、羊的寄生虫病、羊的内科病、羊的营养代谢病及中毒病、羊的产科疾病、羊的外科疾病等方面的理论知识和操作技能。本书在编写过程中力求科学性、学术性与实用性相统一，传统兽医诊治技术与现代兽医诊治技术相结合，以期更有效地为养羊生产提供较好的技术指导。

《羊病防治新技术宝典》编写过程中，听取了多位专家的意见，在此表示衷心的感谢并致以崇高的敬意。由于编者水平有限，书中疏漏之处所难免，恳请各位专家和读者不吝赐教。

编 者

2017年5月

附本书中单位说明对照表：

单位名称	吨	千克	克	毫克	微克	米
对应国际标准符号	t	kg	g	mg	μg	m
单位名称	厘米	毫米	微米	纳米	转/每分	公顷
对应国际标准符号	cm	mm	μm	nm	r/min	hm^2
单位名称	平方米	平方厘米	立方米	升	毫升	天
对应国际标准符号	m^2	cm^2	m^3	L	mL	d
单位名称	小时	分钟	摄氏度	千焦	兆焦	国际单位
对应国际标准符号	h	min	℃	kJ	MJ	IU
单位名称	瓦	勒克斯				
对应国际标准符号	W	lx				

目录 CONTENTS

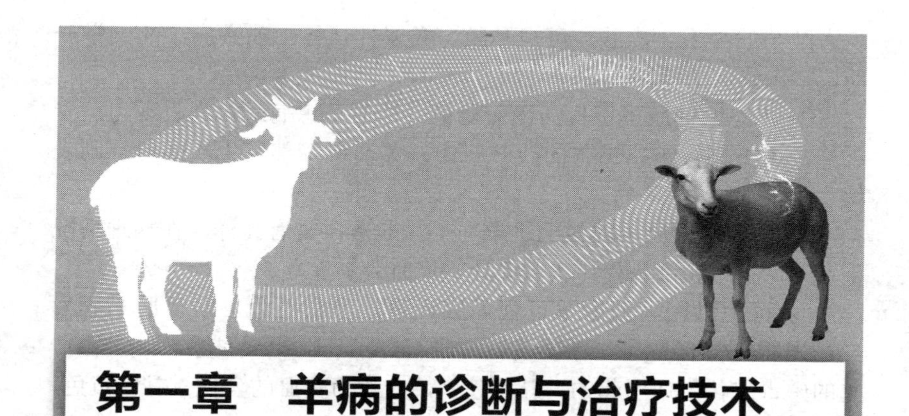

第一章　羊病的诊断与治疗技术

一、临床诊断技术

（一）基本的诊断方法

1. 问诊

问诊是通过询问畜主或饲养管理人员，了解羊或羊群发病的有关情况。问诊主要包括如下内容。

① 发病时间　根据时间可以确定该病是急性还是慢性的。

② 发病只数及死亡情况　根据养殖场或某一地区相同症状的疾病发病数，可推测为一般疾病或者群发性疾病。

③ 主要症状　了解病羊的食欲、饮水、精神状态、体温、呼吸、脉搏、排粪、排尿等情况。

④ 发病的经过及治疗情况　发病后临床症状的变化，采取何种方法治疗，用过何种药物，效果如何。

⑤ 免疫接种情况　用过何种疫苗，疫苗的来源、效价、免疫时间。

⑥ 饲养管理情况　日粮组成、饲料质量、饲喂次数、饲喂量以及饲养制度。

⑦ 羊的年龄、性别等。

⑧ 羊圈的卫生及消毒情况。

2. 视诊

视诊是通过察看病羊的表现，包括羊的精神状态、肥瘦、姿势、

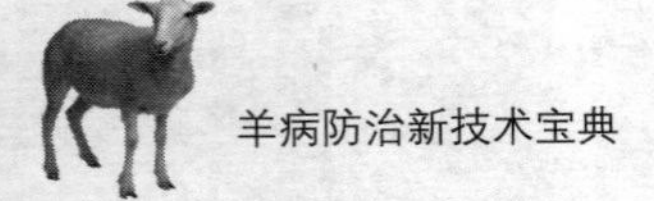

步态及羊的被毛、皮肤、可视黏膜、粪尿性状等。观察病羊的一举一动，找出发病的原因。

① 步态　健康羊步伐活泼而稳健。如果羊患病时，常表现为运步不稳，或不愿行走。当羊的四肢肌肉、关节或蹄部发生疾病时，则表现为跛行。

② 被毛　健康羊的被毛平整而不易脱落，富有光泽。在病理情况下，羊的被毛粗乱蓬松，失去光泽，而且容易脱落。

③ 可视黏膜　健康羊可视黏膜光滑，呈粉红色。若口腔黏膜发红，表明身体有炎症。黏膜发红并带有红点、血丝或呈紫色，是由严重的中毒或传染病引起的。黏膜苍白，一般为贫血的表现。黏膜黄色，多为黄疸病。黏膜蓝色，多为肺脏、心脏患病。

④ 采食和饮欲　羊的采食、饮水减少或停滞，首先要检查口腔有无异物和溃疡，舌有没有糜烂和创伤。反刍减少或停滞，经常是前胃疾病。

⑤ 粪便　主要观察粪便的形状、硬度、色泽及附着物等。粪便过干，多为缺水和肠弛缓；过稀，多为肠机能亢进；混有黏液过多，为肠管的卡他性炎症；含有完好谷粒，为消化不良；混有纤维素膜时，为纤维素性肠炎。还要仔细检查粪便是否含有寄生虫及其节片，患有寄生虫病时，病羊身体多瘦弱。

⑥ 排尿　排尿困难表明泌尿系统有炎症或结石。

⑦ 呼吸　呼吸次数增加，常见于急性、热性病、呼吸系统疾病、心衰、贫血及腹压升高等；呼吸次数减少，主要见于某些中毒、代谢障碍等疾病。

3.触诊

触诊是用手感受被检查的部位，并施加压力，以便判别被检查的各器官组织是否正常。

触诊可用于判断以下症状。

① 皮肤的温度、弹性和硬度　用手触摸羊的耳朵或头部，检查是否发烧，高温常见于传染病。

② 浅表淋巴结的大小和形态变化　当羊发生结核病、伪结核病、羊链球菌病时，体表淋巴结经常肿大，其形状、硬度、温度、敏感性

及活动性等都会发生变化。

③ 脉搏　留意每分钟跳动次数和强弱等。

④ 腹壁　判断腹壁的紧张性和敏感度，从而推断腹腔内胃、肠、肝、脾、膀胱等器官的状况。应用冲击触诊法可判定是否存在腹水。

4. 叩诊

叩诊是用手指或叩诊锤叩打羊体表的某一部分或体表的垫着物（手指或垫板），借助所发出的声音判断被叩击部位及深部器官的活动状态。

叩诊音有清音、浊音、半浊音、鼓音。清音，为叩诊健康羊的胸廓所发出持续、高朗的声音。浊音，当羊胸腔内含有大量渗出液时，叩打胸壁时出现不同程度的浊音。半浊音，介于浊音和清音之间的声音，羊患支气管肺炎时，肺泡含气量减少，叩诊呈半浊音。鼓音，是健康羊瘤胃的正常叩诊音，若瘤胃臌气，则鼓响音加强。

5. 听诊

听诊是利用听觉听取羊体内器官所产生的声音，来判别内脏器官正常与否的诊断方法。

心音加强，见于热性病的初期。心音减弱，见于心脏机能障碍的后期或患有渗出性胸膜炎、心包炎。第二心音加强时，见于肺气肿、肺水肿、肾炎等病理进程中。听到其余杂音，多为瓣膜疾病、创伤性心包炎、胸膜炎等。

肺泡呼吸音过强，多为支气管炎、黏膜肿胀等；肺泡呼吸音过弱，多为肺泡肿胀、肺泡气肿、渗出性胸膜炎等。在肺部听到支气管呼吸音，见于羊的传染性胸膜肺炎等。啰音分干啰音和湿啰音。干啰音甚为庞杂，有咝咝声、笛声、口哨声及猫鸣声等，多见于慢性支气管炎、慢性肺气肿、肺结核等。湿啰音似含漱音、沸腾音或水泡破裂音，多发生于肺水肿、肺充血、肺出血、慢性肺炎等。捻发音多发生于慢性肺炎、肺水肿等。摩擦音多发生在肺与胸膜之间，多见于纤维素性胸膜炎、胸膜结核等。

腹部听诊主要是听取腹部胃肠运动的声音。健康羊于左肷部可听到瘤胃蠕动音，每2min可听到3～6次。羊患前胃弛缓或发热性疾病时，瘤胃蠕动音减弱或消失。羊的肠音类似于流水声或漱口声，正常时较弱。肠炎病羊初期，肠音亢进；便秘时，肠音消失。

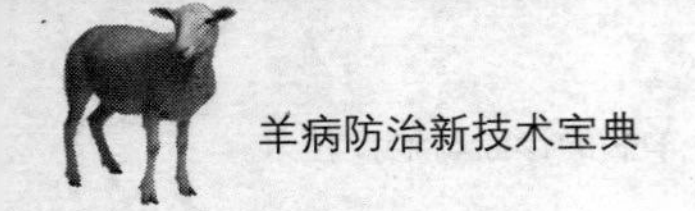

6. 嗅诊

嗅诊是通过嗅闻羊的分泌物、排泄物、呼出气体及口腔味道，来诊断疾病的一种方法。如肺坏疽时，鼻液带有腐败性恶臭；胃肠炎时，粪便腥臭或恶臭；消化不良时，可从呼出的气体中闻到酸臭味。

（二）整体及一般检查

1. 整体状态的观察

健康的羊两眼炯炯有神，尤其是山羊反应敏捷，行动活泼、轻快，如遇喜食的灌木就用两后肢站立采食，生人接近时迅速躲避。

当羊患病时，表现为精神沉郁，呆立不动或行动不稳，反应迟钝或是兴奋不安。有些羊还会表现特殊姿势，如患有李氏杆菌病或脑包虫时，常做转圈运动；而患有破伤风的羊四肢僵硬，呈木马状；羊的四肢患病时，常常出现跛行。过肥过瘦，背部凹陷，腹大耳垂，四肢短而弯曲变形者，均可视为病态。

2. 被毛和皮肤的检查

健康的羊被毛光滑平整，有光泽。而病羊被毛粗乱无光，甚至脱毛，毛焦体瘦，换毛迟缓。对一些腹部本来应该隆起而收缩的羊，很可能患有慢性疾病或长期消化不良。脱毛结痂，皮肤增厚可能患有疥癣或湿疹，皮肤有痘疹也许是羊痘。

在检查皮肤时，除了注意皮肤外观，还要触摸皮肤。检查羊的耳根、角跟、胸侧、四肢的温度是否正常，皮肤温度有无变化，注意皮肤的弹性和有无水肿。判断羊皮肤弹性的方法是捏起颈侧皮肤形成皱褶，松手后皮肤皱褶是否很快消失。若颌下、胸下、腹下等处的皮肤有水肿现象，很可能是患了很严重的寄生虫病，如肝片吸虫病。

3. 可视黏膜的检查

健康羊的可视黏膜呈粉红色或淡红色，光滑、湿润。

如发现羊的眼结膜发红时，多见于各种发热性疾病、疼痛性疾病、中毒性疾病。

结膜苍白是贫血的表现，贫血是由多种原因造成的，如寄生虫病、失血过多等。

结膜发黄多见于各种原因造成的肝脏病变、胆管阻塞和溶血性贫血等，患了吸虫病、弓形虫病的羊也可能出现黄染现象。

结膜发绀（呈紫红色）是严重缺氧的征兆，多见于呼吸困难性疾病、中毒病或某些病的重危症后期。

眼结膜有出血点或出血斑，多发生于出血性疾病或中毒病。

4.浅在淋巴结的检查

在羊的体表可以触摸到几个较大的淋巴结，可以根据其大小、硬度、温度、敏感度及活动性来诊断疾病。一般主要检查的羊淋巴结有：颌下淋巴结、肩前淋巴结、膝上淋巴结以及乳上淋巴结。

当羊患结核病时，淋巴结肿胀变硬，无热无疼。患伪结核的羊，体表淋巴结初期肿胀变硬，以后化脓，触压有波动，最后淋巴结内形成奶酪样物。

5.体温、脉搏和呼吸数的测定

（1）体温的测定

羊站立保定。操作者将体温计的水银柱甩至35℃以下，用酒精棉球消毒后，一手抓住尾巴抬起，另一手持体温计旋转插入直肠，体温计的尾端用夹子固定在皮肤上。3～5min后，取出体温计，用棉球擦去体温计上的附着物，然后读数。

值得注意的是，在测量体温的时候，要注意羊的直肠里有无粪便，如存在粪便，应诱导其排出，这样数据更准确。健康羊的年龄不同，环境温度不同，体温也不尽相同。一般来说，羔羊比成年羊体温要高一点，热天比冷天要高些，下午比上午要高些，运动后比运动前要高些。羊的正常体温范围在38～39℃。

（2）脉搏的测定

脉搏数也就是心跳数，可在羊后肢股内侧的股动脉或颌外动脉测定脉搏。健康羊的脉搏每分钟70～80次。

（3）呼吸数的测定

一般可以根据胸腹壁的起伏动作来测定呼吸次数，在寒冷季节也可根据呼吸气流来测定，或用听诊器听取肺脏每分钟的呼吸数。健康羊的呼吸次数为每分钟12～30次。

（三）系统检查

1.循环系统的检查

羊心脏的听诊一般在左侧肘凸处，主要获取心脏跳动次数、心律、

心音变化和杂音等。心音增强，主要见于发热性疾病、贫血、疼痛等。如果脉搏次数增多，则说明羊患有高热病、剧烈疼痛性疾病、心脏病、贫血、呼吸器官疾病和某些中毒病；如果脉搏次数减少，则可能是中毒的表现；如果脉搏强而有力，则说明处于热性病初期；如果脉搏弱而无力，可能患有心力衰竭、热性病或中毒病的后期。一旦摸不到脉搏的跳动，则是心力衰竭或将要死亡的征兆。在检查脉搏时，一定要让羊平静下来再做检查。

2. 呼吸系统的检查

（1）上呼吸道检查

上呼吸道及肺部的细菌感染往往使羊流浓稠鼻液，而鼻腔有羊鼻蝇幼虫时，初期为清鼻液，以后变稠，有时混有血液，鼻液黏稠附在羊的鼻孔周围，可形成痂皮。

在羊患气管炎时常发生干咳，患支气管肺炎时常发生频繁咳嗽，湿咳表明气管、支气管有稀薄痰液存在。

（2）呼吸的检查

如果呼吸次数增多，则说明羊患热性疾病、剧烈疼痛性疾病、心力衰竭、贫血、呼吸器官疾病或脑充血等。如果呼吸次数减少，则是慢性脑室积水、中毒及重度代谢紊乱的表现。

在检查羊的呼吸时，也要注意嗅闻羊呼出气体的味道。如呼出的气体带有腐臭味，可能患有肺坏疽；如有酸臭味，多为消化不良；如有大蒜味，一般是有机磷中毒病。

3. 消化系统的检查

（1）口腔检查

打开口腔以后，首先要注意口腔的温度、湿度、颜色、完整性，舌及牙齿的情况。口温升高，多见于高热病及口腔炎。口温降低，多见于贫血、虚脱疾病的垂危症。口腔黏膜颜色的变化，对疾病的诊断和预后的判断都有重要的参考价值。当口腔黏膜迅速变为苍白或青紫色，说明病情严重，多愈后不良。口腔黏膜湿润或流涎，应注意口腔黏膜有无异物刺入或溃烂，并要密切注意有无口蹄疫、羊口疮等流行病。口腔干燥，多见于高热性疾病、瓣胃阻塞及脱水性疾病。

可根据舌苔的厚薄、颜色及气味，判断病势的轻重及预后。健康

羊的舌面无舌苔或仅有极薄的灰色舌苔。在患有消化系统疾病及一般发热性疾病时，舌苔变黄，若病程长，则舌苔变厚、色污黄而且伴有臭味。

口腔检查时，还应注意下切齿是否整齐，有无松动或氟斑牙，臼齿排列情况，有无脱落，过长齿以及牙龈有无肿胀。

在病危的时候，可以通过对舌的温度检查来判断病羊的病情，舌尖凉的一般无大碍；三分之一凉的为重危症，多预后不良；对于全部凉的，必死无疑。

（2）腹围检查

健康羊的腹围给人的直观以饱满感。当发生瘤胃臌气、瘤胃积食时，腹围增大，肷窝平坦或鼓起。当膀胱破裂、腹膜炎并有大量渗出液时，腹围也增大，但肷窝凹陷，腹中下部鼓起，特别是站在羊的后边观察时，腹下部位向左右两侧明显扩展，此时用手冲击触诊，可听到水响的声音。

当羊长期饥饿、腹泻和患慢性消耗性疾病时，腹围会缩小，甚至呈现腹部蜷缩状。

（3）羊的采食、饮水观察

食欲的好坏直接反映出羊的健康状况，不吃不喝说明病情严重。若想吃而不敢咀嚼，要检查口腔和牙齿有无病变和异常。

羊喜欢舔土、吃草根、砖瓦或其他脏东西，这种现象称为异食癖，应考虑微量元素缺乏或慢性营养不良。

饮水增加称为贪水，说明羊患腹泻或大出血疾病，热性病的初期也会出现饮水量增加。但要区别的是，在炎热的季节，羊的饮水量有所增加，不能作为病态处理。

（4）反刍和嗳气检查

健康羊通常在饲喂后半小时开始反刍，每次反刍时间持续30～40min，每个食团咀嚼次数50～70次，每昼夜反刍为6～8次。

患了疾病的羊，会出现反刍减少或废绝。反刍减少一般指的是食后开始反刍的时间推迟，每次反刍时间变短，每个食团咀嚼次数减少。反刍废绝，病羊长时间不反刍，多见于高热病、严重的前胃及真胃疾病和肠道疾病。在这些疾病过程中，通过治疗，若由废绝到开始出现反刍现象，说明疾病处于恢复阶段。

健康的羊在休息时可以看到颈部食管有自下而上的逆蠕动波，即为嗳气动作。通常每小时为20～30次。也可以用听诊器在食管部位听诊。嗳气的减少是瘤胃运动机能障碍的结果。嗳气停止与食欲废绝、反刍消失常常是共同发生的，并可导致瘤胃臌气。嗳气增加是瘤胃内发酵过盛或瘤胃运动机能增强的结果。

（5）粪便及排粪动作的检查

在生产中要随时观察羊粪便的颜色、数量变化及排粪动作，以便及时发现疾病，并及时做出治疗。粪便的检查主要是看其形状、硬度、颜色及附着物。正常的羊粪便呈小球型，灰黑色，软硬适中。如果粪便过于干、小，色黑，可能是缺水和胃肠道运动迟缓。如果粪便出现特殊臭味或过于稀薄，多是各种类型的急性肠炎所致。

粪便呈黑褐色，说明前段消化道出血；粪便为暗红色，为后段肠道出血；当粪便混有大量黏液或附有黏膜样物并带有腥臭或恶臭时，表明肠道有炎症；当混有大量没有消化的谷粒或粗纤维时，表示消化不良；当混有寄生虫节片时，说明羊体内有大量的寄生虫存在。

4.神经系统的检查

若羊的精神兴奋，多为脑膜充血、炎症、颅内压升高、代谢障碍；精神抑制，多为神经组织的代谢障碍所致，如热性病、脑水肿、脑贫血、脑膜脑炎等。如出现回转运动，有可能病羊患有多头蚴病、脑肿瘤，也可能患有李氏杆菌病；盲目运动，应怀疑狂犬病；截瘫时有可能腰椎受损。

5.泌尿生殖系统检查

（1）排尿及尿液的观察

正常状态下公羊排尿时，尿液呈股状一排一停地流出，在行走或采食时均可进行。一般情况下，羊每昼夜排尿2～5次，尿量0.5～2L。当排尿失禁时，无排尿姿势，尿液会不由自主地流出，多见于脊髓炎、膀胱括约肌麻痹、脑病昏迷和濒死的病羊。若排尿的时候表现不安，回顾腹部摇尾巴，说明尿道有急性炎症存在。而公羊有尿道结石时，排尿常常有疼痛的症状，尿液呈点滴状或排不出尿液。

健康的羊尿液清亮，无色或稍黄。患病时尿液变为红色，说明

泌尿道有出血或红细胞大量被破坏而致的血红蛋白尿。急性肾炎或化脓性肾盂肾炎时，尿液混浊，有时呈乳白色。羊患焦虫病时，尿为黄红色。

（2）生殖系统检查

睾丸炎时睾丸肿胀，阴囊皮肤紧张发亮，这时应注意布氏杆菌病。公羊最易发生包皮炎，包皮红肿，包皮的前端充满皮垢和浑浊尿液。阴茎易发生损伤。龟头肿胀时，尿道可流出脓性分泌物。

二、实验室检查

（一）血液学检查

1. 红细胞检查

红细胞起源于骨髓中的多功能造血干细胞，多功能造血干细胞经过增殖，分化为定向干细胞，在红细胞生成素的作用下，进而发育为原始红细胞。原始红细胞再经过3次有丝分裂，依次经过早幼、中幼和晚幼红细胞各发育阶段而发育成熟，排出胞核，进入骨髓窦，然后释放到外周血液中。

红细胞的主要生理功能是运输氧和二氧化碳，并对酸、碱物质具有缓冲作用，而这些功能均与血红蛋白有关，每克血红蛋白可携带氧1.34mL。

红细胞的存活时间因动物种类不同而有很大的差别，绵羊红细胞的平均寿命为70～153d，山羊125d。绵羊、山羊的红细胞是在骨髓内完全成熟，正常时在外周血液中查不到网织红细胞。

（1）红细胞计数（RBC）和血红蛋白含量（Hb）的测定

红细胞计数的方法有显微镜计数法、血沉管计数法、光电比色法、血细胞电子计数器计数法等。目前在兽医临床上使用最广泛的是显微镜计数法（计数板法）。

测定血红蛋白的方法有氰化高铁血红蛋白法、血氧法、比重法、目视比色法、试纸法等。健康羊红细胞数和血红蛋白含量参考值见表1-1。

红细胞和血红蛋白相对性增多，见于严重呕吐、腹泻、大量出汗、急性胃肠炎、肠便秘、肠变位、瘤胃积食、瓣胃阻塞、真胃阻塞、渗出性胸膜炎、渗出性腹膜炎、日射病与热射病、大面积烧伤、子宫蓄脓等；绝对性增多，如红细胞增多症、慢性心肺病、高原适应、慢性阻塞性肺病、先天性心脏病、血红蛋白病、肾囊肿、肾积水、肾血管缺陷、肾癌、肾淋巴肉瘤、小脑血管瘤、子宫肌瘤、肝癌、肾上腺皮质机能亢进等。

表1–1　健康羊红细胞数、血红蛋白含量和红细胞压积参考值

动物	RBC/（10^{12}个/L）	Hb/（g/L）	PCV/（L/L）
山羊	15.23±1.03	92.6±5.1	0.35±0.03
绵羊	8.42±1.20	92.0±7.0	0.33±0.02

红细胞数和血红蛋白量减少，见于胃溃疡、球虫病、钩虫病、捻转血矛线虫病、螨病、脾血管肉瘤、甘蓝中毒、野洋葱中毒、维生素缺乏、微量元素缺乏、辐射病、蕨类植物中毒、梨包镰刀菌毒病、羊毛圆线虫病、慢性粒细胞白血病、淋巴细胞白血病、垂体功能低下、肾上腺功能低下、甲状腺功能低下等。

（2）红细胞压积的测定

红细胞压积（PCV），又称红细胞比容（Hct）。健康羊红细胞压积参考值见表1-1。红细胞压积增高，见于急性胃肠炎、肠便秘、肠变位、瓣胃阻塞、渗出性胸膜炎和腹膜炎，真性红细胞增多、肺动脉狭窄、高铁血红蛋白血症，以及某些传染病和发热性疾病；红细胞压积降低，见于各种贫血，有小细胞性贫血、大细胞性贫血以及正细胞性贫血之分。

（3）红细胞指数

红细胞指数包括平均红细胞体积（MCV）、平均红细胞血红蛋白含量（MCH）、平均红细胞血红蛋白浓度（MCHC）。健康羊红细胞指数参考值见表1-2。

表1–2　健康羊红细胞指数参考值

动物	MCH/pg	MCV/FL	MCHC/（g/L）
山羊	5.0～8.0	15.0～22.0	280～450
绵羊	8.2～12.3	28.0～34.9	300～380

大细胞性贫血，MCH和MCV增加，MCHC正常或减少，见于钴缺乏、维生素B_{12}缺乏、叶酸缺乏、甲状腺机能下降等引起的贫血；正常细胞性贫血，MCH和MCV正常，MCHC正常或减少，见于急性出血性贫血、再生障碍性贫血、溶血性贫血、骨髓疾病所致的贫血；小细胞低色素性贫血，MCH和MCV减少，MCHC正常或减少，见于铁缺乏、铜缺乏、维生素B_6缺乏、铅中毒、钼中毒等引起的贫血。

（4）红细胞沉降速率的测定

红细胞沉降速率（ESR）简称血沉。健康羊血沉参考值见表1-3。

表1–3　健康羊血沉参考值

动物	血沉值/mm			
	15min	30min	45min	60min
山羊	0	0.5	1.6	4.2
绵羊	0	0.2	0.4	0.7

血沉加快，常见于各种贫血性疾病、炎性疾病以及组织损伤或坏死，如结核病、风湿热、全身感染、心肌炎和心肌变性、肺炎、腹膜炎、子宫蓄脓、慢性间质性肾炎、放射性损伤等。还见于一些传染病，如钩端螺旋体病、沙门氏菌病、锥虫病、急性细菌性心内膜炎等；血沉减慢，常见于严重脱水，如胃扩张、肠阻塞、急性胃肠炎、瓣胃阻塞、发热性疾病、酸中毒等。

（5）红细胞形态学检查

① 正常羊红细胞直径（μm）　绵羊为3.0～5.6，山羊为2.1～4.9。

② 红细胞大小异常　见于急性失血性贫血、溶血性贫血、叶酸缺乏、维生素B_{12}缺乏、铜缺乏、铁缺乏、溶血性贫血、失血性贫血、低色素性贫血等。

③ 红细胞形态异常　见于贫血、酒糟中毒、弥散性血管内凝血、缺铁性贫血、阻塞性黄疸、铅中毒、尿毒症等。

④ 红细胞着色异常　见于缺铁性贫血、出血性贫血、溶血性贫血等。

⑤ 红细胞结构异常　见于铅、汞等重金属中毒、恶性贫血、脾切除后动物、贫血等。

2. 白细胞检查

（1）健康羊白细胞数参考值见表1-4。

表1-4　健康羊白细胞数和白细胞分类计数参考值

动物	WBC /（10^9个/L）	嗜碱性粒细胞/%	嗜酸性粒细胞/%	中性粒细胞/%		淋巴细胞/%	单核细胞/%
				杆状核细胞	分叶核细胞		
山羊	12.47±0.90	0.59±0.50	4.66±0.60	3.47±0.57	31.84±2.55	55.19±2.84	4.25±0.67
奶山羊	13.20±1.88	0.40±0.10	4.00±0.55	4.20±1.02	35.40±3.64	53.20±2.32	2.60±0.30

白细胞增多，见于大多数细菌性传染病和炎症性疾病，如炭疽、腺疫、巴氏杆菌病、纤维素性肺炎、小叶性肺炎、腹膜炎、肾炎、子宫炎、乳房炎、蜂窝织炎等。此外，还见于白血病、恶性肿瘤、尿毒症、酸中毒等；白细胞减少，见于某些病毒性传染病，如流行性感冒等，也见于各种疾病的濒死期和再生障碍性贫血。此外，还见于长期使用某种药物时，如磺胺类药物、青霉素、链霉素、氯霉素、氨基比林、水杨酸钠等。

（2）白细胞分类计数（WBC）

外周血液中的白细胞主要有5种，即中性粒细胞、嗜酸性粒细胞、嗜碱性粒细胞、淋巴细胞和单核细胞，正常时这5种白细胞之间有一定的比例。健康动物白细胞分类计数参考值见表1-4。

中性粒细胞增多，常见于感染性疾病，如炭疽、腺疫、巴氏杆菌病；一般炎症性疾病，如急性胃肠炎、肺炎、子宫内膜炎、急性肾炎、乳房炎；化脓性疾病，如化脓性胸膜炎、化脓性腹膜炎、创伤性包炎、肺脓肿、蜂窝织炎等；中毒性疾病，如酸中毒、某些植物中毒、尿毒症等；注射异种蛋白，如血清、疫苗等；外科手术等。中性粒细胞减少，常见于传染病、流行性感冒、传染性肝炎、严重败血症、化脓性疾病、中毒性疾病、血液疾病、某些物理和化学因素破坏了骨髓的细胞成分。

嗜酸性粒细胞增多，见于肝片吸虫病、球虫病、旋毛虫病、丝虫

病、钩虫病、蛔虫病、螨病等寄生虫病，还见于荨麻、饲草过敏、血清过敏、药物过敏、湿疹以及皮肤炎等；嗜酸性粒细胞减少，见于感染性疾病和严重发热性疾病的初期以及尿毒症、毒血症、严重创伤、中毒、过劳等。

嗜碱性粒细胞增多见于慢性溶血、慢性恶性丝虫病、高血脂等；其减少时的临床意义不大。

淋巴细胞增多，见于感染性疾病，如结核病、鼻疽、布氏杆菌病、流行性感冒以及血液原虫病等；淋巴细胞减少，见于炭疽、巴氏杆菌病、急性胃肠炎、化脓性胸膜炎、淋巴肉瘤等以及使用肾上腺皮质激素、免疫抑制药物和放射线治疗等。

单核细胞增多，见于慢性感染性疾病，如结核病、布氏杆菌病、某些霉菌感染、锥虫病、弓形虫病等；单核细胞减少，见于急性传染病的初期及各种疾病的垂危期。

（3）血液流变学检查

健康羊比黏度参考值见表1-5。

表1–5　健康羊比黏度参考值

动物	平均值与变动范围
山羊	5.5（5.0 ～ 6.0）
绵羊	5.2（4.4 ～ 6.0）
蒙古羊	3.5

血液黏滞度增高，见于高血压、慢性心力衰竭、真性红细胞增多症、弥散性血管内凝血、脑出血、糖尿病、高脂血症、胸膜炎、肺炎、腹膜炎、肝硬化和脱水性疾病；血液黏滞度减低，见于各类贫血性疾病。

（二）渗出液和漏出液检验

病理情况下，在动物的浆膜腔内有多量的液体潴留，根据积液产生的原因及其性状，可将浆膜腔积液分为漏出液和渗出液两大类。

漏出液又称为滤出液，见于肝硬化、肾病综合征、高度营养不良、慢性心力衰竭、肿瘤、维生素缺乏、高热、中毒、缺氧等。

渗出液为炎性积液，见于结核性胸膜炎、腹膜炎、恶性肿瘤、寄

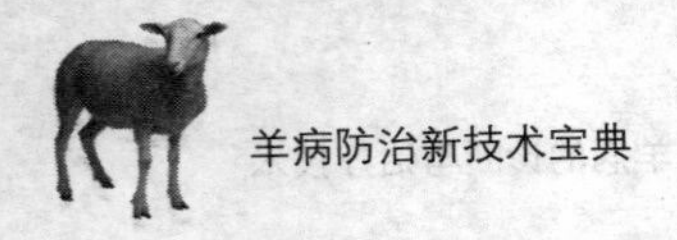

生虫感染、化学性刺激等。

（三）肝脏机能检验

肝脏为体内最大的腺体，位于膈的后方。肝脏在体内担负着重要的生理功能，如解毒，分泌胆汁，合成糖原、尿素和其他一些物质，分泌激素和酶类等，是动物机体重要的实质器官。当临床上发现羊只长期消化障碍，粪便不正常，黄疸，甚至有腹腔积液时，应考虑肝脏疾病。肝脏的临床检查通常使用触诊和叩诊法，必要时，可进行肝脏穿刺活动、组织检查和肝功能检查。健康羊的肝脏位于右季肋部，正常肝脏的浊音区在右侧第8～12肋间。肝脏浊音区扩大，见于急性实质性肝炎、肝硬变初期、肝脏结核、棘球蚴病、肝片吸虫病、肝癌等。肝脏高度肿大时，外部触诊可感到硬固物，并随呼吸而前后移动。

提到肝功能，人们马上就会想到转氨酶，甚至有人认为转氨酶就是肝功能，其实肝功能的种类很多，反映肝功能的试验已达700余种，新的试验还在不断地发展和建立，目前常用的反映肝脏功能血清化学指标主要有：丙氨酸氨基转移酶（ALT）、碱性磷酸酶（ALP）、γ-谷氨酰转移酶（GGT）、乳酸脱氢酶（LDH）、胆碱酯酶（ChE）、胆红素以及胆固醇（CHol）等。

1.丙氨酸氨基转移酶（ALT）

丙氨酸氨基转移酶（ALT）在动物组织中分布广泛，主要分布在肝脏，其次是骨骼、肾脏、心肌等组织。血清中ALT活性增高，对小动物肝脏疾病的诊断具有重要意义，由于成年羊肝脏ALT含量少，所以当羊的肝脏损伤时升高不明显。

2.碱性磷酸酶（ALP）

发生肝脏疾病时，如肝细胞损伤、胆管阻塞，血清ALP活性增高，可能是蓄积的胆汁酸溶解细胞膜释放出ALP，或肝细胞经毛细胆管或肠管向肠道排泄胆汁障碍，或阻碍胆汁排泄的因素诱导干细胞合成ALP增多所致。

3.γ-谷氨酰转移酶（GGT）

血清中的GGT主要来自肝胆系统，在肝脏中广泛分布于肝细胞的毛细胆管和整个胆管系统。当肝脏合成亢进或胆汁排出受阻时，GGT

活性升高；当羊发生胆汁淤滞、肝片吸虫病、急性肝坏死时，均出现GGT升高。江苏省农科院研究表明，山羊灌服四氯化碳，2d后GGT含量比实验前可高4倍。发生原发性或继发性肝癌时，GGT含量显著升高，多种血清酶测定比较试验发现，GGT的阳性率最高。

4.乳酸脱氢酶（LDH）

LDH广泛存在于体内各组织中，当LDH同工酶活性升高时，常见于急性肝炎早期LDH_5活性升高，且常在黄疸出现之前已经开始升高；慢性肝炎可持续升高；肝硬化、肝癌等LDH_5活性亦可升高；发生阻塞性黄疸时LDH_4和LDH_5活性均升高，但以LDH_4活性升高较多见。

5.胆碱酯酶（ChE）

体内的胆碱酯酶分为两类：一类是乙酰胆碱酯酶（AChE）；一类是丁酰胆碱酯酶（BuChE）。肝脏合成BuChE，由于该酶在肝脏合成后立即释放到血浆中，血浆BuChE的浓度通常能反映其合成速率。肝实质细胞损害时，此酶的活力降低，特别是重症肝炎的病羊，其血清、ChE含量几乎均降低，且降低程度往往与病情的严重程度有关。肝硬化失代偿期该酶活力也下降，肝外阻塞性黄疸病羊的活力一般正常。

有机磷杀虫剂是AChE和BuChE的强烈抑制剂，在急性中毒初期，全血胆碱酯酶含量极度降低，对中毒诊断和预后判断有重要的意义。急性中毒的恢复期和慢性中毒时，临床表现和血液ChE活力不一定成平行关系，但仍有一定参考价值。有急性接触史，而无明显临床症状者，常降至正常均值的70%。急性轻度中毒时全血胆碱酯酶活性一般在50%～70%；急性中度中毒一般在30%～50%；急性重度中毒一般在30%以下。中毒者经解磷定、氯磷定等解毒药治疗后，酶活性可上升。

6.胆红素

临床上主要测定总胆红素和结合胆红素，常用的测定方法有重氮试剂法和氧化酶法。胆红素的测定对区别黄疸的类型有重要意义。当发生溶血性黄疸时，血清中的游离胆红素增加，因而血清总胆红素增高，但结合胆红素不增高；发生阻塞性黄疸时，总胆红素和结合胆红素均升高，而且常出现结合胆红素与总胆红素的比值大于50%的现象；发生细胞性黄疸时，总胆红素和结合胆红素均升高。

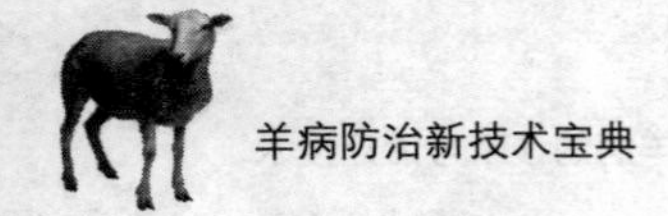

7. 胆固醇（CHol）

血清胆固醇总量浓度升高，见于各种原因引起的肝内或肝外胆汁淤积和潴留、胆结石（尤其是胆固醇结石）、脂肪肝等；血清胆固醇总量浓度降低，见于肝细胞严重损害、衰竭等疾病。

（四）尿液检验

尿液的检查包括尿液酸碱度、尿蛋白、尿糖、尿酮体、尿血红蛋白、尿胆红素、尿胆素原、尿沉渣等。

1. 尿液酸碱度（pH）

酸度增高，见于某些发热性疾病、长期饥饿、奶牛酮病、瘤胃酸中毒；碱度增高，常见于尿道阻塞、膀胱炎等。

2. 尿蛋白

蛋白尿见于急性肾炎、慢性肾炎、间质性肾炎、肾盂肾炎、重金属中毒、抗生素中毒、有机溶剂中毒、传染性胸膜肺炎、尿道炎、前列腺炎。

3. 尿血

血尿见于急性肾炎、肾盂肾炎、输尿管炎、膀胱炎、尿结石、肿瘤、寄生虫病以及某些中毒性疾病等；血红蛋白尿常见于引起溶血的各种疾病，如钩端螺旋体病、血液寄生虫病、铜中毒、细菌感染等。

4. 尿胆素原

尿胆素原显著增多见于溶血性疾病及肝实质性疾病，当羊发生阻塞性黄疸时，尿胆素原消失。

5. 尿糖

暂时性尿糖，见于恐惧、兴奋等引起的机体肾上腺素分泌增多及肾小管对葡萄糖的重吸收暂时性降低，也见于饲喂大量含糖饲料等；病理性的尿糖，可见于糖尿病、甲状腺功能亢进、肾上腺皮质功能亢进、肾脏疾病、化学药品中毒、肝脏疾病等。

6. 尿酮体

尿中出现尿酮，主要是机体碳水化合物和脂肪代谢障碍，见于奶山羊妊娠毒血症、长期饥饿等。

7. 尿沉渣

尿中有机沉渣有上皮细胞、血细胞、脓细胞、管型等，尿中出现

无极沉渣，常见于肾炎、肾病、输卵管炎、膀胱炎、尿道炎、肾病综合征、中毒性肾病等；尿中病理性无机沉渣有磷酸铵镁结晶、尿酸铵结晶、马尿酸结晶以及草酸钙结晶等，常见于肾炎、膀胱炎、糖尿病等肾脏疾病。

（五）粪便检验

粪便检查是兽医临床上了解消化系统病理变化的一种辅助方法。粪便中发现白细胞，见于过敏性肠炎、肠道寄生虫病等；发现红细胞及吞噬细胞，见于痢疾、溃疡性结肠炎、结肠直肠癌；粪便中出现淀粉颗粒见于消化不良；出现肌肉纤维，见于肠蠕动亢进、腹泻、胰腺外分泌功能减退时；动物体内的多种寄生虫的虫卵、卵囊、幼虫及成虫，都可随粪便排出体外；粪便中隐血阳性，见于出血性胃肠炎、真胃溃疡、消化道恶性肿瘤、肠结核、溃疡性结肠炎、流行性出血热等；当发生胆管阻塞性疾病、溶血性疾病时粪便中的胆色素会发生变化；粪便酸碱度测定，肠管内糖类发酵过程旺盛时，粪便的酸度增加，当蛋白质腐败分解过程旺盛时，粪便的碱度增加，见于胃肠炎等疾病。

（六）微量元素检验

微量元素检测分析技术是动物微量元素营养及代谢紊乱性疾病研究的一个重要组成部分。常用的检测方法有原子吸收光谱法、电感耦合等离子体原子发射光谱、X射线荧光光谱法、原子荧光光谱法、分子荧光光谱法、中子活化分析法、紫外-可见分光光度法、离子选择性电极法等，主要用于微量元素缺乏病的诊断、微量元素中毒病的诊断、微量元素营养状况的评价以及可作为评价无机物环境污染的指标。

（七）兽药及饲料添加剂残留检验

兽药及饲料添加剂残留是指给羊用药或喂饲饲料添加剂后蓄积在羊的细胞、组织和器官内的药物和化学物的原形、代谢产物和杂质。使用不当不仅达不到添加目的，反而会造成更为严重的临床毒性反应和无法弥补的环境污染，同时，某些药物或饲料添加剂在食品中的残留直接危害人类的健康。用于残留分析的样品主要是食用组织，如肌肉、脂肪、肝脏、肾脏、皮肤、血液、蛋、奶及其加工食品。活体检测中一般采集血液、尿液和粪便。采集的样品尽量及时处理，利用物理或化学的方法破坏待测组分与样品成分之间的结合力，将待测组分从样品中释放出来并转移到易于分析的溶液状态。目前常用的残留分析方法有波谱法、色谱法及其联用技术，如高效液相色谱法、气相色谱法、离子色谱法、毛细管电泳、敏感菌抑制法、放射受体测定法、RIA、ELISA、FIA等。

三、微生物学检查

（一）细菌学检查

当怀疑发生细菌性传染病时，最可靠的诊断依据就是检查病原性细菌，并对其进行分离、培养及鉴定。

1.病料的采取

作细菌学检查用的病料应选取发病后未经药物治疗的、自然死亡不久或濒死期动物的新鲜病料。一般取肝、脾、淋巴结和血液，也可根据具体情况选取特殊病料，如梭菌性肠炎可取小肠内容物，链球菌性关节炎和脓肿可取关节液和脓汁，布氏杆菌病可取流产胎儿或胎衣、胎液，传染性鼻炎、鸡传染性鼻炎和慢性呼吸道病可取眼、鼻及眶下窦分泌物等。采取的病料若不能马上做检查或须往外地送检，则应放在含30%甘油的灭菌生理盐水中于4℃左右保存，并不超过72h。病料采取过程中应严格无菌操作，避免污染杂菌，同时也防止污染环境或自身感染。

2.涂片镜检

病料若为实质脏器如肝、脾及淋巴结等，则剪下一块，用其新鲜切面涂在载玻片上；若为液体病料如血液、腹水等，则取一滴直接加在载玻片上均匀涂开；若为较黏稠的脓汁、粪便等，则先在载玻片上加一滴蒸馏水，再取少量病料放于其上混匀并涂开。涂好的病料片子自然干燥后在酒精灯上火焰固定，然后染色。细菌载玻片染色的方法很多，常用的有美蓝染色法、革兰染色法、瑞特染色法、姬姆萨染色法等。目前这些染色液均已商品化，在各大医疗器械试剂商店均可买到，并附有使用说明，按其说明操作即可。染色结束后让载玻片自然干燥，再于光学显微镜下用油镜头进行观察，根据观察到的细菌形态

特征可作出初步判断。必要时进一步做分离培养。

3.分离培养

细菌的分离培养可分为有氧培养和厌氧培养，前者即在有空气的自然条件下进行，后者则需在人工造成的特殊厌氧条件下进行。最好的厌氧条件是二氧化碳培养箱，但价格昂贵，因此一般常用简便的厌氧培养方法，如烛光法（将培养物放入一个能密封的容器中，在容器中点上蜡烛，密封容器，待氧气耗尽蜡烛自然熄灭即可）和液体石蜡法（在液体培养液上加一层液体石蜡，使培养基与空气隔绝）等。按培养基的性质可分为固体培养和液体培养，前者是将各种营养成分与琼脂共同融熔后倾注平皿，待其冷凝后用作细菌培养；后者则是以牛肉汤为基础，加入所需要的其他营养成分即可。分离培养不同的细菌需用不同的培养基和方法，但一般来讲常见病原菌都能在普通琼脂平板、鲜血琼脂平板和普通肉汤培养基上生长。另外，还有用于鉴别不同细菌的鉴别培养基，如麦康凯琼脂、伊红-美蓝琼脂及其他特殊培养基。目前几乎所有培养基都已有商品化成品在各地医用试剂商店出售，不需像以前那样需自己配制，需用时买回来按说明书简单处理后即可使用，非常方便。

制备培养基所用的玻璃平皿、试管、吸管等物品应用纸包扎密封后在干燥箱中160℃干烤灭菌2h；培养基则应在高压蒸汽灭菌器中121℃灭菌30min，特殊培养基则按其具体要求进行高压蒸汽灭菌。液体培养基一般是先分装入试管，密封后再高压灭菌，冷却后可直接使用。固体培养基一般是先高压灭菌，待冷却至50℃左右时快速倾注平皿成为琼脂平板，或分装入干烤灭菌的试管中制成琼脂斜面。整个操作过程均应在超净工作台或无菌罩中进行。制备好的培养基密封后于4～10℃可保存1～2周。

分离、培养细菌也应在超净工作台或无菌罩内进行。用一手套刀片或钢锯条在酒精灯上加热后于病料表面烧烙，然后用剪刀在烧烙面上开一小口，用火焰消毒过的铂金耳（也叫接种环）插入切口深部，勾取少量病料组织在琼脂平皿中划线接种，或接种肉汤培养基。若为液体或半固体病料，则直接勾取病料接种培养基上即可。然后根据需要以需氧或厌氧条件在37℃培养18～24h。观察有无可疑菌生长，并记录细菌的生长特征。勾取少量细菌涂片、染色、镜检，观察所分离细菌的形态特征以协助分析。若对所分离细菌不易作出鉴定，则需进一步做生化鉴定、血清试验及动物试验等。一般当用显微镜不易直接从病料中检出细菌时，分离培养却能检出，因此分离培养对细菌的检出率高于镜检。

4. 生化试验

许多细菌在培养特性、形态特征上非常相似，有时很难区分它们，这就需要依靠生化试验来作出鉴定，因为不同的细菌对营养成分的利用及其形成的代谢产物有显著差异。最常用的生化试验有糖发酵试验、靛基质试验、硫化氢试验、明胶液化试验、硝酸盐还原试验等。另外，各种鉴别培养基本质上也都属于生化试验，反过来，各种生化试验培养基也都是鉴别培养基。生化试验一般需观察24 ～ 72h，而且目前多为微量试验，均有成套反应管出售，从各大医用试剂商店买回即可使用，简便可靠。作生化鉴定用的细菌必须经过纯化即纯培养，否则结果不可靠。生化反应管买回后将纯化的细菌直接接种进去，37℃条件下培养、观察并记录结果，最后根据结果作出判定。

5. 药敏试验

在传染病的诊治过程中，有时虽然已分离、培养出细菌，并确诊出是什么病，但使用药物后治疗效果并不理想。这是因为目前抗菌药物的种类很多，而不同细菌或菌株对各种药物的敏感性差异很大。同时由于长期以来抗菌药物的广泛使用以及一些不合理的用药导致了大量耐药性菌株的产生，这就使得人们不得不进行药敏试验。药敏试验的原理和方法都很简单，即当细菌接种到培养基上进行培养时，分别加入一定浓度的不同抗菌药物，然后观察培养结果。哪种抗菌药物能抑制细菌的生长，它就是敏感药物，或者说该细菌对这种药物敏感；反之则说该细菌对这种药物有抗性，也叫耐药性。最常用的药敏试验是纸片法。将欲测试的抗菌药物按规定浓度稀释后浸泡直径4mm的圆形滤纸片，无菌晾干或烘干后即可使用。实验时先将细菌纯化培养，然后挑取少量纯培养物划线接种普通琼脂平板。

将不同的药敏纸片分散均匀放在接种过细菌的琼脂平板中，加盖后37℃培养18 ～ 24h观察结果。细菌对哪种药物敏感，哪种药敏纸片

周围就无细菌生长，形成一个空白区，此区称为抑菌圈。

细菌对药物的敏感性是以抑菌圈直径的大小来判定的，每种药物都有其判定标准。

（二）病毒学检查

病毒是超显微的、无细胞结构的、只含一种核酸（DNA或RNA）、只能在活细胞内存活的寄生物。病毒在活细胞外以病毒粒子的形式存在，不能进行代谢和繁殖，不具有生命特征，但一旦进入宿主细胞就具有生命特征。

1.病毒的特点

① 形体微小，能通过细菌滤器，用电子显微镜才能观察到。

② 无细胞结构，其主要成分是核酸和蛋白质。

③ 每种病毒只含有一种类型的核酸（RNA或DNA）。

④ 因缺乏完整的酶系统和能源，故只能寄生于活细胞内，依靠宿主细胞的代谢系统合成蛋白质和核酸。

⑤ 病毒以其基因为模板，在宿主细胞内复制出新的病毒颗粒。

⑥ 为了在生物界保存其种属，病毒具备从一个宿主转移到另一个宿主的能力，并具有对敏感宿主的侵染性和复制性。

⑦ 在宿主体外，能以大分子状态存在，并可长期保持其侵染性能。

⑧ 有些病毒的核酸能整合到宿主细胞的基因组中，并能诱发潜伏感染。

2.组织细胞培养检查法

组织培养有器官培养、组织块培养和细胞培养，其中以细胞培养应用较广，常用于病毒性传染病的诊断和疫苗制造。用于培养病毒的细胞有原代细胞和传代细胞（二倍体细胞株和传代细胞系）等。

（1）猪肾原代细胞培养

① 剖腹取胎　无菌取胚胎或仔猪肾。

② 取肾　切开肾脏，去肾被膜，切开肾为两半，剪去肾盂及髓质部。

③ 洗涤　用含双抗的汉克氏液冲洗组织块2～3次，洗去血球，用剪刀剪成小米粒大的小块。移入灭菌三角瓶中，再用汉克氏液洗2～3次，至洗液清亮为止。

④ 消化　移入灭菌三角瓶中，加入为组织体积3～4倍的37℃胰

酶液，在37℃电磁搅拌器中搅拌消化（如无电磁搅拌器，可置40℃水浴锅中，内加无菌玻璃珠摇动），以搅拌（或摇振）时发生旋涡而不起泡沫为度，至液体明显混浊时（约10min）再用吸管吹打数次，待组织块沉淀后，将上层被消化的细胞吸出，再加入消化液，将余下组织块同样于40℃水浴中消化10～20min，反复吹打，分散细胞，将两次消化液混在一起，经4层纱布过滤，收集滤液，离心（1500r/min）10min弃上清，加入适量营养液（每克组织加入30～50mL营养液），用粗口径吸管反复吹打，分装培养瓶，置37℃温箱培养。

⑤ 建立原代细胞和传代细胞　分装于培养瓶内的细胞悬液，置37℃培养24h，即可用低倍镜观察细胞贴壁情况，发现在贴壁细胞中梭形细胞增多，胞核圆大，胞质发亮，即可很快形成单层。如果发现梭形贴壁细胞较少，在48h可换一次生长液继续培养。如果发现贴壁细胞显得又圆又小，细胞发暗无伪足，这种细胞很难生长，最终将导致培养的失败。

发育良好的细胞，通常在3～5d可见有梭形扁平细胞形成单层，此即原代细胞培养成功。已经形成的原代细胞，如果不进行继代，细胞将陆续从瓶壁上脱落下来，因此应及时进行继代。其继代方法：将长成单层的细胞瓶，弃去旧培养液，加入适量预热至37℃的无钙镁的磷酸盐缓冲液洗细胞层（也可用汉克氏液代替），弃去洗液，再加预热37℃的胰蛋白酶-EDTA分散液（加入量为原培养液量的1/10～1/7），37℃条件下消化5～7min，并不断摇动促使细胞脱落到分散液中，当细胞完全从瓶壁脱到消化液内时，于瓶内加少量营养液反复吹打，使细胞分散，再加入原营养液2～4倍的营养液，混合均匀，重新分装于2～4个新培养瓶中继续培养。

⑥ 接毒试验　细胞长成单层或接近单层时，可倾去旧培养液，换成含5%～10%牛血清的维持液，同时接种病毒液（接种量为培养液量的2%～5%），一般接毒后5d内可见细胞病变，7d可见部分细胞脱落，10d左右可见大部分细胞脱落，即可收毒，测效价。

⑦ 在微量培养板内培养单层细胞　可先按照上述制备细胞悬液的方法，用营养液配成每毫升含细胞30万～40万个，随后以滴管向微量培养板内每孔滴加2滴细胞悬液，加盖后置含5%～10%二氧化碳培

养箱内培养24～48h，用倒置显微镜观察细胞生长情况，如已长成或接近长成单层时，即可换液接毒。如无二氧化碳培养箱，可在滴加细胞悬液后，立即用透明胶带密封整个培养板的表面，防止孔中营养液蒸发、变碱和污染，进行如上培养。

（2）原代鸡胚成纤维细胞的培养

选择9～10日龄鸡胚（或12～14日龄鸭胚），用70%酒精消毒外壳。从气室端打开卵壳，取出鸡胚，去头、脚和内脏，将躯干置于一灭菌小烧杯中，用预冷的Hank's平衡盐溶液冲洗，用灭菌剪刀剪碎。用预冷的Hank's平衡盐溶液充分冲洗组织碎块以尽可能地去除血液；用37℃预温的Versene胰蛋白酶溶液冲洗一次；再加20～50mL同样的Versene胰蛋白酶溶液，通过磁力搅拌，于37℃消化15min。通过2层纱布过滤细胞悬液，将滤液收集于灭菌离心管中，以1000r/min离心10min，去掉上清，用预冷的Hank's平衡盐溶液同样洗涤2次。去掉上清液，加细胞生长液制成10%的悬液（1mL细胞沉淀加9mL细胞生长液），于4℃可保存3～4d；用细胞生长液再作1∶40的稀释（终浓度1∶400），然后分装到培养瓶中，于37℃培养48h即做细胞培养用。

（3）传代细胞BHK21的培养

培养2～3d，选择生长良好的BHK21细胞单层。弃掉培养液，加入Versene胰蛋白酶溶液，以刚能浸没细胞单层为宜。室温下培育30～60s，或发现细胞层不透明、发白，开始卷边为止。轻轻翻转细胞瓶使细胞面在上，在脱离胰蛋白酶溶液的情况下于37℃再培育2～3min。倾出胰蛋白酶溶液，加入细胞生长液，其量为原细胞生长液的4倍，即细胞做4倍稀释。细胞生长液中使用小牛血清，其含量以5%～10%为宜。

轻轻拍打细胞培养瓶，使细胞分散。分装细胞瓶（板、管），于37℃培育。应在48h内长成单层供使用。

（4）其他传代细胞的培养

其他传代细胞的传代培养与BHK21细胞基本相同。不同细胞需要的生长时间、胰蛋白酶溶液的浓度及消化细胞的时间可能会有不同，传代时稀释的倍数也不同，通常在（1∶2）～（1∶8）之间。细胞生

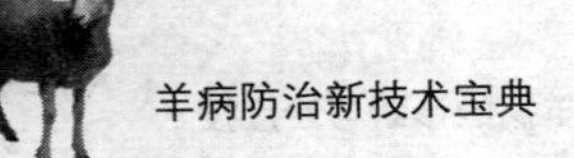

长液的不同主要是对其中的血清要求和用量不同，有的用小牛血清，有的则需要用胎牛血清。血清用量一般为5% ～ 15%。由于商品血清质量差距较大，所以实验者应有自己的经验。

（5）继代细胞培养

倾出培养瓶中原有的细胞生长液，加入无钙、镁的PBS冲洗一次细胞表面。加入Versene胰蛋白酶溶液，室温下不时摇动细胞瓶，直至细胞层发白、卷边，即将脱落。倾出消化液，轻拍培养瓶，摇散细胞，再加入细胞生长液，并进一步摇散细胞。根据细胞生长情况，按1 ：2或1 ：8分装培养瓶，培养于适宜温度应于36h内长成单层。

3.禽胚培养检查法

禽胚的接种方法有绒毛尿囊膜接种、绒毛尿囊腔接种、卵黄囊接种、羊膜腔接种、脑内接种、静脉接种、去鸡胚卵接种。原则上是接种什么部位，则收获该部位材料。至于选用何种接种方法，应考虑所接种病毒的最适感染部位、最佳接种胚龄和获得最大的病毒滴度等。在禽胚的所有接种方法中，最常用的接种方法是绒毛尿囊腔接种，其次是绒毛尿囊膜接种、卵黄囊接种和羊膜腔接种。下面以鸡胚为例，介绍各种接种方法。

（1）尿囊腔接种

① 接种方法　取9 ～ 11日龄发育良好鸡胚，照蛋划出气室及胚胎头部，将鸡胚气室向上直立于卵盘上，用碘酒和酒精棉球消毒气室部卵壳后，用火焰消毒过的钢锥在气室顶端蛋壳消毒处钻一小孔（注意用力要稳，恰好使蛋壳打破而不伤及壳膜），针头从小孔处插入约1.5cm深，估计已穿过壳膜和绒毛尿囊膜但距胚胎还有1cm距离即可注射，注射量0.05 ～ 0.2mL。进针孔也可开在气室部距气室边缘3mm左右处，并避开头部和血管，垂直刺入1 ～ 1.5cm即可。注射完毕，用熔好的石蜡或消毒胶布封口，气室向上直立于33 ～ 37℃（据病毒种类而定）温箱中孵育。

② 收获方法　接种后每天最少检查两次（间隔6h更好），接种后24h以内死亡的鸡胚，一般认为是由于鸡胚受损（如机械损伤、细菌或霉菌污染等）所致，不是病毒引起的死亡，应弃去。将24h以后死

亡的鸡胚和48～72h的活胚（不引起鸡胚死亡的病毒应弃去）置4℃冰箱中数小时或过夜（使血管收缩，避免收获时出血，急于收获也可置-20℃冰箱30min至1h）即可收获。

将鸡胚气室向上直立于卵盘上，气室部卵壳用碘酒和酒精棉球消毒后用无菌镊子除去该部卵壳及壳膜，换无菌镊子将绒毛尿囊膜撕破而不破羊膜，左手持镊子轻轻按住胚胎，右手持无菌毛细吸管或吸管或消毒注射器吸取绒毛尿囊液置无菌容器中，一般可收获5～8mL，置冰箱中保存备用（一般是低温冰箱冻结保存）。吸取时，吸管尖位于胚胎对面，管尖放在镊子两头之间，如管尖不放到两个镊子中间，游离的膜便会挡住管尖吸不出液体。如需同时收集很多时，可将吸管用橡胶管连接抽滤瓶吸取。收集的液体应清亮，如浑浊则往往表示有细菌污染。同时作无菌检查，不合格者废弃。

（2）卵黄囊接种

① 接种方法　取5～8日龄的鸡胚，划出气室和头部位置。可从气室顶部中央接种（针头插入3～4cm），接种量0.1～0.5mL，接种时的钻孔及封闭同绒毛尿囊腔接种法。也可在气室边缘上面5mm处消毒打孔，将针头呈60°角刺入30～35mm（大约鸡胚的1/2长径处）接种。

② 收获方法　接种后的孵育和检卵同上。将鸡胚气室向上直立于卵盘上，气室部卵壳用碘酒和酒精棉球消毒后用无菌镊子除去该部卵壳及壳膜，换无菌镊子将绒毛尿囊膜和羊膜撕破，提起鸡胚，夹住卵黄带，分离绒毛尿囊膜，置鸡胚卵黄囊于无菌平皿内，用无菌生理盐水冲去卵黄，分别将鸡胚（除去眼、爪、嘴）和卵黄囊置无菌容器中，低温冰箱保存备用。必要时可收集 胚液。

（3）绒毛尿囊膜接种

① 接种方法　尿囊膜接种的操作方法很多，这里重点介绍最传统的方法——人工气室法。取9～13日龄发育良好的鸡胚，照蛋划出气室及接种部位（注意避开头部和大血管），用5%石炭酸消毒气室部和接种部位后，将鸡胚接种部位向上横放于卵盘上，无菌操作用钢锉将接种部位蛋壳锉开成一每边5～10mm的三角形或四边形口，以针头

小心挑破壳膜，但不伤及壳膜下的绒毛尿囊膜（注意区别：壳膜白色、有韧性、无血管，而绒毛尿囊膜薄而透明、上有丰富血管）同时在气室部钻一小孔，以橡皮乳头紧靠小孔，轻轻一吸，接种部位露出的绒毛尿囊膜即陷下成一小凹（人工气室），将孔内的白色壳膜剪去，接种病毒材料0.05 ～ 0.2mL于绒毛尿囊膜上，用石蜡滴在孔边四周，取一无菌盖玻片，在火焰上加微热后置于石蜡上以封闭开口，气室孔也用囊腔接种石蜡封闭。接种部位向上横放于33 ～ 37℃温箱中孵育。

② 收获方法　接种后的孵育和检卵同上。用碘酒和酒精棉球消毒气室或人工气室后，用无菌镊子除去该部卵壳及壳膜，换另一无菌镊子将绒毛尿囊膜轻轻夹起并用无菌小剪刀剪下该部的绒毛尿囊膜，收获，然后，将鸡胚及卵黄倒入平皿，剪断卵带，再将贴附在卵壳上的绒毛尿囊膜撕下，收获保存。必要时可收获鸡胚液和鸡胚。

（4）羊膜腔接种

该法技术较困难，因此应用较少，主要用于某些病毒（如黏病毒、披膜病毒）的初次分离。

① 接种方法　有开窗法和盲刺法，前者注射可靠，但操作复杂，易发生污染；后者操作简单，但成功率低。两种方法均用8 ～ 13日龄的鸡胚，并最好于接种前晚将鸡胚大头向上垂直放置，使胚胎位置靠近气室，便于操作。

开窗法：照蛋标出气室和胚胎位置后将鸡胚气室向上立于卵盘上，用碘酒和酒精棉球消毒气室后在其顶端并靠近胚胎侧无菌开一直径8 ～ 10mm左右的小口，滴入一滴灭菌的液体石蜡（注意：液体石蜡覆盖面积不宜超过1/4，否则会影响鸡胚呼吸而使鸡胚死亡。生理盐水也可，对鸡胚无影响，但透明度差）于胚胎位置，膜即变透明，可看到胚胎。左手用眼科镊子避开血管穿过绒毛尿囊膜夹住羊膜，将其向上提，右手持注射器刺过羊膜将接种物注入羊膜腔，接种量为0.05 ～ 0.2mL。注射完毕，用消毒胶布封口。

盲刺法：照蛋标出气室和胚胎位置后将鸡胚气室向上放在灯光向上照射的卵架上，在与胚胎同一平面的气室顶部到边缘一半处消毒并打孔，针头垂直刺入3cm以上，当针头能拨动胚胎时，表明已刺入羊

膜腔，可注入接种液，若针头左右拨动时胚胎随着移动，表明针头刺入胚胎，应将针头稍提起后再注射。进针孔也可打在与胚胎同一平面接近气室边缘处，并在进针孔与胚胎间连一直线，注射时，左手固定卵，右手持注射器，沿着胚胎与气室的直线刺入一定深度后将接种液注入，拔出针头后，用消毒胶布封口。

② 收获方法　接种后的孵育、检卵、鸡胚冰箱冷冻同绒毛尿囊腔接种法一样。且同绒毛尿囊腔接种法一样把绒毛尿囊液收获后，左手持小镊夹起羊膜成伞状，右手将毛细吸管插入羊膜腔吸取羊水，置灭菌容器中低温保存备用。一般可收获0.5～lmL羊水，若羊水过少，可用少量无菌生理盐水冲洗羊膜腔，然后吸取洗液。

4.动物感染实验检查法

实验动物在病毒学研究上主要用于分离和鉴定病毒、抗原、免疫血清的制备以及病毒致病性、免疫性、发病机制、药物效果的研究等。此外，实验动物还可供给组织培养需要的材料，如组织、血清以及血清学试验需要的补体和各种动物的红细胞，如鸡、羊红细胞等。

（1）实验动物的选择

选择实验动物首要条件是对所研究病毒的易感性要高，动物要健康，在可能条件下，尽量使用纯种动物。用于实验的动物，实验前就进行仔细检查，以免误用有病的动物。如健康小白鼠一般表现为毛光滑、反应灵活、有精神。此外，同一实验应选用大小一致的动物，通常以年龄或体重为标准。在正常发育情况下，动物的体重和年龄有相对平行的关系。某些实验最好选用同一性别，特别是免疫的动物和需要观察较长时间的实验动物。有些实验要求使用纯系动物。

（2）动物实验的麻醉

在动物实验中，有时要对实验动物进行麻醉，以便于实验操作。动物是否需要麻醉，主要取决于接种途径，一般鼻腔接种（包括小鼠、大白鼠、地鼠、豚鼠等）及脑内接种（包括大白鼠、豚鼠、猴等）和家兔角膜接种需要麻醉。

（3）实验动物接种

① 接种前的准备

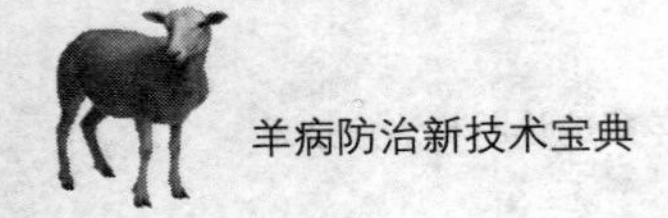

A.病毒分离

发病初期或急性期采取标本，易于分离出病毒。根据不同病毒感染采取病毒可能存在的标本，如上呼吸道感染，取鼻咽分泌物；肺部感染取痰液；神经系统感染取脑脊液；肠道感染取粪便；病毒血症期取血液等。病毒在室温中很易灭活，故采得标本后应立即送往病毒实验室；否则应将标本放在4℃冰箱或液氮中保存。

B.标本的处理

a.除菌处理

采集标本应尽可能无菌操作，但有些标本，如粪便、鼻拭子等，本身掺杂有大量的细菌，必须除菌，一般使用抗生素进行除菌处理。抗生素的浓度及作用时间，视标本而定。如大便一般加青、链霉素，使最终浓度为1000μg/mL，4℃过夜，也可以10000r/min离心20min，大部分细菌和杂质可以去除；如鼻咽拭子加抗生素最终浓度为2000μg/mL，4℃作用4h，2000r/min离心20min即可。对乙醚有抵抗的病毒如肠道病毒、鼻病毒、呼肠孤病毒、腺病毒、痘类病毒等可以加等量乙醚4℃过夜除菌。

b.研磨和稀释

用脑、脊髓等组织作分离病毒标本时，为了游离细胞内病毒，应在研磨器或乳钵中充分研磨。稀释液常用pH7.2～7.6的肉汤、10%脱脂奶生理盐水、0.5%水解乳蛋白Hank’s液将组织制成10%悬液。中性甘油保存的标本，如须做脑内注射，应以生理盐水洗2～3次再研磨，磨好的标本2000r/min离心20min，用上清液接种动物。如怀疑有细菌污染，应再除菌。

C.实验前动物的准备

实验动物一定要选择对该病毒易感的健康动物，如发现有病或表现反常动物，应从实验动物中剔除。接种实验材料前用酒精棉球消毒皮肤，接种后，再用同法进行消毒。

② 接种途径与方法　根据实验研究的目的，不同的病毒选择不同接种途径，如分离侵犯神经系统的病毒常采用脑内接种，而分离侵犯呼吸系统的病毒常采用鼻腔接种。

5. 感染动物的观察

接种后，每日观察动物发病情况，如动物死亡，则取病变组织制成悬液，继续接种动物进行传代，以使病毒大量增殖。如动物不发病，也应盲传2～3次，若仍不发病，才能判断为分离培养阴性。

动物接种后主要观察有无发病症状，以小白鼠为例，应注意有无皮毛粗糙、活动减少（或增加）、不正常行动、震颤、绕圈、尾巴强直或麻痹症状，做回旋试验时（手提尾巴，将鼠倒悬、旋转）则症状加重，有转圈和抽搐等现象，严重的可以抽搐至死。脑内接种一般观察2周，皮下或其他途径接种，观察3周。主要观察以下情况。

① 首先注意感染动物的饮食、活动能力及粪便情况。

② 有些试验需要测量动物的体重及体温。体重及体温应于每天同一时间测定。小动物体温可用半导体温度计测试。为便于比较，确定感染后的真实变化，在感染前3d就进行体重及体温测量。

③ 注意局部反应及全身反应情况。神经系统病毒感染可出现震颤、毛松、软弱、弓背、不安、抽搐以至死亡等全身症状；呼吸系统病毒感染，如流感病毒鼠适应株感染后，小白鼠可出现咳嗽、呼吸加快、食少、不活动等症状。

（三）真菌学检查

1. 直接镜检

直接镜检是最简单也是最有用的实验室诊断方法，常用的方法如下。

① 氢氧化钾/复方氢氧化钾法　标本置于载玻片上，加一滴浮载液，盖上盖玻片，放置片刻或微加热，即在火焰上快速通过2～3次，不应使其沸腾，以免结晶，然后轻压盖玻片，驱逐气泡并将标本压薄，用棉拭或吸水纸吸去周围溢液，置于显微镜下检查。检查时应遮去强光，先在低倍镜下检查有无菌丝和孢子，然后用高倍镜观察孢子和菌丝的形态、特征、位置、大小和排列等。

浮载液：

A. 10%～20%的KOH。配方：氢氧化钾10～20g，蒸馏水加至100mL，待氢氧化钾完全溶解后摇匀存放在塑料瓶内，适用于皮屑、甲屑、毛发、痂皮、痰、粪便、组织、耵聍等的检查。

B.复方氢氧化钾溶液配方：氢氧化钾（AR，KOH）10g，二甲基亚砜（AR，DMSO）40mL，甘油50mL，蒸馏水加至100mL。配制方法：将氢氧化钾先加入30mL蒸馏水中溶解后，再依次加入二甲基亚砜（DMSO）、甘油摇匀后，用蒸馏水加到100mL，装入塑料瓶内。此配方的优点是：配方中加二甲基亚砜（DMSO），能促进角质的溶解，有甘油涂片不易干，不易形成氢氧化钾结晶，氢氧化钾的浓度相对低，腐蚀性亦低，为进行大面积普查或大批量采集标本作镜检带来了方便。

② 胶纸粘贴法　用1cm×1.5cm的透明双面胶带贴于取材部位数分钟后自取材部位揭下，撕去附带在上面的底板纸后贴在载玻片上，使原贴在取材部位的一面暴露在上面，再进行革兰染色或过碘酸锡夫染色，在操作过程中应注意双向胶带粘贴在载玻片上时不可贴反，而且要充分展平，否则会影响观察。

③ 涂片染色检查法　在载玻片上滴1滴生理盐水，将所采集的标本均匀涂在载玻片上，自然干燥后，火焰固定或甲醇固定。再选择适当的染色方法，染色后，以高倍镜或油镜观察。

常见镜检染色方法如下。

a.革兰染色　所有真菌、放线菌均为革兰染色阳性，被染成蓝黑色。适用于酵母菌、孢子丝菌、组织孢浆菌及诺卡菌、放线菌的感染。

b.乳酸酚棉蓝染色　用于各种真菌培养物的镜检。

c.印度墨汁　用于检测脑脊液（CSF）中的新生隐球菌。

d.抗酸染色　用于抗酸菌及诺卡菌的诊断。

e.瑞氏染色　用于组织胞浆菌和马内菲青霉的检测。

f.过碘酸锡夫染色（PAS）　用于体液渗出液和组织匀浆等。真菌胞壁中的多糖染色后呈红色，细菌和中性细胞偶可呈假阳性，但与真菌结构不同，不难区别。

g.嗜银染色（GMS）　真菌可染成黑色，主要用于测定组织内真菌。

2.真菌培养

从临床标本中对致病真菌进行培养，目的是为了进一步提高对病原体检出的阳性率，以弥补直接镜检的不足，同时确定致病菌的种类。真菌培养检查除需要一般细菌检验用到的器具外，还应准备真菌专用的接种针、接种环或接种钩（用铂丝或镍丝制成）、微型小铲、刀片、

针头等，常规分离鉴定使用的培养基为沙氏葡萄糖琼脂（SDA）斜面培养基，加0.05%氯霉素，还有多种性质的培养基以满足各种不同的需要，可酌情选用接种的方法。根据不同的临床标本，大体可分为点植法和划线法两种。

（1）点植法

适用于皮屑、甲屑、毛发、痂皮、组织等有形固体标本，将标本直接与培养基表面点状接触。

（2）划线法

适用于痰、分泌物、脓液、组织液、组织块的研磨液等液体标本，用接种针（环）划线接种在培养基表面。

培养方法有多种，按临床标本接种时间分为直接培养法和间接培养法；按培养方法分为试管法、平皿法（大培养）和玻片法（小培养）。

（1）直接培养

采集标本后直接接种于培养基上。

（2）间接培养

采集标本后，暂保存，以后集中接种。

（3）试管培养

试管培养是临床上最常用的培养方法之一，培养基置于试管中，主要用于临床标本分离的初代培养和菌种保存。

（4）大培养

将培养物接种在培养皿或特别的培养瓶内，主要用于纯菌种的培养和研究。

（5）小培养

主要用于菌种鉴定，大致分为玻片法、方块法和钢圈法。

① 玻片法　在消毒的载玻片上，均匀地浇上熔化的培养基，不宜太厚。凝固后接种待鉴定菌株，置于平皿中，保湿。待有生长后，盖上消毒的盖玻片，显微镜下直接观察，常用米粉吐温琼脂培养基观察白念珠菌的顶端厚壁孢子和假菌丝。

② 方块法　适用于霉菌菌落的培养。取无菌平皿倒入约15mL熔化的培养基，待凝固后用无菌小铲或接种刀划成1cm^{2}大小的小块。取一小块移在无菌载玻片上，然后在小块上方四边的中点接种待鉴定菌

株，盖上消毒的盖玻片，放入无菌平皿中的V形玻棒上，底部铺上无菌滤纸，并加入少量无菌蒸馏水，孵育，待菌落生长后直接将载玻片置显微镜下观察。

③ 钢圈法　先将固体石蜡加热熔化，取直径约2cm，厚度约0.5cm有孔口的不锈钢小钢圈，火焰消毒后趁热浸入石蜡油，旋即取出冷却，石蜡油即附着于小钢圈中。再取一无菌载玻片，火焰上稍加热，将小钢圈平置其上，孔口向上。小钢圈上石蜡油遇载玻片的热即熔化后凝固，钢圈就会固定在载玻片上。用无菌注射器经孔口注入熔化的培养基，培养基量约占小钢圈容量的1/2，注意避免气泡。待培养基凝固后取一消毒盖玻片，火焰上加热后，趁热盖在小钢圈表面，也即固定其上。最后用接种针伸入孔口进行接种。这种方法的优点是形成一种封闭式培养，在显微镜下直接观察菌落时可避免孢子吸入人体，而且不易被污染，盖玻片也可取下染色后封固制片保存。

3.培养检查

标本接种后，每周至少检查2次，观察以下指标。

（1）菌落外观

① 生长速度　缓慢生长菌：7～14d；快速生长菌：2～7d。一般浅部真菌超过2周，深部真菌超过4周仍无生长，可报告阴性。

② 外观　a.扁平；b.疣状；c.折叠规则或不规则；d.缠结或垫状；e.其他。

③ 大小　菌落大小用厘米来表示，菌落大小与生长速度和培养时间有关。

④ 质地　a.平滑状；b.粉状；c.粒状；d.棉花状；e.粗毛状；f.皮革状；g.黏液状；h.膜状。

⑤ 颜色　不同的菌种表现出不同的颜色，呈鲜艳或暗淡。致病性真菌的颜色多较淡，呈白色或淡黄色，而且其培养基也可变色，如马尔尼菲青霉等，有些真菌菌落不但正面有颜色，其背面也有深浅不同的颜色。菌落的颜色与培养基的种类、培养温度、培养时间、移种代数等因素有关。所以，菌落的颜色虽在菌种鉴定上有重要的参考价值，但除少数菌种外，一般不作为鉴定的重要依据。

⑥ 菌落的边缘　有些菌落的边缘整齐，有些不整齐。

⑦ 菌落的高度和下沉现象　有些菌落下沉现象明显，如黄癣菌、絮状表皮癣菌等，更有甚者菌落有时为之裂开。

⑧ 渗出物　一些真菌如青霉、曲霉的菌落表面会出现液滴。

⑨ 变异　有些真菌的菌落日久或多次传代培养而发生变异，菌落颜色减退或消失，表面气生菌丝增多，如絮状表皮癣菌在2～3周后便发生变异。

（2）显微镜检查

小培养可置普通显微镜下直接观察，而试管和平皿培养的菌落则须挑起后做涂片检查。

4. 组织病理学检查

真菌病的组织病理检查与直接镜检培养同样具有相当重要的价值，尤其对深部真菌病的诊断意义更大，如用特殊染色可提高阳性率。

真菌的组织病理反应与其他一些疾病的组织病理反应极其相似，往往只有在仔细研究了病理切片并发现了真菌之后才考虑到真菌病。而在这种情况下，标本已被固定，培养有时已不可能进行，组织病理切片就成了真菌感染的主要依据。所以临床上在送病理标本的同时，要尽可能考虑到真菌感染的可能，以便同时采集标本送真菌实验室进行真菌学检查。真菌在组织内一般表现如下。

① 孢子　酵母和双相型真菌在组织内表现为孢子。

② 菌丝　许多真菌在组织中只表现为菌丝。组织中发现无色分隔、分支的菌丝多为念珠菌和曲霉。粗大、不分隔少分支的菌丝为接合菌，多为毛霉、根霉、犁头霉等。粗大、少分支有隔的菌丝为蛙粪霉菌。棕色菌丝为暗色丝孢霉病，由暗色孢科真菌引起。

③ 菌丝和孢子　主要见于念珠菌感染。

④ 颗粒　为组织内由菌丝形成的团块。

⑤ 球囊或内孢囊　球囊内含有内孢子，为球孢子菌或鼻孢子菌在组织内的特征性结构。

组织病理切片中根据形态和染色能基本确定种名的真菌为：荚膜组织胞浆菌、杜波伊斯组织胞浆菌、副球孢子菌、皮炎芽生菌、链状芽生菌、粗球孢子菌、新生隐球菌和鼻孢子菌等。根据组织病理切片中真菌的形态能确定属而不能确定种的病为：放线菌病、奴卡菌病、无绿藻病、念珠菌病、曲霉病和不育大孢子菌病等。多个属的真菌感染可引起相同的临床表现，在组织病理切片中真菌的形态无法区别的病有皮肤芽生菌病、暗色丝孢霉病、接合菌病、皮肤癣菌病和足菌肿等。足菌肿的颗粒若染色适当，很易确定为放线菌性或真菌性的，也能区别出细菌性颗粒。真菌性颗粒中的菌丝又分为无色或暗色两大类。各种病原菌基本上形成各自颜色、大小、形成和结构的颗粒，可以初步区别，但最后确定必须依靠真菌培养。

5.血清学方法

随着诊断技术的进展，以免疫学方法检测真菌病已成为可能，引起深部真菌感染的病原菌主要有白念珠菌、曲霉菌和隐球菌等，传统的检测方法主要为血培养和组织活检，但血培养历时太长，且深部真菌感染的病原菌常不易培养成功，阳性率较低。而深部真菌感染的临床征象错综复杂，又使得组织活检缺乏典型改变，影响正确诊断，这些都使得这些方法所起的作用极为有限，真菌的抗原、抗体及代谢产物的血清学检查用于深部真菌感染的实验室检测，可取得很好的效果。目前常用的免疫诊断方法如下。

（1）特异性抗原的检测

包括：①乳胶凝集试验（LA）；②酶联免疫试验（EIA）；③荧光免疫测定法（FA）。

（2）特异性抗体检测

由于受检者都为免疫低下患者，因其致阳性率低，故现已少用。

6.分子生物学方法

近年来随着分子生物学的发展，已有聚合酶链反应（PCR）扩增、分子探针、限制性酶切片段长度多态性分析（RFLP）、DNA指纹图谱、随机扩增DNA多态性（RAPD）等方法。用于深部真菌病的诊断和分型研究，形成了以PCR技术为基础的一系列分子诊断方法。从这些新技术对多种致病真菌鉴定的应用过程中发现，此类方法具有操作简便、省时省力、特异性强、敏感性高的优点。特别是从分子水平对真菌从遗传进化角度阐明菌种间内在的分类学关系，真正达到人们追求已久的自然分类的目的。有理由相信，随着PCR及相关技术在临床的应用及更广泛深入的研究，将会对真菌感染的诊断和鉴定产生根本的影响。

四、特殊诊断方法

（一）X线检查

根据检查部位的目的要求，X线检查方法有透视检查、摄影检查和造影检查。

透视检查主要用于胸部及腹部的侦察性检查，比如心脏的搏动、膈肌的运动以及胃肠的蠕动等，即可获得检查结果。也用于骨折、脱位的辅助复位，异物定位及其摘除术等，对骨和关节疾病，一般不采用透视检查。

摄影检查是利用X线的光化学作用，使X线透过动物体后照射到胶片上感光成像，经过显影、定影后观察X线胶片上的影像进行诊断的方法，摄影检查广泛应用于全身各系统器官，影像的清晰度和对比度比较好，可显示密度厚度较大或密度厚度差异较小部位的病变，可作为永久记录保存，但是采用摄影检查时应该按照检查部位与范围确定胶片的大小，以免盲目摄片造成浪费。骨骼和关节的检查，以摄影为主。

造影检查是将X线造影剂引入被检查器官的内腔或周围，形成密度差异，以显示被检查器官内腔或外形影像而进行诊断的方法。X线造影剂可经直接注入、生理排泄和生理沉积途径被引入机体。临床上以直接注入X线造影剂应用最为广泛，如消化道造影、支气管造影、膀胱造影、子宫与输卵管造影、鼻泪管与唾腺管造影、气腹造影、关节腔充气造影、心血管造影等。X线造影剂具有良好的造影效果，无毒、无危险副作用。按其原子序数的高低和吸收X线能力的大小，X线造影剂可分为低密度造影剂和高密度造影剂。低密度造影剂又称为阴性造影剂，如空气、氧气、氧化亚氮和二氧化碳等，常用于腹腔造影、腹膜后造影、膀胱充气造影、消化道双重造影、关节腔与关节囊造影。高密度造影剂又称为阳性造影剂，如钡剂和碘剂等。医用硫酸钡或化学纯硫酸钡是最常用的钡类造影剂，多用于消化道造影；碘剂类造影剂有碘化钠、碘油和有机碘造影剂等。

（二）超声检查

用于医学诊断的超声波，主要是脉冲反射技术，包括A型、B型、D型、M型、V型等。目前B型超声检查是应用最广、影响最大的超声检查。超声检查作为一种快速、准确、安全、无损伤的诊断方法，以其直观性、真实性等特点，已广泛用于畜牧业生产和动物疾病诊断，在发达国家已成为一种常规的兽医临床诊断方法。超声检查在畜牧生产中的应用：广泛地应用于动物的背膘和眼肌的测定、配种监控和妊娠检查；超声检查也已经较为广泛地应用于兽医临床实践，如应用于心脏和血管、肝脏、脾脏、肾脏、一些腺体、淋巴结、关节、肌肉及软组织、妊娠、肿瘤、胃肠及腹腔内其他病变的诊断。此外，还用于腹膜炎、腹腔肿瘤、软组织脓肿、胃肠溃疡或穿孔诊断及眼科检查等。

五、常用治疗技术

（一）给药方法

1. 口服法

（1）长颈瓶给药法

当给羊灌服稀药液时，可将药液倒入细口长颈的软瓶或塑料瓶中，抬高羊的嘴巴，给药者右手拿药瓶，左手用食、中二指自羊右口角伸入口内，轻轻压迫舌头，羊口即张开。然后，右手将药瓶口从左口角伸入羊口中，并将左手抽出，待瓶口伸到舌头中段，即抬高瓶底，将药液灌入。

（2）药板给药法

此法专用于给羊服用舔剂。给药时，需用竹制或木制的药板，长约30cm、宽约3cm、厚约3mm，表面须光滑没有棱角。给药者站在羊的右侧，左手将开口器放入羊口中，右手持药板，用药板前部刮取药物，从右口角伸入口内到达舌根部，将药板翻转，轻轻按压，并向后抽出，把药抹在舌根部，待羊下咽后，再抹第2次，如此反复进行，直到把药给完。

2. 注射法

注射法是指将灭菌的液体药物用注射器注入羊的体内。常用的注射法有以下几种。

（1）皮内注射法

皮内注射法多用于羊痘的预防接种。部位一般在尾巴内面或股内侧。方法是：如在尾下，在保定确实的情况下，以左手向上拉紧尾部，

使注射部位皮肤绷紧，右手持注射器，将针头刺入真皮内，然后把药液注入，使局部形成豌豆大的水泡样隆起，拔出针头即可。

（2）皮下注射法

皮下注射是把药液用注射器注射到羊的皮肤和肌肉之间。注射部位是在颈部或股内侧皮肤松弛处。注射时，先把注射部位的毛剪净，涂擦碘酒，用左手捏起注射部位的皮肤，右手持注射器，将针头斜向刺入皮肤，如针头能左右自由活动，回抽无血，即可注入药液。注完后拔出针头，在注射点上涂擦碘酒。如药液较多可分点注射。凡易于溶解的药物、无刺激性的药物及疫苗等，均可进行皮下注射。

（3）肌肉注射法

肌肉注射是将灭菌的药液注入肌肉比较多的部位。羊的注射部位一般是在颈部。注射方法与皮下注射基本相同，不同之处是：注射时以左手拇指、食指成"八"字形压住所要注射部位的肌肉，右手持注射器针头，向肌肉组织内垂直刺入（对于瘦羊，应斜向刺入，防止伤到骨骼），回抽无血，即可注药。一般刺激性小，吸收缓慢的药液，如青霉素、链霉素等均可采用肌肉注射。

（4）静脉注射

静脉注射是将已经灭菌的药液直接注射到静脉内，使药液随血液很快分布到全身，迅速产生药效。羊的注射部位是颈静脉的上三分之一与中三分之一的交界处。注入方法是先把注射部位消毒后，用左手按压静脉近心端，使其怒张，右手持注射器，将针头向上刺入静脉内，如有血液回流，则表示已插入静脉内，然后用右手推动活塞，将药液注入。药液注射完毕后，左手按住刺入孔，右手拔针，按压一会儿，在注射处涂擦碘酒即可。如药液量较大（如生理盐水、葡萄糖溶液等）以及药物刺激性较大，不宜皮下或肌肉注射的药物（如氯化钙等）多采用静脉注射。也可使用静脉输液器，刺入方法同静脉注射。输液时速度不要过快，天冷温度低时，药液应加温后再进行静脉输液。

3.灌服给药法

本法是向直肠内注入药液，常在直肠炎、大肠便秘时使用此法。方法是：让羊站立保定，先将直肠内的粪便清除，在橡皮管前端涂上凡士林，插入直肠内，用注射器将药液注入肠腔内。药液注

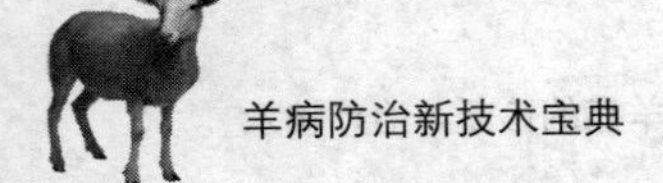

完后，拔出橡皮管，用手压住肛门，以防药液流出。注液量一般在100 ～ 200mL。灌肠的液体温度应与体温一致。

4.瘤胃穿刺注药法

瘤胃穿刺注药，常用于瘤胃臌气放气后，为防止胃内容物继续发酵产气，可注入止酵剂及有关药液。有些药液（如四氯化碳、驱虫剂）刺激性强，经口入消化道反应强烈，可采用瘤胃穿刺注药。方法是：如果瘤胃臌气，穿刺部位是在左肷窝中央臌气最高的部位，局部剪毛，用碘酒涂擦消毒，将皮肤稍向上移，然后将套管针或普通针头垂直地或朝右侧肘头方向刺入皮肤及瘤胃内，气体即从针头排出。如臌胀严重，应间断放气，气放完后再注入相应的药物；如为泡沫性臌气应先注入适量的消沫剂才能放出气体，然后用左手指压紧皮肤，右手迅速拔出针头，穿刺孔用碘酒涂擦消毒。如注射驱虫剂或其他药物，穿刺部位是在左肷部髋结节与最后肋骨所引水平线的中间，距腰椎横突5 ～ 10cm处。

5.腹腔穿刺注药法

腹腔穿刺注药法腹腔的容积较大，很多药液可以通过腹膜的吸收作用达到治疗目的。一般用于补充体液与营养物质及腹腔透析，以治疗内脏某些疾病。刺入部位在右肷部。方法是：先剪毛、消毒，取长针头刺入腹腔，针头刺进后能左右活动，再接上带药的注射器或输液器，徐徐将药注入即可。如用大量液体进行透析疗法时，应待药物在腹腔内停留30 ～ 60min后，于腹底壁脐前5 ～ 10cm处，用长针头穿刺腹腔壁并进入腹腔，排出多余的积液。

6.气管注药法

气管注药法是将药液直接注入气管内。注射时多采用侧卧保定，且头高臀低，皮肤消毒后将针头穿过气管软骨环之间垂直刺入，摇动针头能自由活动，接上注射器，抽动活塞见有气泡，即可将药液缓缓注入。如欲使药液流入两侧肺中，则应注射两次，第二次注射时，将羊翻转，卧于另一侧。该法使用于治疗气管炎、支气管和肺部疾病，也常用于肺部驱虫，如羊肺丝虫病。

7.皮肤表层涂药法

皮肤表层涂药法多在羊患有疥癣、螨虫、虱、皮肤湿疹、外伤、

口疮等时采用，就是将药物直接涂到病变皮肤表面。如羊患疥癣时，将患处用温水洗净，刮去干燥的皮屑，再把相应的药膏涂到患部即可。

（二）穿刺与封闭疗法

1. 穿刺术

穿刺术是对动物体的体腔、器官进行穿刺，以证实其中有无病理产物，并采取其体腔或器官内液体、病理产物或活组织进行检验而诊断疾病的一种方法。

（1）胸腔穿刺术

胸腔穿刺术适用于胸腔积液者，为明确积液的性质或抽出胸腔积液，通过抽气、抽液、胸腔减压治疗单侧或双侧气胸、血胸，缓解由于大量胸腔积液所致的呼吸困难。

在胸廓两侧剪毛、消毒，用12～20号穿刺针垂直皮肤刺入胸腔，针头应沿着肋间隙刺入，针头刺入胸腔时有落空感，表明针头已进入胸腔。穿刺者调整好针头位置，可以顺利抽出气体或液体。

（2）腹腔穿刺术

腹腔穿刺术用于诊断胃肠破裂、内脏出血、肠变位、膀胱破裂；利用穿刺液来检查判断是渗出液还是漏出液；经穿刺放出腹水或向腹腔内注入药液治疗某些疾病。

穿刺部剪毛、消毒，用12～20号针头垂直皮肤刺入，当针透过皮肤后，应慢慢向腹腔内推进针头，当针头出现阻力骤然减退时，说明针已进入腹腔，腹水经针头流出。用于诊断性穿刺时，当腹水流出后立即用注射器抽吸。穿刺完毕后，拔下针头，用碘酊消毒术部。

（3）瘤胃穿刺术

瘤胃穿刺适用于瘤胃臌气的穿刺放气。穿刺部位是在左肷窝中央臌气最高的部位。方法是：局部剪毛，碘酒消毒，将皮肤稍向上移，然后将套管针或普通针头垂直刺入皮肤及瘤胃壁，气体即从针头排出，然后拔出针头，碘酒消毒即可。必要时可从套管针孔注入防腐剂或消沫药。

（4）肝脏穿刺术

肝脏穿刺术是采取肝组织标本的一种简易手段。由穿刺所得组织块进行组织学检查或制成涂片进行检查，以诊断疾病。主要适应于肝片吸虫的检查。方法是在右侧倒数第2～3肋间，距背正中线6～8cm

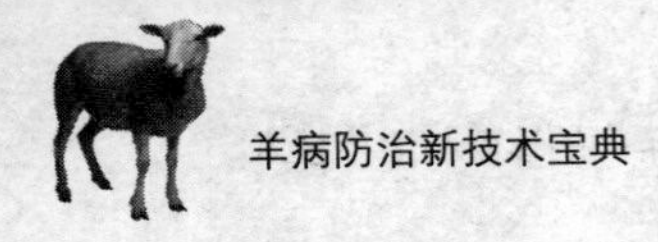

处用穿刺针穿刺取样。

（5）膀胱穿刺术

膀胱穿刺术适用于尿道完全阻塞而发生尿闭时，为防止膀胱破裂或尿中毒，进行膀胱穿刺排出膀胱内的尿液。穿刺部位：在后腹部耻骨前缘，触摸有膨臌满和弹性感，即为穿刺部位。穿刺方法：侧卧保定，并将左右后肢向后牵引，于耻骨前缘触摸膨满波动最明显处，左手压迫，右手持连有橡胶管的针头，向后下方刺入，排出尿液后，碘酒消毒。

2.封闭疗法

封闭疗法是用一定浓度和剂量的局麻药并配合适当抗生素、糖皮质激素类药物，注入到病变组织周围或神经通路上，改变神经反射的生理状态，减弱病理性冲动对大脑的强烈刺激，以维持神经系统正常活动，从而达到治疗疾病的目的。

（1）脊髓硬膜外腔封闭

脊髓硬膜外腔封闭即将局麻药液直接注入椎管内骨膜与脊髓硬膜之间的腔体内，使腰神经、荐神经及尾神经产生暂时性麻痹的治疗方法。此封闭主要用于动物阴道脱、子宫脱或直肠脱的整复以及后躯、臀部、腹腔、盆腔脏器疾病治疗，如不明原因的用力努责、剖宫产、乳房创伤与切除、羔羊士的宁中毒、破伤风、脑脊髓炎等过度兴奋性疾病。根据临床需要，常选用腰荐间隙和尾荐间隙硬膜外腔封闭。

① 腰荐间隙硬膜外腔封闭　在腰荐间隙（即百会穴）局部剪毛消毒后，针头垂直刺入皮肤，穿过棘间韧带继续向下直至弓间韧带，此时，可有穿破窗户纸的感觉，说明针头已进入硬膜外腔。这时可在针尾滴1滴药液，药液因硬膜外腔内为负压而被吸入，证明位置正确。然后可将20～30g/L盐酸普鲁卡因或利多卡因5～10mL注入，5～10min后见效，一般可维持2～3h。

② 尾荐间隙硬膜外腔封闭　即在荐骨和第1尾椎之间刺入，此间隙有时可因脊椎愈合而消失，故也可选用第1、2尾椎弓间隙作入针部位。把动物尾巴举起、向上，在尾根背侧出现一皱褶横沟，即第1、2尾椎弓间隙，注射方法同百会穴。

（2）神经干封闭

神经干封闭又称神经阻滞或传导麻醉，即在神经干、神经节或神

经丛周围注射高浓度局麻药使其所支配区域的感觉消失，其优点是用药量少、麻醉范围大。

① 腰旁神经干封闭　分别在第1腰椎横突游离端前外角、第2腰椎横突游离端后外角（即第2、3腰椎横突游离端之间）、第4腰椎横突游离端前外角位置垂直入针直达骨面，然后将针头稍向前再深入少许，注入20～30g/L盐酸普鲁卡因或利多卡因10～15mL，然后拔针至皮下再注入10～15mL，可分别麻醉最后肋间神经、髂腹下神经和髂腹股沟神经腹侧支与背侧支。配合同侧腹壁局部浸润麻醉，适用于同侧腹肋部与内脏器官疾病的手术诊断治疗，如剖腹探查、剖宫术、腹壁疝、脐疝、腹壁创伤、创伤性网胃炎以及乳房疾病等。

② 阴部内神经封闭　阴部内有1对神经，经过坐骨切迹中间，由骨盆进入阴茎背侧向前行走，两者相距2～3mm，分布于阴茎皮肤、龟头、海绵体、尿道和阴茎退缩肌。公羊封闭部位在S状弯曲的会阴部，在阴囊后上方抓住阴茎S状弯曲，助手将阴囊拉向一边，然后从阴茎侧壁将针头刺入阴茎背侧，注入10～30g/L普鲁卡因20～50mL，10min后药液可扩散到S状弯曲附近。此封闭法常用于公羊尿道结石的诊治、插入尿导管、龟头赘生物的摘除、试情动物尿道造口术、尿道切开、阴茎损伤等治疗。

③ 掌（跖）神经封闭　掌神经有掌内神经和掌外神经之分，均由正中神经在腕关节上方分支而来。封闭时因部位不同可分为高掌神经封闭和低掌神经封闭。高掌神经封闭时注射点位于腕关节下方的指深屈肌腱前外侧缘，低掌神经封闭点位于系关节上方2～4cm处的指深屈肌腱前外侧缘，封闭时掌面内外两侧神经各注射20～30g/L普鲁卡因5～10mL。本封闭法适用于腕关节以下掌部及蹄部疾病的治疗。如掌、指（趾）部骨折整复，蹄叶炎，蹄溃疡（蹄真皮炎），蹄裂及感染，腐败性蹄关节炎，截趾术，钉伤，屈腱挛缩切断术，掌（跖）部肌腱断裂的治疗。跖神经封闭可参考掌神经的相应部位。

④ 角神经封闭　角神经位于眶上突与角根前缘之间连线上，取靠近角根处任意一点皮下注射30g/L盐酸普鲁卡因10～20mL，5～10min后可用针刺角根皮肤检验麻醉效果，本封闭适用于羊的断角术，配合安定镇痛药、止血药及抗生素，对于角折治疗效果尤甚。

⑤ 舌神经及舌下神经封闭　从两下颌骨之间的舌骨突前方1～2cm处垂直刺入5～6cm深，注入10～20g/L盐酸普鲁卡因15～20mL，封闭舌下神经；然后退针至皮下，分别向左右两侧刺入，直至下颌骨内侧骨面，稍后再注入10mL左右封闭舌神经，此封闭再配合安定镇痛药、维生素C、抗生素等，多用于舌损伤、舌溃疡、口炎的治疗。

⑥ 上颌神经与下颌齿槽神经封闭　上颌神经位于下颌关节外突隆起中央与面嵴前端引连线，再由眼眶后缘向该连线作垂直线，两线交点即入针点，与皮肤垂直刺入针头直到骨面，注射30g/L盐酸普鲁卡因5～10mL。封闭此神经可用于同侧上颌齿槽内门齿与臼齿的炎症、疼痛或拔牙、修牙术、牙周炎、齿龈炎、龋齿、齿槽脓肿、牛豁鼻修补术、硬鳄与上唇部创伤的辅助治疗。除此以外，封闭眶下神经也可以达到同样目的。下颌齿槽神经位于下颌孔内，该孔在体表投影位于下颌关节外突隆起中央与下颌血管切迹连线中点的前上方1cm处内侧。为了操作方便，可沿该连线中点与眼眶后缘向下颌骨腹侧方向再作一直线，用20cm长注射针头由下颌骨内侧沿第2条线刺入下颌骨孔位置，注入10～20mL普鲁卡因。封闭该神经可治疗同侧下唇、颊部、下颌齿槽内牙齿与齿龈的炎症、损伤、疼痛、化脓等疾病。

（3）腹（胸）腔封闭

腹腔与胸腔封闭疗法已广泛应用于兽医临床。腹腔封闭时，羊站立保定，在右侧肷窝中部剃毛消毒，用静脉注射针头垂直刺入腹腔，连接注射器（不能抽出胃肠内容物），向针孔内滴1滴药液可自行吸入，说明位置正确。胸腔封闭位置在肺部叩诊界限范围之内，避开心区任何部位均可注射，但应避免造成气胸。通常将盐酸普鲁卡因0.3～0.9g，青霉素、链霉素各200万～500万IU，卡那霉素500万～1000万IU，或庆大霉素80万～160万IU等其他没有刺激性的抗生素共同加入100～500mL生理盐水中，1次注入，每日1次或隔日1次。腹腔封闭主要用于急慢性胃肠炎、消化不良、瓣胃或皱胃阻塞、腹部疝痛、腹膜炎、创伤性网胃炎、心包炎的保守治疗、腹腔手术的辅助治疗。胸腔封闭主要用于胸膜炎、各类肺炎及开胸手术后的辅助治疗。

（4）静脉封闭

将盐酸普鲁卡因按每100kg体重0.10～0.25g稀释后缓慢静脉注

射，经血液循环药液直接作用于血管内壁感受器及病变部位，可解痉镇痛、改善神经营养。每日1次，连用3 ～ 4次。此封闭法多结合全身性应用抗生素、抗过敏药、抗风湿药、溴化钙等用来治疗疝痛、蜂窝织炎、关节炎、神经炎、脉管炎、黏液囊炎、顽固性浮肿、陈旧创、风湿病、蹄溃疡（蹄真皮炎）以及湿疹、搔痒等皮肤病。利多卡因又能抑制心室自律性，缩短不应期，故静脉注射可治疗室性心动过速。

（5）局部封闭

将2.5 ～ 5.0g/L普鲁卡因注射在病灶、创口或疼痛部位周围的健康组织内，配合适量的抗生素具有消炎、止痛、促进愈合、提高疗效的作用。

① 眼睑封闭　固定好病羊后，用左手拇指与食指水平方向捏住上（下）眼睑使其成一皱褶，消毒，右手用9号或12号针头沿眼裂从外眼角向内眼角方向刺入皮下，边退针边注射，每次注射2 ～ 5mL使眼睑肿胀，注射时普鲁卡因可同氨苄西林钠、地塞米松或醋酸可的松（孕畜禁用）或临时采取的自家血1 ～ 2mL混合后，1次注射，隔日1次，连用3 ～ 4次。此法可治疗结膜炎、角膜炎、角膜翳等眼科疾病。

② 四肢环状封闭　当动物四肢发生骨折、创伤、挫伤、关节炎、蜂窝织炎、黏液囊炎、蹄部疾病时，可将2.5 ～ 5.0g/L盐酸普鲁卡因和抗生素混合后，在病变部位上方3 ～ 5cm处健康组织作环状或分点注射，达到封闭治疗的目的。

③ 乳基封闭　羊乳房基部前方有第1、2腰神经腹侧支、精索外神经及交感神经，其后方有会阴神经，这些神经分布于乳房皮肤及乳腺组织内部，当动物患有乳房炎时可将5 ～ 10g/L普鲁卡因与抗生素混合，用长20cm的封闭针头沿乳房前方、后方与腹壁交界处刺入结缔组织中注射，并结合乳房内灌注抗生素，疗效更佳。

（6）穴位封闭

穴位封闭是穴位注射疗法的一种。根据疾病种类及归穴，结合药物功能选择相关穴位进行封闭，这样既有穴位刺激又有药物作用，共同达到治疗疾病的目的。兽医临床常选用后海穴、肺俞穴、抢风穴和百会穴、迷交感穴。后海穴封闭用于治疗直肠脱、阴道脱、子宫脱；抢风穴和百会穴封闭分别治疗羊前肢后肢的跛行、风湿等疾病；肺俞

穴封闭时可用20～30g/L普鲁卡因（5～10mL）、链霉素或卡那霉素（按体重1万～2万IU/kg）、盐酸异丙嗪（按体重1mg/kg），混合后加入20～40mL生理盐水中稀释，分别在两侧肺俞穴入针1.5～3.0cm深，注射1/2药量，剩余药液注射在肺俞穴后相邻的背最长肌与髂肋肌之间的2个凹陷中。迷交感穴位于颈中上部1/3交界处颈静脉沟上缘，封闭此穴可治疗羊只消化不良与腹泻。

（三）羊的外产科手术

1. 外科手术基础

（1）手术器械物品辅料的灭菌消毒

① 高压蒸汽灭菌消毒　高压蒸汽灭菌消毒应用最为普遍，效果也很可靠。高压蒸汽灭菌器可分下排气式和预真空式两类。国内运用最多的是下排气式灭菌器，其样式很多，有手提式、卧式及立式等，但基本结构和作用原理相同。由一个具有两层壁的耐高压的锅炉构成，蒸汽进入消毒室内，积聚而使压力增高，室内温度也随之升高。当蒸汽压力达到104.0～137.3kPa时，温度可达121～126℃。在此温度下维持30min，即能杀死包括具有顽强抵抗力的细菌芽孢在内的一切微生物。

使用高压蒸汽灭菌器的注意事项如下。

a. 需要灭菌的各种包裹不宜过大，一般不超过40cm×30cm×30cm，包扎也不宜过紧。

b. 排尽灭菌器内的空气。空气和蒸汽不易混合，如果蒸锅内的空气未排尽将沉于锅底，使该部灭菌不彻底。空气遗留在蒸锅内的比例越大，则灭菌的可靠性越小。根据鲁勃涅尔氏的实验，在没有空气的灭菌器内，炭疽3min即可被杀死，如有20%以上的空气，则10min后才可杀死炭疽芽孢，含34%的空气时，半小时也杀不死。欲将蒸锅内的空气除去很复杂，且不是始终可以实现的。如能排除90%的空气，在实践中已达到了目的。

c. 定期检查灭菌效果。测定灭菌器的灭菌效能的最好的方法，是定期进行细菌学检查，每月一次。

d. 已经灭菌的物品应注明有效日期，并与未灭菌的物品分开放置。灭菌后的物品，可保持包内无菌2周。

② 煮沸灭菌消毒　煮沸灭菌消毒有专用的煮沸灭菌器，但一般的铝锅或不锈钢去油脂后，常也用作煮沸灭菌。此法适用于金属器械、玻璃制品及橡胶类等物品。在水中煮沸至100℃并持续15～20min，一般细菌即可杀灭，但芽孢至少需要煮沸1h才能被杀灭。高原地区压力低，水的沸点也低，煮沸灭菌的时间需要相应延长。海拔高度每增加500m，灭菌时间应延长2min。为节省时间和保证灭菌质量，高原地区也可用压力锅作煮沸灭菌。压力锅的蒸汽压力一般为127.5kPa，锅内最高温度可达124℃左右，10min即可灭菌。

注意事项：

a. 被灭菌的物品必须去油洗净，煮锅必须保持清洁无油脂。因为油脂可阻碍细菌和湿热的接触，灭菌物品必须全部放在水面以下，器械的关节必须打开。

b. 煮沸时应盖紧，灭菌的时间应从煮沸后开始计算。如灭菌过程中必须加入其他物品，应重新计算时间。

c. 玻璃类物品需要用纱布包裹，放入冷水中逐渐煮沸，以免其遇骤热而爆裂，玻璃注射器应将内芯拔出，分别用纱布包好。

③ 火烧灭菌消毒　金属器械的灭菌可用此法。将金属器械置于搪瓷或金属盆中，倒入95%酒精少许，点火直接燃烧，也可达到灭菌的目的。但此法常使锐利器械变钝，又会使器械失去原有的光泽，因此仅用于急需的特殊情况。

④ 药液浸泡消毒　锐利器械、内窥镜和腹腔镜等不适于热力灭菌的器械，可用化学药液浸泡消毒。常用的有以下几种。

a. 2%中性戊二醛水溶液　浸泡时间为30min。常用于刀片、剪刀、缝针及显微器械的消毒。灭菌时间为10h，药液宜每周更换一次。

b. 10%甲醛溶液　浸泡时间为20～30min。适用于输尿管导管等树脂类、塑料类以及有机玻璃制品的消毒。

c. 70%酒精　浸泡时间为30min。用途与戊二醛相同。目前较多用于已消毒过的物品的浸泡，以维持消毒状态。酒精应每周过滤一次，并核对浓度。

d. 1∶1000苯扎溴铵（新洁尔灭）溶液浸泡时间为30min。虽也可用于刀片、剪刀及缝针的消毒，但因其消毒效果不及戊二醛溶液，

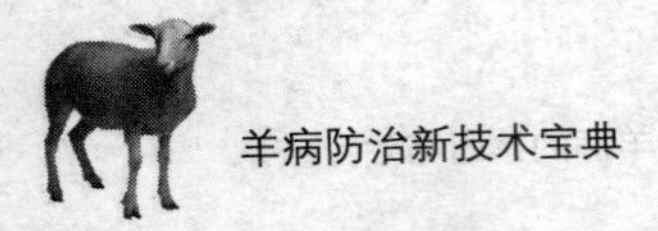

故目前常用于已消毒的持针钳的浸泡。

e. 1：1000氯己定（氯苯双胍己烷、洗必泰）溶液浸泡时间为30min。抗菌作用较新洁尔灭强。

注意事项：

a. 浸泡前应将需要消毒的物品洗净、去脂并擦干。有些消毒剂与血液、脓汁、肥皂、油脂接触后，其作用可降低。

b. 器械的关节必须打开，有腔物品必须排尽空气，使腔内充满消毒液，物品不可露出液面。

c. 使用某些消毒剂浸泡金属器械时，如苯扎溴胺、洗必泰、消毒净等，必须加入防锈剂。如在1000mL溶液中加入5g亚硝酸钠或碳酸氢钠3g。

d. 必须严格掌握浸泡时间，不应随时放入未消毒的物品。

e. 器械等使用前，必须用无菌等渗盐水将消毒液冲洗干净，因为有些消毒液可能对组织和物品有损害作用。

⑤ 甲醛蒸汽熏蒸消毒。用有蒸格的容器，在蒸格下放一量杯，按容器体积加入高锰酸钾及40%甲醛（福尔马林）溶液（用量以每0.01m^3加高锰酸钾10g及40%甲醛4mL计算）。物品置熏蒸格上部，容器盖紧，熏蒸1h即可达到消毒目的。但灭菌需要6～12h。

清洁、保管和处理：一切器械、敷料和用具在使用后，都必须经过一定的处理，才能重新进行消毒，供下次手术使用。其处理方法随物品种类、污染性质和程度不同而不同。凡金属器械、玻璃、搪瓷等物品，在使用后都需要用清水洗净，特别注意器械的沟、槽、轴节等处的去污；各种导管均需要注意冲洗内腔。

（2）手术人员和手术区域的准备

1）手术人员的术前准备

① 一般准备　手术人员进行手术前，要先换好清洁鞋和衣裤，戴好帽子和口罩。帽子要盖住全部头发，口罩要盖住鼻孔。剪短指甲并去除甲缘下的积垢。手或臂皮肤有破损或有化脓性感染时，不能参加手术。

② 手臂消毒法　在皮肤皱纹和皮肤深层如毛囊、皮脂腺等处都藏有细菌。手臂消毒法仅能清除皮肤表面的细菌，并不能消灭藏在皮肤

深处的细菌。在手术过程中，这些深藏的细菌可逐渐移到皮肤表面。所以在手臂消毒后，还要戴上消毒橡胶手套和穿无菌手术衣，以防止这些细菌污染手术伤口。

肥皂水洗手法已经沿用多年，现在逐渐被新型消毒剂的刷手法所替代。后者刷手时间短，消毒效果好，且消毒作用能保持较长时间。洗手用的消毒剂有含碘和不含碘的两大类。

A. 肥皂水刷手法

a. 术者先用肥皂做一般的洗手，再用无菌毛刷蘸浓肥皂水刷洗手和臂，从指尖到肘上10cm处，两手臂交替刷洗。特别要注意甲缘、甲沟、指蹼等处的刷洗。一次刷完后，手指朝上肘朝下，用清水冲去手臂上的肥皂水，反复刷洗三遍，共约10min。用无菌毛巾从手到肘部擦干，擦过肘部的毛巾不可再擦手部。

b. 将手和前臂浸泡在70%的酒精内5min，浸泡范围到肘上6cm处。

c. 如用苯扎溴铵代替酒精，则刷手时间可减为5min。手臂在彻底冲净肥皂水和擦干后，在1 ∶ 1000苯扎溴铵溶液中浸泡5min。残留在手臂上的肥皂水若带入桶内，将会影响苯扎溴铵的杀菌效力。配制的苯扎溴铵溶液在使用40次后，不再继续使用。

d. 洗手消毒完毕后，保持拱手姿势，手臂不应下垂，也不可再接触未经消毒的物品，否则应重新浸泡消毒。

B. 碘尔康刷手法

用肥皂水将双手、前臂至肘上10cm刷洗3min，清水冲净，用无菌纱布擦干。用浸透0.5%碘尔康的纱布擦手和前臂1遍，稍干后穿手术衣和戴手套。

C. 灭菌王刷手法

灭菌王是不含碘的高效复合型消毒液。清水洗净双手、前臂至肘上10cm处后，用无菌刷蘸灭菌王溶液3 ～ 5mL刷手和前臂3min。流水冲净，用无菌纱布擦干，再取吸足灭菌王的纱布涂擦手和前臂。待稍干后穿手术衣及戴手套。

D. 碘伏刷手法

用肥皂将洗双手、前臂至肘上10cm刷洗2遍共5min，清水冲净，用无菌纱布擦干，用浸透0.5%（有效碘）碘伏的纱布擦手和前臂2遍，

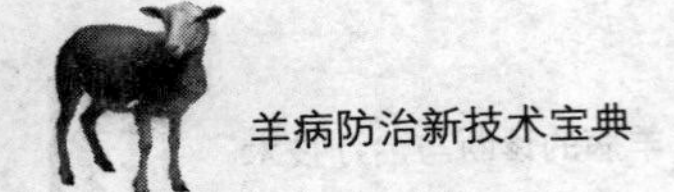

稍干后穿手术衣和戴手套。

如果无菌性手术完毕，手套未破，在需连续施行另一手术时，可不用重新刷手，仅需浸泡酒精或苯扎溴铵溶液5min，也可用碘尔康或灭菌王涂擦手和前臂，再穿无菌手术衣和戴手套。若前一次手术为污染手术，则接连施行手术前应重新洗手。

③ 穿无菌手术衣和戴手套的方法　目前多采用经高压蒸汽灭菌的干手套，较少使用消毒液浸泡的湿手套。如用干手套，应先穿手术衣，后戴手套；如用湿手套，则应先戴手套，后穿手术衣。

A. 穿无菌手术衣

将手术衣轻轻抖开，提起衣领两角，注意勿将衣服外面对向自己或触碰到其他物品或地面。将两手插入衣袖内，两臂前伸，让别人协助穿上。最后双臂交叉提起腰带向后递，由他人在身后将带系紧。

B. 戴无菌手套

没有戴无菌手套的手，只允许接触手套套口的向外翻折部分，不能碰到手套的外面。

a. 戴干手套法：取出手套夹内无菌滑石粉包，轻轻敷擦双手，使之干燥光滑。用左手自手套夹内捏住手套套口翻折部，将手套取出，先用右手插入手套内，注意勿触及手套外面；再用已戴好手套的右手指插入左手手套的翻折部，帮助左手插入手套内。已戴手套的右手不可触碰左手皮肤，将手套翻折部翻回手术衣袖口。用无菌盐水冲洗净手套外面的滑石粉。

b. 戴湿手套法：手套内要先盛放适量的无菌水，使手套撑开，便于戴上。戴好手套后，将手腕部向上稍稍举起，使水顺前臂沿肘流下，再穿手术衣。

2）羊手术区的准备　目的是除去羊手术区的被毛，消灭拟作切口处及其周围皮肤上的细菌。当临床检查后，确定对羊实施手术时，就要做好一系列的术前准备工作。其中包括羊动物的准备和术部的准备。为了防止切口感染，手术前要对羊的皮肤进行一系列的准备工作。术部的准备通常可分为三个步骤，即术部除毛、术部消毒和术部隔离。

① 术部除毛　羊的被毛浓密，容易沾染污物，并隐藏大量的细菌。因此手术前必须先用肥皂水充分洗刷术部周围大面积的被毛。寒

冷的季节可使用温消毒水湿擦被毛，再用干布拭干。然后将术部被毛剪短、剃净。剃毛时要避免造成微细的创伤，或过度刺激皮肤而引起充血。剃毛最好在手术前夕（手术前一天），以便有时间缓解因剃毛引起的皮肤刺激。目前临床上有羊专门使用的剃毛器械，减少了不少剃毛的刺激和节约准备的时间。术部除毛的范围要超出切口周围10～15cm。有时考虑到可能需要延长手术切口时，剃毛的范围应更大些。在紧急手术时，仅需要剪除被毛，再用消毒水洗净即可。

② 术部消毒　术部的皮肤消毒，最常用的药物是2.5%～3.0%的碘酊和70%的酒精。先用纱布或棉球蘸2.5%～3.0%的碘酊，均匀涂擦皮肤，待自然晾干后，再用70%酒精脱碘2遍。在涂擦碘酊和酒精时要注意：如果是无菌手术，应由手术区的中心部位向四周涂擦，如是感染的创口，则应由较清洁处涂向患处。

皮肤消毒也可采用0.75%的碘伏消毒皮肤，不必用酒精脱碘，临床使用更简便，效果较好。还可以采用新洁而灭（苯扎溴铵），适用于皮肤、黏膜、会阴部和肛门部的消毒；也常用于幼羊的皮肤黏膜的消毒。用纱布或棉球蘸0.1%的苯扎溴铵，涂擦术区3遍即可达到消毒的目的。也常使用氯己定，浓度为0.1%，应用范围、使用方法同苯扎溴胺，但灭菌的效果大于苯扎溴胺。

涂擦的范围要相当于剃毛区。

注意：使用苯扎溴胺等表面阳离子活性剂与肥皂离解的阴离子活性集团相互作用而造成消毒性能下降。

对于口腔、鼻腔、阴道、肛门等处的黏膜的消毒可先洗去黏液及污物后，用0.1%苯扎溴胺、高锰酸钾、利凡诺溶液洗涤消毒。眼结膜多用2%～4%的硼酸溶液消毒。蹄部手术在手术前可用2%的煤酚皂溶液脚浴。

术部消毒后应立即进行手术，不可在空气中持久暴露，以免暴露过久而使术区被污染，需要重新消毒。

③ 术部隔离　术部虽经消毒，而术区周围未经严格消毒的被毛，对手术区容易造成污染，加上羊在手术时，容易出现挣扎、骚动，易使尘土、被毛、皮屑等落入伤口内（局部麻醉时更容易出现）。因此手术区皮肤消毒后，切口周围应铺盖无菌布、单，以遮盖其他部位，减少

术中的污染。铺盖无菌巾、布单一般由穿好手术衣、戴好手套的器械护士（助手）及第一助手完成。简单的手术一般直接铺一块较大的有孔手术巾即可。多数手术均应按照不同手术、不同部位铺盖无菌巾和无菌手术单。

A. 无菌巾、单的铺盖原则

第一助手未穿上手术衣铺盖无菌巾、单时，应先铺对侧，后铺操作侧；穿手术衣铺盖时，先铺操作侧，后铺对侧；先铺“脏区”（如会阴部、后腹部等），后铺洁净区；先铺下方，后铺上方。无菌巾铺盖时不可触及任何未经灭菌的物品；铺下后只可由手术区向外移动，不可向内移动。

B. 常用手术部位无菌巾、单铺盖方法

在实际工作中，不同部位的手术，无菌巾有不同的铺盖方法。常用手术部位无菌巾、单的铺盖方法如下。

a. 腹部手术（倒卧保定时）：将无菌巾在1/3处折为双层，双层部位靠近切口，无菌巾铺盖时距离切口周围2～3cm，未穿手术衣时先铺切口下方，第二块盖在对侧一边，第三块盖切口上方，第四块盖靠近自己的一侧，然后用巾钳将手术巾固定在羊的皮肤上，或用数针结节缝合代替巾钳固定手术巾。然后在手术巾上面再铺盖一个大孔单，必要时铺盖大孔单之前可先铺2块中单于切口的上、下方。

b. 四肢手术（倒卧保定时）：先由助手将患肢抬起，再用一块无菌巾将四肢下端包裹、缠绕后用巾钳将无菌巾固定在患肢上，放下患肢，再于手术部位铺盖无菌巾、单。

给在全身麻醉下行倒卧保定的羊施术时，手术巾对手术区有很好的保护和隔离作用。近年来有在外科临床常采用一次性自粘性手术隔离薄膜，在手术部位除毛、消毒后，等其干燥，将隔离膜粘在皮肤上，以达到隔离的目的。即使羊在手术中骚动，隔离巾也不会移动而影响隔离的效果。

（3）手术进行中的无菌原则

在手术过程中，虽然器械和物品都已灭菌、消毒，手术人员也已洗手、消毒、穿戴无菌手术衣和手套，羊手术区又已消毒和铺盖无菌布单，为手术提供了一个无菌操作的环境。但是，在手术进行中，如

果没有一定的规章来保证这些无菌环境，则已经灭菌和消毒的物品或手术区仍有受到污染和引起伤口感染的可能，特别是在兽医临床上，由于手术条件的限制，其感染的可能性更大。有时可因此而使手术失败，甚至影响动物的生命。这些所有参加手术人员必须认真执行的规章，即称为无菌操作规则。若发现有人违反，必须立即予以纠正。无菌操作规则包括以下内容。

① 手术人员穿无菌手术衣和戴无菌手套之后，手不能触碰背部、腰部以下和肩部以上部位，这些区域属于有菌地带；同样也不要接触手术台边缘以下的布单。

② 不可在手术人员的背后传递手术器械和物品。坠落到无菌巾或手术台边以外的器械物品，不准拾回再用。

③ 手术中如手套破损或接触到有菌的地方，应更换无菌手套。如前臂或肘部触碰有菌的地方，应更换无菌手术衣或加套无菌袖套。如无菌巾、布单等物已被湿透，其无菌隔离作用不再完整，应加盖干的无菌巾、布单。

④ 在手术过程中，同侧手术人员如需调换位置，应一人先退后一步，背对背地转身到达另一位置，以防手术衣无菌区触及对方背部不洁区。

⑤ 手术开始前要清点器械、敷料，手术结束时，检查胸、腹腔等体腔，待核对器械、敷料数量无误后，才能关闭切口，以免异物遗留在腔体内，产生严重的后果。

⑥ 切口边缘应以无菌大纱布垫或手术巾遮盖，并用巾钳或缝线固定，仅露手术切口。

⑦ 作皮肤切口以及缝合皮肤前，需用70%酒精再涂擦皮肤消毒一次。

⑧ 切开空腔脏器前，要先用纱布垫保护周围组织，以防止或减少污染。

⑨ 参观手术的人员不可太靠近手术人员或站得太高，也不可经常在室内走动，以减少污染的机会。

（4）羊的保定

羊的性情温顺，容易将其控制，很少对人造成伤害。在草场和牧

场抓羊也应了解羊的习性，才能方便工作。羊有“聚堆”的习性，在羊群中捉羊时可抓住一后肢的跗关节或跗前部，羊就能被控制。

① 站立保定　保定者抓住羊的角，骑在羊背上，以两腿夹持羊胸壁即可保定，常作为临床检查、静脉注射或采血等操作时的保定（图1-1）。又可面向尾侧骑在羊身上，抓紧两侧后肢膝褶，将羊倒提起，然后再将手移到跗前部并保持之。为了保定更为牢固，可将羊的臀股抵靠于墙角，以阻挡其后退。

图1–1　羊站立保定

② 倒卧保定　对体格较大的羊进行卧倒时，保定者俯身从对侧一手抓住两前肢膝部或抓一前肢臂部，另一手抓住腹肋部膝襞处扳倒羊体，然后改抓两后肢膝部，前后一起按住即可（图1-2）。或右手提起羊的右后肢，左手抓住羊的右侧膝皱襞，保定者用膝抵在羊的臀部。左手用力提拉羊的膝褶，在右手的配合下将羊放倒，然后捆住四肢。此法可用于治疗和简单的手术。

图1–2　倒羊法

（5）麻醉

实施麻醉的目的是简化保定方法，消除手术疼痛，确保羊生命安全及防止人员意外损伤，为顺利进行手术创造良好的条件，因此麻醉是手术成败的重要因素。

1）局部麻醉

① 局部麻醉药

A. 盐酸普鲁卡因（奴佛卡因）：毒性低，使用安全，但作用维持时间短。常用0.25% ～ 1%溶液做浸润麻醉，注入组织后1 ～ 3min即出现麻醉作用，作用维持时间为30 ～ 60min。

B. 盐酸利多卡因：其毒性较普鲁卡因高，但作用时间快，维持时间长（1h以上）。常用0.25% ～ 2%溶液做浸润麻醉，2%做传导麻醉。

C. 盐酸丁卡因：具有较强穿透力，多用0.5% ～ 2%溶液做表面麻醉剂传导麻醉。

② 局部麻醉方法

A. 表面麻醉：是利用麻醉药的渗透而阻滞浅在神经末梢的作用。麻醉结膜和角膜时，可用0.5%丁卡因或2%利多卡因溶液，口腔和直肠黏膜麻醉时，可用1% ～ 2%丁卡因或2% ～ 4%利多卡因溶液，一般每5min滴入或喷布1次。

B. 浸润麻醉：是沿手术切口线皮下注射或深部分层注射麻醉剂，以阻滞神经末梢的作用。常用0.25% ～ 1%普鲁卡因溶液。注射时，将针头刺入所需深度，边推针边注入药液，有时在一个刺入点向相反方向注射2次药剂。

C. 传导麻醉：用3% ～ 5%普鲁卡因溶液注入神经干周围组织，随药液弥散进入神经鞘内而阻滞其传导作用，使该神经支配区暂时失去感觉。常用于四肢、头部、腹壁及泌尿器官。

D. 脊髓麻醉：用2%普鲁卡因溶液注入蛛网膜下腔或硬膜外腔，阻断脊神经的传导作用。常于腰荐部及尾荐部进行。

2）全身麻醉

① 全身麻醉药

A. 水合氯醛：常用水合氯醛酒精注射液（含水合氯醛5%，酒精12.5%）静脉注射，做浅麻醉。

B. 甲苯噻嗪（隆朋）：肌肉注射后10～15min，静脉注射后3～5min即出现镇静、镇痛肌肉松弛或麻醉作用，可维持1～2h。

C. 静松灵：注射液含静松灵2%，每支5mL，肌肉注射。

D. 此外还有硫喷妥钠、戊巴比妥钠、苯巴比妥、846合剂等全身麻醉药。

② 全身麻醉方法

用阿托品和镇静剂作为前驱药物，然后肌肉或静脉注射全身麻醉药。

（6）常用外科手术器械及其使用

① 常用的手术器械有手术刀、手术剪、手术镊、止血钳、持针钳、缝针、创巾钳、肠钳、牵开器、有沟探针等。

② 器械的正确使用：正确使用手术器械，特别是持刀的方法至关重要。

a. 指压式：为常用的一种执刀法。以手指按刀背后1/3处，用腕与手指力量切割。适用于切开皮肤、腹膜及切断钳夹组织。

b. 执笔式：如同执钢笔。动作涉及腕部，力量主要在手指，需用小力量短距离精细操作，用于切割短小切口，分离血管、神经等。

c. 全握式：力量在手腕。用于切割范围广、用力较大的切口，如切开较长的皮肤切口、筋膜、慢性增生组织等。

d. 反挑式：即刀刃由组织内向外面挑开，以免损伤深部组织，如腹膜切开。

其他外科器械的使用姿势：手术镊是用拇指、食指和中指执拿；手术剪则以拇指和无名指分别插入剪柄的两环之中；持针钳是用拇指、中指、无名指及小指于持针钳柄、两侧握紧，食指放在钳关节处。

（7）软组织切开

① 皮肤切开

a. 紧张切开法：在皮肤预定切口的两端，术者用拇指及食指将皮肤上、下或左、右撑紧并固定，刀刃与皮肤垂直，用力均匀地一刀切开所需长度和深度的皮肤及皮下组织，必要时也可补充运刀，但要避免多次切割，重复刀痕，以免切口边缘参差不齐，出现锯齿状的切口，影响创缘对合和愈合。

b.皱襞切开法：当皮肤松弛或距内脏和大血管较近时，可由术者及助手将预定切口两侧的皮肤用镊子夹住提起，使成横的皱襞，然后在皱襞中央自上而下切开所需长度。

② 疏松结缔组织分离　皮肤切开后，如遇疏松结缔组织时将其剪断或切开。

③ 筋膜切开　用手术刀柄、钝头手术剪、镊子或手指戳开切开筋膜时，为防止损伤筋膜下的神经、血管，先用镊子将筋膜提起，用弯剪或止血钳插入切口分离筋膜下组织和筋膜，然后用刀或剪扩大切口。

④ 肌肉分离　分离肌肉有顺肌纤维分离和横切肌纤维两种方法。前者是先切开肌膜再用刀柄顺肌纤维分开一小口，然后以刀柄或手指顺肌纤维钝性将切口扩大至所需长度；后者是在紧急情况下，将肌肉横断切开，横过切口的血管从两端结扎，然后在两个结扎线中间切断。

⑤ 腹膜切开　切开腹膜时，为避免损伤内脏，先用镊子提起腹膜，并用手术刀切一小口，再从切口伸进有沟探针，或在术者食指及中指引导下，用手术剪将腹膜切开至所需长度。

（8）止血

① 全身性止血　全身性止血又称预防止血，是在手术前1～2h用一些提高机体血液凝固性的药物，如10%氯化钠溶液、0.5%安络血、肾上腺素等，可减少手术中的出血而提高手术成功率。另外，在局部浸润麻醉时，配合肾上腺素能使小血管收缩而起到止血作用。

② 局部止血

a.压迫止血：用灭菌纱布等按压在出血部位。急救时，在出血部位放上几层纱布和棉花，再用绷带扎紧。

b.钳压止血：用止血钳垂直夹住血管断端，停留片刻或捻转后取下止血钳，使血管断端闭合止血。

c.填塞止血：当腔体或深部出血而又难以找到出血血管时，可用灭菌纱布紧填创部以达到止血目的。

d.结扎止血：用止血钳先夹住血管断端，再用细缝线结扎。

e.烧烙止血：用烙铁烧至微红，在出血处稍加压后迅速移开；适于弥散性出血、雄性动物去势及断尾等。

（9）输血

输血疗法是给病羊静脉输入保持正常生理功能的同种羊血血液的一种治疗方法。

① 输血的作用和意义　给病羊输入血液可部分或全部地补偿机体所损失的血液，扩大血容同时补充了血液的细胞成分和某些营养物质。输入血液能激化肝、脾、骨髓等各组织的功能，并能促使血小板、钙盐和凝血活酶进入血流中，对促进血液凝固有重要作用。输血还具有对病羊解毒、补偿以及增强生物学免疫功能等作用。

② 适应症及禁忌症　适用于大失血、外伤性休克、营养性贫血，严重烧伤、大手术的预防性止血等。禁忌症为严重的心血管系统疾病、肾脏疾病和肝病等。

③ 血液的采集和保存　供血者应该是健康、体壮的成年羊，无传染病及血原虫病的羊。应防止供血血液凝固，采血瓶中要加入抗凝剂。

（10）引流

① 适应症

a. 皮肤和皮下组织切口严重污染，经过清创处理后，仍不能控制感染时，在切口内放置引流物，使切口内渗出液排出，以免蓄留发生感染，一般需引流24 ～ 72h。

b. 脓肿切开排脓后，放置引流物，可使继续形成的脓液或分泌物不断排出，使脓腔逐渐缩小而治愈。

c. 未能彻底控制的切口内渗血，有继续渗血可能，尤其有形成残腔可能时，应进行引流。

d. 愈合缓慢的创伤及手术部位有内容物渗出可能等情况时进行引流。

② 引流种类

a. 纱布条引流：应用灭菌的干纱布条涂布抗生素软膏，放置在创腔内，排出腔内液体。纱布条引流在几小时内吸附创液饱和，创液和血凝块凝集在纱布条上，会阻止进一步引流，需及时更换纱布条。

b. 胶管引流：应用薄壁乳胶管，空腔内径0.6 ～ 2.5cm。再插入创腔前用剪刀在引流管上剪数个小孔。引流管小孔能引流其周围的创液。这种引流管对组织无刺激作用，在组织内不变质，引流能减少术后血液、创液的蓄留。

（11）缝合、包扎

为闭合切口，防止伤口裂开，减少创部感染及促进愈合等，均需进行缝合。

1）缝合方法

① 单纯缝合　适于皮肤、肌肉、筋膜等的缝合，可分结节缝合法、减张缝合法、圆枕缝合法、钮扣状缝合法、连续缝合法。

② 内翻缝合　适于表面光滑器官（如胃肠道、子宫等）的缝合，可分为间断内翻缝合法、连续内翻缝合法、袋口缝合法。

③ 外翻缝合　用于被缝合的创缘，要求内面光滑，如腹膜的闭合及松弛皮肤的缝合包括间断外翻缝合法、连续外翻缝合法、直褥式缝合法和横褥式缝合法。

2）打结

① 结的种类

常用的结有方结、三叠结和外科结。

A.方结：又称平结。方结是手术中最常用的一种，用于结扎较小的血管和各种缝合时的打结，不易滑脱。

B.三叠结：又称加强结。三叠结是在方结的基础上再加一个结，共3个结。较牢固，但遗留于组织中的结扎线较多。三叠结常用于有张力部位的缝合，如大血管和肠线的结扎。

C.外科结：打第一个结时绕两次，使摩擦面增大，故打第二个结时不易滑脱和松动。此结牢固可靠，多用于大血管、张力较大的组织和皮肤缝合。

在打结过程中常产生的错误结，有假结和滑结两种。

a.假结（斜结）：打方结时两手用力不均而造成，此结易松脱。

b.滑结：此结易滑脱，应尽量避免。

② 打结方法　常用的有三种，即单手打结、双手打结和器械打结。

3）拆线：拆线是指拆除皮肤缝线。缝线拆除的时间，一般是手术后7d进行，凡营养不良、贫血、老龄羊是缝合部位活动性较大、创缘呈紧张状态等，应适当延长拆线时间，如果创口已化脓或创缘已被缝线撕断不起缝合作用时，可根据创伤治疗需要随时拆除全部或部分缝线。

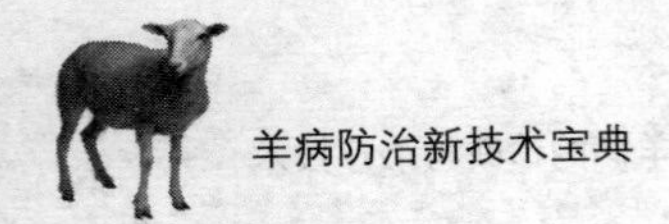

拆线方法如下。

a.用碘酊消毒创口、缝线及创口周围皮肤后，将线结用镊子轻轻提起，剪刀插入线结下，紧贴针眼将线剪断。

b.拉出缝线，拉线方向应向拆线的一侧，动作要轻巧，如强行向对侧硬拉，则可能将创口拉开。

c.再次用碘酊消毒创口及周围皮肤。

4）包扎：包扎是利用敷料、卷轴绷带、复绷带、夹板绷带、支架绷带及石膏绷带等材料包扎，可以保护创面，防止自我损伤，吸收创液，限制活动，使创伤保持安静，促进受伤组织的愈合。

① 包扎法类型

根据敷料、绷带性质及其不同用法，包扎法有以下几类。

A.干绷带法：又称干敷法。干绷带法是临床上最常用的包扎法。凡敷料不与其下层组织粘连的均可用此法包扎。本法有利于减轻局部肿胀，吸收创液，保持创缘对合，提供干净的环境，促进愈合。

B.湿敷法：对于严重感染、脓汁多和组织水肿的创伤，可用湿敷法。此法有助于除去创内湿性组织坏死，降低分泌物黏性，促进引流等。根据局部炎症的性质，可采用冷、热敷。

C.生物学敷法：指皮肤移植。将健康的动物皮肤移植到缺损处，消除创面，加速愈合，减少瘢痕的形成。

D.硬绷带法：硬绷带是指夹板和石膏绷带等。这类绷带可限制动物活动，减轻疼痛，降低创伤应激，缓解缝线张力，防止创口裂开和术后肿胀等。

根据绷带使用的目的，通常有各种命名。例如局部加压借以阻断或减轻出血及制止淋巴液渗出，预防水肿和创面肉芽过剩为目的而使用的绷带，称为压迫绷带；为防止微生物侵入伤口和避免外界刺激而使用的绷带，称为创伤绷带；当骨折或脱臼时，为固定肢体或体躯某部，以减少或制止肌肉和关节不必要的活动而使用的绷带，称为制动绷带等。

② 包扎材料及其应用

A.敷料：常用敷料有纱布、海绵纱布及棉花等。

a.纱布　纱布要求质软、吸水性强。多选用医用的脱脂纱布。根据需要剪叠成不同大小的纱布块。其纱布块四边要光滑，没有脱落棉

纱，并用双层纱布包好，高压蒸汽灭菌后备用。用以覆盖创口、止血、填充创腔和吸液等。

b.海绵纱布　是一种多孔皱褶的纺织品（一般是棉制的），质柔软，吸水性比纱布好，其用法同纱布。

c.棉花　选用脱脂棉花。棉花不能直接与创面接触，应先放纱布块，棉花则放在纱布上。为此，常可预制棉垫，即在两层纱布间铺一层脱脂棉，再将纱布四周毛边向棉花折转，使其成方形或长方形棉垫。其大小按需要制作。棉花也是四肢骨折外固定的重要敷料。使用前应高压灭菌。

B.绷带：多由纱布、棉布等制作成圆筒状，故称卷轴绷带，根据其临床用途及其制作材料的不同，还有其他绷带命名，如复绷带、夹板绷带、绷带等。

2.常见外产科手术

（1）断角术

① 适应症　性情恶劣的羊只常因角斗而造成自身损伤或抵伤其他羊只，甚至引起妊娠母羊的流产，或因角形不正、异常弯曲，或因角异常生长有损伤眼或其他软组织的可能时，均需施行断角术。此外，在角部复杂性骨折的治疗时也需施行断角术。生产中为了便于管理和提高奶产量，也常对羊进行早期断角，建立无角羊群。

② 术式　手术可分为无血断角术（高位断角术）和有血断角术（低位断角术）。

a.无血断角术：断角的位置在最上角轮和角尖之间，因没有伤及角突，不需止血和装角绷带。

b.有血断角术：断角的位置在靠近角根部，麻醉后在预定断角处碘酊消毒，用断角器或锯迅速锯断角的全部组织，为了避免血液或骨屑流入额窦内，可用事先准备好的灭菌纱布压迫角根断端或用手指压迫角基动脉进行止血。骨蜡涂抹对断端有良好的止血作用，另外可用磺胺粉或碘硼合剂撒布灭菌纱布上，再覆盖在角的断面，装置角绷带，起止血和保护作用，角绷带外涂抹松馏油，以防雨水浸湿。

③ 术后护理　术后注意绷带松脱，1～2月后断端角窦被新生角质组织充满。若感染引起额窦炎和化脓时，按化脓性窦炎处理。

（2）羊多头蚴包囊摘除术

① 适应症　多头蚴寄生于羊脑部组织或颅腔内时，以诊断或治疗为目的施行本手术。

② 术式　在患部瓣状切开皮肤，剥离皮下组织，彻底止血后，再将骨膜作十字切开，用骨膜剥离器分离骨膜，圆锯锯开颅腔，再用镊子将脑硬膜轻轻夹起，然后以尖头外科刀十字形切开脑硬膜。若包囊位于脑硬膜直下，包囊会因腔内压力，部分自行脱出，再把羊头转向侧方，可因包囊液体流动，迫使包囊脱出。仍不能取出时可用注射器吸出部分液体，再用无齿止血钳或镊子将囊壁夹住作捻转动作，以利于包囊脱出。

若多头包囊位置较深，应小心破坏大脑皮层，将针头（连有10cm的硬胶管）避开脑膜血管推向包囊所在的预计方向，并用注射器抽吸，当有液体流出时，可证明有包囊存在，尽力吸取囊液，直到把部分囊壁吸入针头内，再向外轻拉针头，待看见包囊壁时马上用无齿止血钳夹住，边捻边拉直到全部拉出为止，注射器的吸力一刻也不能放松。在取包囊过程中羊常常挣扎，要注意保定头部。

当用针头和注射器不能达到目的时，可用小解剖镊子，顺着探针的孔将包囊夹出。包囊除去之后，用灭菌纱布将脑部创伤擦干。用骨膜瓣遮盖圆锯孔，皮肤结节缝合，事先撒布抗菌剂，装上绷带。

③ 术后护理　临床经验，在大脑部位的包囊，只要脑组织损伤不严重，一般都能康复。而小脑部位的术后一般不能站立，须躺卧3～7d，故小脑手术的羊更要精心护理。为了防止并发症，如脑炎、脑膜炎等，除在手术过程中注意无菌操作外，还要应用抗生素。重症或有严重并发症的羊，建议屠杀。

（3）羊瘤胃切开术

① 适应症　严重瘤胃积食，经保守疗法治疗无效。创伤性网胃炎或创伤性心包炎，进行瘤胃切开取出异物。胸部食管梗塞且梗塞物接近贲门者，进行瘤胃切开取出食管梗塞物。瓣胃梗塞、皱胃积食，可做瘤胃切开术进行胃冲洗治疗。误食有毒饲料、饲草，且毒物尚在瘤胃中滞留，手术取出毒物并进行胃冲洗。网瓣胃孔角质爪状乳头异常生长者，可经瘤胃切开拔除。网胃内结石、网胃内有异物如金属、玻

璃、塑料布、塑料管等，可经瘤胃切开取出结石或异物。瘤胃或网胃内积沙。

② 术式　左肷部按常规切开腹壁。切开腹膜时应按腹膜切开的原则进行，以免误切瘤胃壁。为防止瘤胃内容物污染腹腔，故在瘤胃切开前实施瘤胃固定与隔离。瘤胃固定方法有几种，临诊上常用的为六针固定与隔离法，该方法耗时少、操作简便。

A.瘤胃六针固定与隔离法及其他瘤胃固定与隔离方法

a.瘤胃六针固定与隔离法　腹腔打开显露瘤胃后，在切口上下角与周缘，用三角缝针带10号丝线，通过瘤胃的浆膜肌层与邻近的皮肤创缘作六针钮扣状缝合，打结前应在瘤胃与腹腔之间，填入浸有温生理盐水的纱布。纱布一端在腹腔内，另一端在腹壁切口外，然后再抽紧六针缝合线，使瘤胃壁紧贴在腹壁切口上。

胃壁固定后，在瘤胃壁和皮肤切口创缘之间，再填以温生理盐水纱布，以便在胃壁切开、黏膜外翻时，胃壁的浆膜面能受到保护，减少对浆膜面的刺激。

b.其他瘤胃固定方法

ⅰ.瘤胃浆膜肌层与皮肤切口创缘的连续缝合固定与隔离法：腹腔打开显露瘤胃后，用三角缝针带10号丝线作瘤胃浆膜肌层与皮肤切口创缘之间的环绕一周连续缝合，每缝一针都要拉紧缝合线，使瘤胃壁与皮肤创缘紧密贴附在一起，固定瘤胃壁。缝毕，检查切口下角是否严密，必要时作补充缝合。再用三角缝针带10号丝线，在瘤胃预切开线两侧通过瘤胃壁全层作水平钮扣缝合，缝合针再在距同侧皮肤创缘的皮肤上缝合，暂不抽紧打结。在瘤胃切开线两侧，用温生理盐水纱布垫覆盖。此方法隔离严密，对瘤胃切口与皮肤切口机械摩擦极少，适用于大量瘤胃内容物取出与胃冲洗，但要求腹壁切口较大。

ⅱ.瘤胃四角吊线固定与隔离法：此固定法适用于瘤胃内容物较少、瘤胃壁易于向切口外牵引的病例。将瘤胃壁预定切口部分，牵引至腹壁切口外。在胃壁与腹壁切口间，填塞大块灭菌纱布，并保证大纱布牢固地固定在局部。在瘤胃壁切口左上角与右上角、左下角与右下角，依次用丝线穿入胃壁浆膜肌层，做成预置缝线。每个预置缝线相距2～5cm。切开胃壁，由助手牵引预置缝线使胃壁浆膜紧贴术部

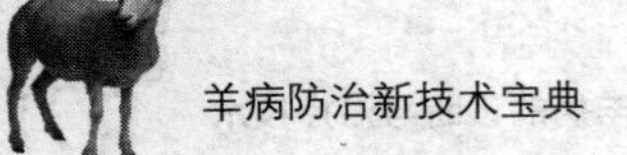

皮肤，并将其缝合固定于皮肤上。此方法操作简便，适用于瘤胃内容物较少不需取出瘤胃内容物的网胃探查与异物取出。

iii.瘤胃缝合胶布固定与隔离法：显露瘤胃后，用长方形的塑料布或橡胶洞巾，将瘤胃壁浆膜肌层与中央孔的四个边连续缝合，使中央长方形孔缘紧贴在瘤胃壁上，形成一个隔离区。于瘤胃壁和洞巾下填塞大块生理盐水纱布，将橡胶洞巾四个角展平固定在切口周围。此方法操作简单，腹壁切口小，缺点是瘤胃切口未作外翻，手臂出入切口时刺激磨损较大。

B.切开瘤胃壁

先在瘤胃切开线的1/3处，用外科刀刺透胃壁，并立即用两把舌钳夹住胃壁的创缘，向上向外拉起，并真空抽吸瘤胃内液体，防止胃内容物外溢。然后用手术刀或剪刀扩大瘤胃切口，并用舌钳固定提起胃壁创缘，待瘤胃内液体抽完，将胃壁拉出腹壁切口并向外翻，随即用巾钳把舌钳柄夹住，固定在皮肤和创布上。

C.放置洞巾

应用时将洞巾弹性环压成椭圆形，把环的一端塞入胃壁切口下缘，另一端塞入胃壁切口的上缘。将洞巾四周拉紧展平，并用巾钳固定在隔离巾上，准备掏取瘤胃内容物，并根据需要对网胃、网瓣胃孔、瓣胃及皱胃、贲门等部位进行检查和处理。

D.缝合瘤胃壁

取出洞巾，用生理盐水冲净附着在瘤胃壁上的胃内容物和血凝块，提起舌钳使瘤胃切口合拢对齐后，开始自下而上全层连续缝合其切口。再次用生理盐水清洗瘤胃壁，拆除六针固定线和去除隔离纱布。与此同时，助手用灭菌纱布抓持瘤胃壁并向腹壁切口外牵引，以防当固定线拆除后瘤胃壁向腹腔内陷落，此阶段由污染手术转入无菌手术。手术人员重新洗手消毒，污染的器械不许再用。对瘤胃壁进行第二层连续伦贝特氏缝合或库兴氏缝合。局部涂抗生素软膏，腹腔内注入抗生素溶液。

E.缝合腹壁

腹壁进行常规缝合。

③ 术后护理　术后禁食36～48h以上，待瘤胃蠕动恢复、出现

反刍后开始给以少量优质的饲草。术后12h即可进行缓慢的牵遛运动，以促进胃肠机能的恢复。术后不限饮水，对术后不能饮水者应根据动物脱水的性质进行静脉补液。术后4～5d内，每天使用抗生素，如青霉素、链霉素等。术后还应注意观察原发病消除情况，有无手术并发症，并根据具体情况进行必要的治疗。

（4）羊剖腹产手术

① 适应症　在羊的临床治疗中，母羊经助产无法将胎儿取出，应果断采取剖腹产术，以利提高手术的成功率和母仔成活率。

② 术式　采取左侧卧保定，将羊左右两侧的腿及头分别绑在手术架上，使其自然伸展。右侧肷部切口，切口长度以可取出胎儿为宜。术部剃毛，按常规进行消毒处理，紧张切开皮肤，钝性分离各肌层，切开腹膜（为便于腹膜的缝合，在腹膜切口的两侧各缝一吊线），术者右手伸入腹腔，检查子宫与内脏器官有无粘连及其他异常，并检查胎儿在子宫内的状况，然后慢慢将孕子宫角牵引出切口外。

a.在子宫角的大弯处作纵形切口，长度以能顺利拉出胎儿为宜，不可过小，以免拉出胎儿时撕裂子宫，腹壁切口周围填塞入纱布。

b.子宫切开后把手伸入子宫，将靠近切口的肢体先引出子宫，然后按正产或倒产的产出形式将整个胎儿拉出。

c.胎儿拉出后，检查子宫内有无其他胎儿；助手应用干纱布擦去胎儿口腔和鼻孔内的黏液，以防胎儿窒息死亡。此后可剥离胎衣，用温生理盐水或雷佛奴尔液冲洗净子宫角的污物。

d.在子宫角内放入抗菌素，可用青霉素6～8支（80万IU/支）。清理子宫切口，用肠线作子宫浆膜和肌层连续缝合。清理切口周围，用青霉素涂抹子宫切口部及浆膜，将子宫送回，再清理切口，用青霉素注入腹腔。腹膜连续缝合，肌肉、皮肤作结节缝合，整理皮肤切口，消毒，上好绷带。

③ 术后护理　术后肌肉注射青霉素，2次/d，连用3d；10%葡萄糖500mL，维生素C 2g，一次静脉滴注，1次/d，连用3d；羊圈保持清洁干燥，勤添勤换软草，给予营养丰富、易消化的饲料。

（5）去势术

① 适应症　正常的绝育、育肥、改变性情、睾丸炎、睾丸肿瘤、

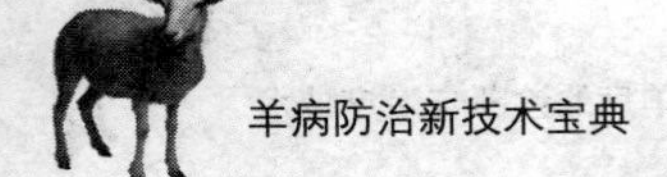

睾丸创伤、鞘膜积水等疾病，用其他方法治疗无效时，去势手术成为治疗这些疾病的方法之一。

② 术式

A. 阉割法

先将阉畜固定，阴囊外部用碘酒消毒，成年公羊还应在睾丸根部点状注射普鲁卡因作局部麻醉，然后用消毒好的左手紧握阴囊上方，右手持消毒过的手术刀在阴囊下端与阴囊中隔平行切开切口3～5cm，以能挤出睾丸为宜，切开后把睾丸连同精索拉出，结扎精索上部，切断结扎下端把睾丸摘除。可用同样方法取出第二个睾丸。有经验者在取第二个睾丸时不用另外切口子，只将阴囊皮下纵隔切开便可取出第二个睾丸。睾丸摘除后把剪断的精索上部送入阴囊内，切口对齐，涂上碘酒，撒上消炎粉，也可涂上百草霜拌茶油防蚊、蝇叮咬和感染。第二天检查如阴囊收缩则为阉割顺利；如阴囊肿胀，可挤出其中的血水再撒上消炎粉，一般5～10d伤口愈合。

B. 结扎法

此法仅适用于羔羊的去势。方法是将睾丸挤在阴囊里，用橡皮筋或细绳紧紧扎在阴囊的上部以断绝血液循环。经半个月左右阴囊和睾丸依次肿胀坏死、萎缩，自然脱落。在去势期间要注意检查，防止结扎部位发炎，必要时可涂碘酒及消炎药品。

C. 药物去势法

目前有以下三种药物可作公畜去势用。

a. 高浓度碘酒溶液　采用15%的碘酒，用于羊的去势。15%碘酒溶液的配制方法是：取碘化钾7.5g，加入蒸馏水7.5mL，待碘化钾溶解于蒸馏水后，加入15g碘片，搅拌溶解，再加入95%无水酒精至100mL备用。用药剂量也按睾丸长度而定，公畜睾丸长度在5cm以下时，每厘米用药0.5～1mL，睾丸长度为5～6cm时，按每厘米用药1～1.5mL，睾丸长度超过6cm的成年公羊，可按每厘米用15%碘酒溶液2mL。

b. 7%高锰酸钾溶液　药液配制方法是：取7g高锰酸钾溶解于100mL蒸馏水中即成。本药液可采用精索注射和睾丸注射两种方法用药。精索注射羊每侧精索内注射2～4mL；睾丸注射药液剂量按睾丸长度每厘米用药1mL。

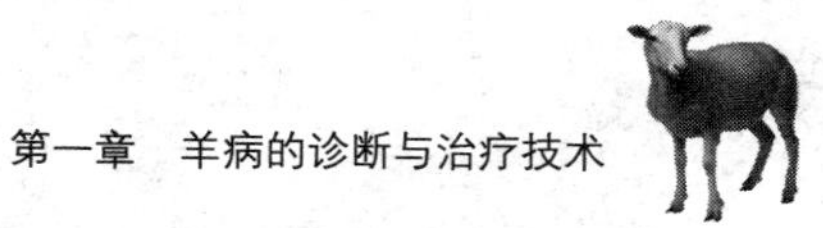

c.氯化钙普鲁卡因溶液　药液的配制方法：50mL 10%氯化钙注射液中加2%普鲁卡因注射液10mL即成。进行睾丸注射时按睾丸长度每厘米用药1mL。本药液注射时如有不慎而漏于皮下，易引起组织坏死，其使用的局限性较大，用药要特别小心。据试验，凡药液配制得当，药量准确，药液均匀注射于睾丸内，则去势效果可选。

术后家畜精神、食欲大部分正常，睾丸在术后1～2d开始肿胀变硬，4d后肿胀逐渐消退，1.5个月后雄性机能消退，性欲消失。

③ 术后护理　开放式露睾去势法手术的当天肌肉注射破伤风抗血清，注意观察术后出血和腹腔内容物脱出情况，术后有条件的可以用抗生素治疗。非开放式去势法术后无需特殊护理和治疗，可以在术后1周内进行牵遛运动，以促进肿胀睾丸的消散与吸收。

第二章　养羊场的环境控制与防疫和保健

一、养羊场的环境控制措施

（一）羊场安全选址及合理布局

1.羊舍建设基本要求

（1）地面

地面是羊运动、采食和排泄的地方，按建筑材料不同有土、砖、水泥和木质地面等。土地面造价低廉，但遇水易变泥泞，羊易得腐蹄病，只适合于干燥地区。砖地面和水泥地面较硬，对羊蹄发育不利，但便于清扫和消毒，应用最普遍。木质地面最好，但成本较高。

（2）羊床

羊床是羊躺卧和休息的地方，要求洁净、干燥，不残留粪便和便于清扫，可用木条或竹片制作，木条宽3.2cm、厚3.6cm，缝隙宽要略小于羊蹄的宽度，以免羊蹄漏下折断羊腿。羊床大小可根据圈舍面积和羊的数量而定。商品漏缝地板是一种新型畜床材料，在国外已普遍采用，但目前价格较贵。

（3）墙体

墙体对畜舍的保温与隔热起着重要作用，一般多采用土、砖和石等材料。近年来建筑材料科学发展很快，许多新型建筑材料如金属铝

板、钢构件和隔热材料等，已经用于各类畜舍建筑中。用这些材料建造的畜舍，不仅外形美观，性能好，而且造价也不比传统的砖瓦结构建筑高多少，是未来大型集约化羊场建筑的发展方向。

（4）屋顶和天棚

屋顶应具备防雨和保温隔热功能。挡雨层可用陶瓦、石棉瓦、金属板和油毡等制作。在挡雨层的下面，应铺设保温隔热材料，常用的有玻璃丝、泡沫板和聚氨酯等保温材料。

（5）运动场

单列式羊舍应坐北朝南排列，所以运动场应设在羊舍的南面；双列式羊舍应南北向排列，运动场设在羊舍的东西两侧，以利于采光。运动场地面应低于羊舍地面，并向外稍有倾斜，便于排水和保持干燥。

（6）围栏

羊舍内和运动场四周均设有围栏，其功能是将不同大小、不同性别和不同类型的羊相互隔离开，并限制在一定的活动范围之内，以利于提高生产效率和便于科学管理。围栏高度1.5m较为合适，材料可以是木栅栏、铁丝网、钢管等。围栏必须有足够的强度和牢度，因为与绵羊相比，山羊的顽皮性、好斗性和运动撞击力要大得多。

（7）食槽和水槽

尽可能设计在羊舍内部，以防雨水和冰冻。食槽可用水泥、铁皮等材料建造，深度一般为15cm，不宜太深，底部应为圆弧形，四角也要用圆弧角，以便清洁打扫。水槽可用成品陶瓷水池或其他材料，底部应有放水孔。

山羊舍圈建筑基本要求养殖户视其自然条件、建筑材料来源情况，因地制宜，建立规模化、科学化圈舍。

2.羊舍布局

羊场要统筹考虑羊舍的布局。羊舍的布局由里向外依次为公羊舍、采精室、配种室、母羊舍、后备母羊舍、产房、保育舍、育肥舍、待售羊舍以及相对独立并且处于下风口的隔离舍。

① 通常要考虑办公室、住房等生活区的位置，要求地势较高、排水良好，能看到全场的其他房舍。

② 交通便利，房前房后均有通道。风向良好，生活区应安排在上

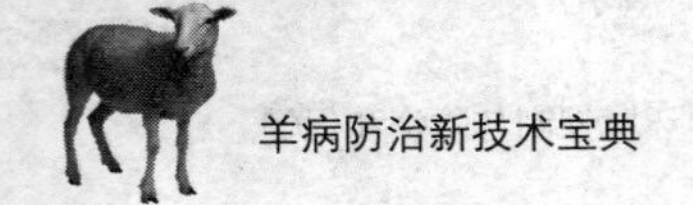

风头处，房舍朝向有利于采光或遮光。

③ 此外，羊场还应该具备饲料库、饲料加工车间、兽医室、储粪池等，要合理布局，有利生产、防病。

3.农区简易养殖棚的搭建

农区简易羊棚一般建成单坡式，前高2.0～2.5m，后高1.7～2.0m，入深4～5m，长度可参照所容纳的羊数确定，在其他方面的要求与羊舍相同。优点：造价比羊舍低，结构简单，建筑容易。缺点：保暖性差。

半棚式塑料暖棚配合运动场。羊舍建筑仿照简易羊棚，不同之处是后半个顶为硬棚单坡式，前半顶为塑料拱形薄膜顶。拱的材料既可用竹竿也可用钢筋。羊舍依羊数确定，保证每只羊的占有面积在1m^{2}以上，太小不利于羊生长，太大投资多。

运动场应设在羊舍的南边，并紧挨羊舍，面积为羊舍的1.5～2倍，内设饮水、饲草设备，最好在羊舍旁边设一间储草房。舍饲羊棚建筑的布局兼顾方便、简洁、经济、耐用几方面，有条件的最好参观一下别的饲养户，取长补短再进行建设。

4.羊舍周边环境控制

羊场外围开挖环形防疫沟与外隔离，防疫沟内堤建有绿化带并修建场区外环形路，分净道和污道。所有场外拉羊车辆禁止入场，全部在场外装羊台等候，由场内专用拉羊车统一送到装羊台。场外拉羊车装车前必须消毒，每天定期对围墙进行消毒。对羊舍周围的杂物、垃圾及乱草堆等，要及时清除，填平死水坑。蚊、蝇、鼠等是病原体的宿主和携带者，能传播多种传染病和寄生虫病，认真开展杀虫灭鼠工作，保障羊场周围环境清洁卫生。

5.饮用水供应

（1）水源

规模化羊场的水源主要来自地表水、地下水和自来水。其中自来水最安全卫生，但由于成本较高故极少使用，使用较多的是地下水和地表水。地下水多为利用深井抽取地层深部的水；地表水主要为水库、湖泊、河流和池塘水。为获取足够量的水，羊场都应建立独立的供水系统，使用抽水机和供水设备将水输入场内，再用水塔或通过压力罐的方式向供水管网中供水。

在实际生产中，多数羊场的水源均受到不同程度的污染，尤其是使用地表水做水源的羊场更为严重，还有的是在取水和供水过程中自身造成了污染。使用地下水的一些羊场，由于对地下水源的保护力度不够，养殖场自身产生的污水或其他污染物渗入地下水层污染地下水源的情况也经常发生。因此，无论羊场的水源是地表水还是地下水，建议经消毒灭菌后使用。

（2）饮水量

羊每天都在饮水，对水的需求量非常大，尤其在患病或应激时会停止采食，仅靠饮水维持基本的生命活动，此时水成为羊唯一且至关重要的营养物质。不同动物，由于生理和营养物质，特别是蛋白质代谢终产物不同，机体水分流失和对水的需要也明显不同，饮水量也不一样。绵羊和山羊在适宜的环境条件下，饮水量在4 ～ 15L/d，有些羊场是自动饮水，有些羊场是人工添加，只在喂料时加水，中途水槽空槽时间长，羊严重缺水。越是夏季，羊的饮水量越大，不能空槽，更要注意水槽卫生，每天清洗。羊是爱干净的动物，如果水槽不卫生，也会影响饮水量。

（3）羊场常见水质处理方法

为使养殖场的饮用水水质符合卫生要求，饮水通常须进行物理和化学方法的净化处理。常用的物理方法有沉淀、过滤、离子交换树脂和煮沸、紫外灯照射等，化学方法就是使用饮水消毒剂，养殖场常见的包括氯制剂、酸化剂和含过氧化氢成分的产品。

一般来讲，浑浊的地表水需要沉淀、过滤和消毒方能供动物饮用；较清洁的深井水、地下水只需经消毒处理即可，若受周边环境或地质的影响，水源受到特殊的污染，则需采取相应的净化措施。

①沉淀　地表水中常含有泥沙等物质，使水的浑浊度较大。当水流速度减慢或停止时，水中较大的悬浮物可因重力作用逐渐下沉，从而使水得到初步澄清。养殖场一般都有沉淀池或蓄水池，可以起到一定的沉淀作用。但也有一些悬浮在水中的微小胶体粒子因带有一定负电荷而互相排斥，长期悬浮而不沉淀。这时，可加入一定的混凝剂如明矾进行沉淀，从而达到初步净水的目的。

②过滤　过滤净水的原理主要是通过滤膜阻隔作用，将水中的悬

浮物颗粒大于滤孔的物质阻留在膜外，而其他顺利通过滤膜的物质则随水流进入水循环。过滤可将小颗粒的固体杂质清除，但无法清除溶于水的物质。

③ 消毒　为了防止传染病的介水传播，确保羊场用水的安全，用水需经过消毒处理，常用的消毒法有物理消毒和化学消毒法。物理消毒法包括煮沸消毒、紫外线消毒、超声波消毒等，养殖中由于多采用集中供水，并且由于生产中用水量较大，这类技术无法用于羊场供水消毒。因此，规模羊场更多地采用化学法对水进行消毒，即使用消毒剂对水进行消毒。目前常用的饮用水消毒剂主要有氯制剂、碘制剂和二氧化氯。理想的饮用水消毒剂要求无毒、无刺激性，可迅速溶于水中并释放出杀菌成分，对水中的病原性微生物杀灭力强，杀菌谱广，不会与水中的有机物或无机物发生化学反应和产生有害有毒物质，价廉易得，便于保存和运输，使用方便。

（二）影响羊健康的环境要素及环境控制措施

1. 潮湿闷热和有害气体淤积不散

在舍饲条件下，除了营养因素外，羊舍内的环境温度和空气质量已经成为影响羊只生长的主要因素，羊只只有在适宜的环境条件下，才能发挥其最大的生产效益，比如温度过高或过低，都会使生产性能下降甚至影响健康和生命，尤以夏季伏天潮湿闷热的高温环境以及舍内有害气体（二氧化碳、氨气等），淤积不散，超过一定界限时，羊的采食量就会下降，甚至停止采食，生长迟缓甚至停滞。所以，在夏季，最好选择开放或半开放式羊舍，以便在潮湿闷热的夏季，保证羊舍内环境的相对适宜，满足羊的生理需求，并及时清扫羊舍内的粪尿。如选择密闭式羊舍时，必须设置人工通风换气系统，将舍内的有害气体及时排出舍外，有条件的最好配备空调降温，这是改善空气质量、尝试健康养殖的一项重要措施，在饲养方式上，最好选择笼养或高床饲养。

2. 羊群密度过大相互争斗和恶癖

羊合群性比其他家畜强，无论是放牧还是舍饲，群体成员总喜好在一起活动，但是，羊群密度不宜过大，否则不仅不利于羊的健康生长，更容易引起羊只互相斗争，给羊群造成不必要的伤害，所以，羊

的饲养密度要适中；由于微量元素和维生素缺乏，如缺乏硫、锌等矿物质及维生素A、维生素D、维生素E，冬春季饲草枯乏，饲料供应不足，羊吃不饱，会引起羊的恶癖：羊吃毛、咬毛、啃土、喝尿、舔食墙土，吞食骨块、土块、瓦砾、木片、粪便、破布、煤渣、塑料袋等，比如冬春时节舍饲的羊，不论性别、年龄都有可能发生食毛癖，有些羊身上的羊毛会被吃掉1/3。5月到10月，草的种类比较多，羊从中摄取的营养比较充足，一般不会出现吃羊毛的现象。而11月至来年4月，青草干枯，开始喂玉米、豆饼和单一的干草等，羊就会出现吃毛现象。羊吃毛跟季节有关系，因饲料的营养成分和草比较单一所致。一般来讲，吃少量的羊毛对羊没有明显的影响，只要及时发现，及时隔离并采取预防的措施，就不会造成羊死亡，羊吃的羊毛也会随粪便排出；但舍饲的羔羊如果吃毛量过多，则会影响羔羊消化，病情严重、治疗不及时，可导致心脏衰竭死亡。所以在冬春季节要补充维生素和矿物质，在枯草季节及时补充优质蛋白质和骨粉，饲料要多样化，加强饲养管理，注意舍内的清洁卫生。

3.细菌和有害微生物滋生

在养殖过程也会产生一定的粪、尿、污水、废弃物、甲烷、湿气、氨气、硫化氢、二氧化碳等有害气体以及粉尘，如果环境卫生搞不好，就会为细菌和有害微生物的增殖提供有利条件，造成其大量滋生，如在饲养管理、羊群防疫、消毒、隔离等防范措施不到位的情况下，将会给羊群的潜在威胁加大，从而导致一些疾病如羔羊痢疾、大肠杆菌病及体内外寄生虫病的流行，更有甚者，甚至会导致疫病流行。

4.潜在的患病个体传播疾病

在羊的疾病中，尤其是传染病，潜在患病的个体羊是重要传染源，然而在不同发病时期的个体，传染性的强弱程度有所不同，尤其是在发病的中后期其传染性最强，传播因素从发病传染个体排出体外，经过一定的传播方式，扩散到一定的传染范围从而导致一定的群数个体携带病原体造成集体性的发病。所以，对于羊群要进行处理预防潜在传染源，做到及时发现、进行隔离、抓紧治疗等工作防止疾病的蔓延，保证整体羊群的健康。如口蹄疫、羊流感在发病的早期传染性最强，早期发现潜在的传染病病原，就能及时防止传染病的蔓延。早期的疾病预管理是预防和控制传染病流行的重要手段，发现可疑的传染病病原或确诊传染病后，应迅速向当地防疫站报告。针对不同的发病症状的个体进行一定的隔离与观察，确定其所患的疾病，针对疾病的特点对症用药，保证快速有效地控制传播速度。加强羊群群体体质健康情况的监测，要做到及时发现，及时预防。

二、羊的防疫和保健

（一）防疫和保健的基本原则

近年来，我国的养殖业不断完善，养殖规模在不断地扩大，但是各种疾病也在不断地危害着养殖业。一个规模化的养殖场，想要杜绝一切传染病的发生也是不大可能的。但是可以采取一系列的防疫和保健措施，来减少或者是减轻发病种类和发病程度。

对于羊病的防治，应该做到“防重于治”，规模化养殖场想要增加经济效益就要加快繁殖，减少死亡。繁殖的速度快了，规模才会扩大；死亡的多了，羊群规模也就不能保持了。所以，在肉羊的养殖过程中，必须要了解羊的生活习性、生理规律和繁殖特点，在实行科学管理和科学饲养的同时，一定要加强羊群疫病的防治。

规模化养殖场和养殖户一定要将防疫工作作为一项重要的工作来做，做好羊群的防疫工作对羊群的扩增以及养殖户的增收起到了至关重要的作用。

防疫和保健的基本原则如下。

1.应该树立正确的防疫观念

严格贯彻执行《中华人民共和国防疫法》和国务院颁布的《家畜家禽防疫条例》。在选择与修建羊场时应考虑防疫的有关要求，对所选的地点进行必要的生态学及流行病学的调查分析；羊场的厂址、羊舍的布局、羊场生产操作、废弃物的处理都应贯彻防疫的理念。我国南北气候差异很大，例如南方大部分地区都是潮湿闷热的气候，在选择羊舍的厂址时就应该选择通风良好，地下水位低，远离工厂、矿山、医院、屠宰场、兽药农药厂、居民居住地的地方。羊舍应坐北朝南，东西走向。羊场建设时应该一并考虑防疫设施，如消毒通道、化粪池、粪渣处理厂、隔离观察室、尸解及埋尸场所等。

2. 引进羊时要符合防疫标准

选购羊只要从非疫区引进，并应该了解对要引进的羊群的疫情情况及防疫情况，引进的羊只要进行严格的隔离检疫，检疫通过后才能进入畜群，防止羊只携带疾病入场。

3. 应该切实加强防疫管理

羊场应制定严格而细致的防疫程序，并且要按照程序执行。

4. 制订周密的防疫计划，落实防疫措施

养殖户应该根据本地的疫情情况，结合本地其他家畜疫病流行情况制订检疫、预防注射、驱虫、消毒等计划，通过实施严格的检疫、有计划地免疫接种、定期驱虫杀虫、彻底消毒等措施，对羊的疾病进行有效的控制。

（二）防疫与保健的基本措施

1. 加强饲养管理

在养殖业不断扩大的今天，加强饲养管理是保证羊群健康、快速增重最关键的一项措施。

（1）增强防疫、消毒意识

我国养殖业的规模虽然很大，但是防疫意识还不够强烈，并没有制订周密的防疫计划，夏天和秋天每周至少要消毒两次，冬天和春天每周至少消毒一次，而且要消毒彻底。大多数的养殖场消毒就是什么时候想到了才去消毒，有些养殖量小的养殖户甚至很少消毒。羊是群居动物，长期在同一个环境中又不经常消毒，会引起疾病的传播。不光是羊舍，人在进入羊舍时也应该进行消毒，防止人体携带有害物进入。还有圈舍的卫生，羊一般都喜欢干净的环境，所以应该定期为圈舍打扫卫生。若是圈舍太脏，会影响羊的采食、饮水、睡眠等，进而影响羊的健康，对羊的生产很不利。我们应该增强防疫消毒意识。

（2）适时编号、分群

给羊编号，便于识别羊，也有利于做记录。在羔羊断奶或鉴定后进行永久编号，并且对羊进行分群。分群按照羊的品种、年龄、性别的差异来分。不同品种的羊生活习性有一定的差异，对饲料的种类、数量都有不同的标准。不同年龄的羊采食量和营养需要是完全不同的，幼龄时瘤胃的机能比较薄弱，所以饲料或饲草都应该是容易消化的，

这个时期羊身体的各个系统发育得都很快，特别是骨骼系统，骨骼的发育需要的食物钙含量比较高，而且钙磷比例要适宜，饲料中就应该增加钙的比例，必须将它们与成年羊群分开饲养，才有利于它们的健康增重。根据性别分群，是因为成年后公羊的体格会比较大，母羊的体格相对较小，公羊的采食量就会比较大，还会和母羊发生抢食，可能会发生争斗，引起伤亡，不利于羊的健康生长，必须分群。

（3）及时进行补饲

每年夏、秋季节，青绿饲草充足，且鲜嫩多汁，适口性好，羊很爱吃。养殖户必须注意，除了让羊吃足青绿饲草外，还应注意补饲部分干草。因为育肥的羊只，成年羊每天必须采食2～3kg干草才能达到育肥增重的标准，而羊只采食鲜草一般很难达到这个标准。原因主要有两个方面：一是天气炎热潮湿，羊采食量减少；二是青绿鲜草多汁，含水量在90%左右，即使羊吃饱了，因青鲜草水分大，也不能达到干物质的数量标准。这样就满足不了羊的生长发育和增膘对营养物质的需要，从而影响育肥效果。因此，在这期间育肥的羊只，应适当加喂些优质的干草和精料，补饲干草还可防止羊因吃青草多引起的腹泻，对其育肥有利。

随着羔羊日龄的增加，它们所需要的营养不断增加，如果都从母羊身上获取会影响母羊的健康，所以必须对羔羊进行补饲，羔羊在断奶前进行补饲主要有如下几点好处。

第一，加快羔羊的生长发育速度，为日后提高肥育效果打好基础，缩短肥育期限。

第二，有利于双羔或多羔羊的生长。一般双羔羊或多羔羊生长体重小，体质也比较弱，母羊供给的奶量是一定的，提前补饲有助于双羔羊或多羔羊的生长发育。

第三，减少羔羊对母羊索奶的频率，使母羊有足够的时间采食、休息，从而使泌乳高峰保持较长时间，也有利于保持母羊的健康。

第四，促进羔羊消化系统发育，锻炼采食能力，使羔羊断奶后迅速适应新的饲养管理方式。

当冬季来临时，牧草的营养价值会下降，放牧的采食量就会不足，所以必须进行补饲。特别是对幼龄羊、怀孕和泌乳期的成年羊来说，补

饲尤为重要。越冬期羊补饲的目的就是可以使羊在寒冷季节里增重、生长发育，同时提高羔羊成活率，从而增加养羊的经济效益。

幼龄羊补饲。当到达秋天后，各种天然牧草都枯萎时，应注意补饲青干草；当到达冬季后，天气寒冷，为了维持体温对能量的消耗增加，应适当补饲精料。对当年春羔在越冬时应该特别注意补饲，使其不仅顺利渡过这一难关，并让其在冬春季节里仍能继续生长发育。

母羊补饲，重点要放在母羊怀孕后期和哺乳期。在有饲料条件的情况下，在母羊配种前的15～20d对其进行短期优饲，补饲的品种有麸皮、煮熟黄豆、浸泡豆粕等。

（4）种公羊配种期间的管理

在养殖场中，种公羊的健康与否是很关键的。这关系到这个种群是否能尽快地扩增，是否能得到更高的经济价值。所以在种公羊配种之前的一个月以及整个配种期间都要进行舍饲方式的培养，使种公羊性欲增强，精子活力提高。要做好配种期的饲养管理，就要做到以下三点。

第一，增加营养，提高性欲。

为了提高种公羊的性欲，增加精子的活力和射精量，必须补喂饲料。应该多喂一些富含维生素、蛋白质、矿物质的精饲料。无论缺少哪一种都会影响精子的形成，甚至出现畸形精子。每天都要给种公羊补喂新鲜玉米、高粱、麸皮等混合精料，每只每天1～2kg。在保证以上三种营养供应充足的情况下，还要每天给其增加鸡蛋、骨粉和少量食盐。

第二，加强对种公羊的护理，经常运动。

种公羊每天都要有适当的运动，每天运动2h，而且圈舍的面积要足够大，这样就可以使种公羊有足够的空间去运动，如果长时间不运动就会使精子活力减弱，导致死精等不良现象的发生，所以种公羊要有专人护理，喂料、饮水、补饲都要定时定量。

第三，正确使用，促进种公并优肥优育。

种公羊在配种期间，一定要合理使用公羊，注意采精次数，一般体质强壮的种公羊每天可采精4～5次，但是每次采精后都要有一定的间隔时间，要做到优肥优育，提高繁殖成活率。因此，一定要正确

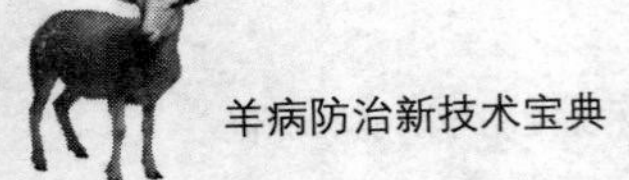

使用种公羊，如若采精无度，势必要造成种公羊体力衰弱而被淘汰。

（5）坚持自繁自养

自繁自养可以提高羊的品质和生产性能，在自己进行繁殖时，可以随时注意羊群的品质。当种羊生产性能下降时，应该及时对其进行调整或者淘汰，选择优良的羊只作为种用，这样再产下的羔羊体质就比较好，抗病力也强，增加成活率，而且也可以防止买来的羔羊参差不齐，有的还有疾病，生长速度慢，经济效益也差，从而提高羊群的品质和生产性能。羊场或养羊专业户应选养健康的良种公羊和母羊，自繁自养，尽可能做到不自场外引种，尽量做到全进全出，这不仅可大大减少入场检疫的工作量，而且可有效地避免因新羊引入而带进新的传染源，防止疾病的发生，降低成本。如果养殖场内确实需要扩大规模，或者要进行品种改良需要引进其他羊只时，则必须进行严格检疫，必须有一定的检疫手续，以便在羊流通的各个环节中，做到层层检疫，环环相接，互相制约，从而杜绝疫病的传播蔓延。出入场检疫是所有检疫中最基本、最重要的检疫，只有经过检疫而未发生疫病时，方可让羊及其产品进场或出场。羊场或养羊专业户引进羊时，只能从非疫区购入，经当地兽医检疫部门检疫，并签发检疫合格证明书。运抵目的地后，再经本场或专业户所在地兽医验证、检疫并隔离观察1个月以上，确认为健康者，经药浴、驱虫、消毒，对尚未接种疫苗的羊只必须补注，然后方可与原有羊群合并。羊场采用的饲料和用具，最好从安全地区购入，并在应用前进行清洗、消毒，以防疫病传入。

（6）减少疾病的发生

由于羊本身的生理特点、环境条件、传统饲养方式存在缺陷，导致羊群会出现一些常发病，如前胃弛缓、瘤胃积食、瘤胃酸中毒、胎衣不下、子宫内膜炎、代谢性疾病、传染病、寄生虫病等疾病，都可影响羊的生长速度。虽然这些疾病不会在羊群之间相互传染，但这些疾病的时有发生也会影响整体的生产性能，特别是子宫疾病，在养殖业中，要尽快地扩大群体就要搞好繁殖，如果有子宫疾病的发生，就会延长母羊的繁殖周期，增加饲养成本，严重时还会影响产奶量，而

且羊奶质量差，会使羔羊不能获得充足的营养，影响其生长，抵抗力也会随之降低，进而影响育肥，减少增重。因此，羊养殖户应注意加强饲养管理，保持羊舍干净卫生，定期消毒，防疫驱虫，防暑保温，提高羊的健康水平，减少疾病。

（7）适时配种

在羊的养殖中，掌握好配种时间，缩短羊的养殖周期是十分重要的。把握好配种时间可以提高产仔率，缩短繁殖周期，从而有效地降低经济效益。做到适时配种，应该注意到以下几点。

第一，判断羊是否发情。

羊在第一次出现发情的年龄即为初情期，通常称为性成熟，此时羊的第二性征已经出现，可以形成生殖细胞，可以受精、妊娠、产生后代，也就是具备了繁衍后代的能力。虽然有了繁殖能力，但此时羊的身体机能特别是生殖器官并没有发育完全，体重也没有达到成年羊的标准，为成年体重的40%～60%，此时配种不仅不利于羊只的发育，而且还对以后的繁殖能力造成不利的影响。母羊的性成熟年龄一般为6～8个月，公羊的性成熟在4～7个月。从性成熟到体成熟还需要一定的时间，不同的品种体成熟的时间也是不同的，早熟的品种在8～10个月，晚熟的品种在12～15个月。在选择配种时间时，要根据品种的不同以及体重来确定。

第二，确定排卵期。

羊是季节性发情动物，为短日照发情，即在夏季和秋季发情，以秋季发情旺盛。这种特点是长期自然选择的结果，也是生物适应环境的具体体现。当家畜达到性成熟后，就会出现周期性的发情表现，这一时期整个机体和它的生殖器官所发生的复杂性生理过程，也就是发情周期。羊的发情周期在17～21d，母羊发情持续期2d左右，但个体间差异较大。初次发情时间较短，随着年龄的增加而增加，但年龄太大的母羊时间会缩短，范围为8～60h。羊排卵时间大多是在发情后期，90%的青年羊在发情开始后30h左右排卵。75%～85%的经产母羊在发情开始后40h左右排卵。成熟的卵在输卵管中存活的时间4～8h。公羊的精子在母羊的生殖道内受精作用最旺盛的时间为24h

左右。为了使精子和卵子得到充分结合，最好在排卵前数小时内交配，但是实际上很难做到，因此在第一次交配后的5～10h后再交配一次。由于发情周期在20d左右，如果一个月内不再发情，也没有其他患病表现时，说明已受胎，受胎羊除极个别外不再发情。

第三，选择合适的配种方法。

羊的配种方法目前有三种，即自然交配、人工辅助交配和人工授精。

a.自然交配　也称本交，在配种季节，按公羊、母羊1∶20的比例，将公羊放入母羊群，混群饲养或放牧，公母羊自由交配。这种方法简单省事，受胎率较高，适于分散的小群体。其缺点是公羊消耗太大，后代血统不明，易造成近交，无法确定预产期。可在非配种季节分开饲养公、母羊，每到配种季节有计划地调换公羊，可以克服上述缺点。

b.人工辅助交配　使发情母羊有计划地与公羊交配。这种方法有利于提高公羊利用率，合理地选种选配，并能确知预产期。为确保受胎，也可重复交配或双重交配，即在一个情期用2次配种或两个公羊同时配种。

c.人工授精　即人为地借助采精工具或徒手将公羊精液采出，经品质检查、活力测定、稀释等处理过程，再输到母羊的子宫里，达到母羊受胎的目的。

在实际生产中，如果饲养规模比较小，可以采取自然交配和人工辅助交配。在大规模养殖时，最适合使用人工受精，这种方法可以保证种群的品质，不会出现近交，而且也可以保证受胎率。

（8）及时淘汰低产种羊

在养殖业中，种羊的选择是十分严格，也是十分重要的。一些生殖系统患有疾病的种羊，经过治疗没有完全痊愈，或者根本不能治愈的种羊，它们的繁殖性能会有很明显的降低，这些羊只不但不会创造应有的经济价值，还会提高饲养成本。有一些患有慢性疾病和屡配不孕的种羊，又查不清不孕的原因，使个别种羊空怀达一年以上，这期间根本没有经济效益，对这些羊最好应及时淘汰，以减少投资。

（9）坚持羊的饲养标准

有些养殖户养羊的数量少，因建设标准羊舍投入高，进行青储时的步骤比较繁琐，很多维生素、矿物质添加的量都不够，使得青储饲料的营养不能达到羊的生长需要，随之就会产生因为各种营养成分缺乏而引起的疾病，体质下降，各种组织发育不良，就会使增重速度减缓，严重者甚至会造成畸形，如维生素D的长期大量缺乏会影响钙的吸收，造成体内钙、磷比例不适宜，引起骨发育不良，发生佝偻病。所以不能因羊数量少而降低饲养标准，要因地制宜地创造规范化饲养条件，不论肉羊只数多少，都要力求精养，以提高养羊的经济效益。

2. 搞好环境卫生

在众多的预防措施中，首先应该做到的就是要保持环境卫生。环境是各种致病菌入侵的第一道门户，所以必须搞好环境卫生。羊舍的环境卫生好坏与疫病的发生有着密切关系，环境污秽，有利于病原体的孳生和疫病的传播。保持环境卫生主要包括以下几点。

（1）羊舍的建设要合理

第一，羊舍地址的选择。

羊圈的选址要求地势高燥、避风向阳、地下水位低、无积水或有流水通过的地方。山区或丘陵可以建在靠山向阳处。羊舍的南面要有宽阔的运动场，一只羊不要少于$2m^2$。羊圈要远离公路、铁路、村庄200～300m。羊圈所在地要有水源，且水质良好，有供电条件。不能让肉羊饮用池塘或洼地的死水。有利于防疫，距离交通要道、集市有一定的距离。选择有天然屏障的地方建栏舍最好。

第二，羊圈的类型。

根据羊圈墙壁封闭的严密程度，羊圈可分为封闭式、开放与半开放式和棚舍四种类型。封闭羊圈四周墙壁完整，保温性能好，适合较寒冷的地区采用。半开放羊圈三面有墙。开放式三面无墙，保温性能差，但是采光性能好，适于温暖地区。棚舍只有屋顶，没有墙壁，可防止太阳辐射，这种圈舍适合于炎热地区。而在冬季采用塑料暖棚羊舍是很有必要的，塑料暖棚羊舍内的温度除了少数时间较低外，大部分时间都可满足羊的生长发育需要，从而可降低羊只能量消耗，提高其饲料转化利用率，同时可降低成年羊的死亡率，提高羔羊的成

活率，在此基础上可提高母羊配冬羔的比例，当年羔羊除了补充羊群外，其余的都可育肥出栏。总的来说，达到和提高了养羊业的经济收益。这种方法既简便，投入又不高，而且灵活性很大，可以根据环境和季节的改变而进行改造，符合我国现阶段发展的现状，应该不断推广。

第三，羊舍的设计要求。

羊舍设计的基本要求，尽量满足羊对各种环境卫生条件的要求，包括温度、湿度、空气质量、光照、地面硬度及导热性等。羊舍的设计应兼顾既有利于夏季防暑，又有利于冬季防寒；既有利于保持地面干燥，又有利于保证地面柔软和保暖。对于羊舍温度，冬季产羔温度最低应在8℃以上，一般羊圈在10℃以上；夏季温度最好不要高于30℃。羊圈湿度不能太大，要尽量保持干燥，空气相对湿度在50%～80%为好。保持羊舍的通风换气，通风的目的是降温，换气的目的是排出圈舍内浑浊的空气，保持圈舍内空气的新鲜，空气不断流动，可以防止疾病的传播。

（2）保持羊的饲料卫生和饲喂安全

饲料作为动物的日常饲粮，饲料的卫生与安全程度在很大程度上决定着动物性食品卫生的安全性，这不仅对养殖业的经济效益有着十分重要的影响，而且与人类健康密切相关。因此，饲料产品是否卫生安全，是确保动物源性食品安全的首要条件，是保护人民健康的首要任务。

第一，饲料卫生的影响因素。

a. 饲料成分所含有的有毒物质和抗营养因子。有些天然饲料里含有一定量的有毒物质和抗营养因子。如棉籽饼粕里的棉酚、菜籽饼粕里的芥子苷、亚麻籽饼粕里的氰苷、山黧豆里的变异氨基酸、鱼粉里的肌胃糜烂素等有毒物质；青菜和青嫩牧草里的草酸、麸皮里的植酸、大豆及其饼粕里的胰蛋白酶抑制因子等抗营养因子。在配合饲料时，如果某些含的有毒物质和抗营养因子的原料比例过大，或者饲喂的时间过长，就会有可能引起相应的有毒物质中毒；或降低饲料的消化吸收利用率和营养价值；或破坏动物体内的正常代谢，从而降低畜产品的产量和品质，甚至有的还发生残留而影响消费者的健康。

b.农药残留。农药可通过水、土壤和空气而进入动植物体中。羊饲料的大部分取自于植物，加之羊是食物链的最终环节，所以农药残留可以通过饲料积累在羊体内，乳汁中农药量尤其高。粗饲料如纤维素类饲料，能量饲料如糠麸类饲料和谷实类饲料以及块根、块茎、瓜类、青绿饲料和蛋白质饲料均含有比较高量的农药残留。羊长期采食这些饲料后，农药就会在体内蓄积，达到一定程度后会影响其生产性能，甚至会引发死亡。在羊肉的销售过程中，经检疫超过了药物残留的标准，就没法销售。

c.饲料中滥用饲料添加剂。随着动物营养研究的深入，一些稀有元素和重金属开始应用于动物饲料，以便其更好地调节动物的生长，该类物质的安全剂量和中毒剂量十分接近，极易造成动物中毒。同时，由于人们对营养认识的片面性以及部分饲料企业为迎合消费者，在配方中超量添加铜和砷制剂等，对土壤和水源造成污染。饲料中氮、磷利用不完全，通过动物排泄、蓄积，同样会造成环境污染。如果畜禽粪便用作肥料，有毒、有害物质又会通过农作物导致食品污染。同时，滥用饲料添加剂造成养殖产品中药物和重金属残留严重超标，由于这些有毒、有害物质是通过养殖产品这样一个间接途径危害人的身体健康，消费者难以防范，潜在的威胁更大。

d.重金属污染。重金属一般是通过“工业三废”污染和生物富集作用而进入饲料中。现如今工业飞速发展，环境污染很严重，但是并没有考虑到后果，造成工业废物越来越多，这些废弃物通过各种途径污染饲料原料，再加工成饲料，被畜禽食用后，危害动物。

第二，保证饲喂安全的措施。

饲喂时避免羊拥挤和争食，尤其要防止弱小的羊吃不到饲料。每天一般饲喂2次，每次投料量以吃净为好。饲料一旦出现湿霉或变质时则停止饲喂。饲料变换时，粗料变换应新旧搭配，在3～5d换完；粗料换成精料应以精料先少后多、逐渐增加的方法，在10d左右换完。羊只爱清洁，故饮水要干净卫生。每只羊每天的饮水量随气温变化而变化，气温高时饮水量多一些，气温低时饮水量少一些。夏季要防晒，冬季防冻，雪水或冰水应禁止饮用。

a. 不饲喂霉烂变质的饲料

饲料应该储存在干燥、通风的地方，并定期进行检查，既可以防止饲料发霉，又可以减少因饲料发霉而废弃的浪费。另外，饲喂前更要仔细检查，及时清除草料中的霉烂变质物，受污染的草料应弃之不用，发现有发霉饲料后，在同一个地点储存的饲料也要及时进行处理，以免造成更大的浪费。

b. 饲料的调制、搭配和贮藏要合理

有些植物饲料本身含有有毒物质，饲喂时必须进行脱毒处理。不同的饲料中含有的有毒物质不同，生存条件也就不同，所以进行脱毒处理时的方法也就不同。棉籽饼含有游离棉籽油酚，具有毒性作用，但经高温处理后毒性就降低，经处理后的棉籽饼按适当比例同其他饲料混合搭配就不会发生中毒。大豆或大豆粉拌料时，亦需经过加热降毒处理。还有些饲料如马铃薯若贮藏不当，其中的有毒物质龙葵素会大大增加，对羊有害，因此应储存在避光的地方，防止变青发芽，饲喂也要同其他饲料按一定比例搭配。

c. 农药与化肥必须妥善保存

一定要把农药和化肥放在仓库内，要与饲料分开存放，并且最好要有明确的标识或者是将其专门存放在一个仓库，由专人负责保管，以免误拿饲料，引起中毒；对其他有毒药物，如灭鼠药也要妥善保管，防止中毒事故的发生。

d. 防止水源性毒物

羊群饮用水一定要清洁卫生，最好采用地下井水，对喷洒过农药和施有化肥的农田排放的水，不应作饮用水，被工业废水、废料污染的水，池塘、水坝中的死水，也不宜让羊饮用。

e. 饲料中微量元素的控制

铅：控制原料中铅的含量，特别是高铅地区的饲料或含铅高的饲料，是减少配合饲料中铅含量的有效方法。

砷：严格控制原料特别是可能砷含量较高原料中的砷含量，根据砷与其他元素的作用，减少氧化砷形成的砷，阻碍砷的吸收，增加其排泄过程。

硒：在饲料中添加抗坏血酸以及高蛋白质可促进硒在动物体内的代谢。

氟：对于高氟含量的饲料，应根据其含氟量的程度，限制磷酸盐、骨粉在日粮中的比例。

（3）粪便和污水的处理

在建设羊舍时，要合理地安排排尿沟、粪水池等，使粪尿及时排除出来，防止污染环境。圈舍要定期进行清理，垫料及时更换，垫料长期不更换就会被粪尿污染，引起病原微生物和寄生虫的寄生，危害羊群。粪便的消毒可以采用生物热消毒法，就是在离羊舍大概100m以外的地方把粪便堆积起来，上面覆盖约10cm厚的细湿土，发酵一个月后即可。污水应引入污水处理池，加入漂白粉或生石灰进行消毒，消毒药用量视污水量而定，一般每升污水用2 ～ 5g漂白粉。

（4）加强杀虫和灭鼠

夏秋季节是蚊蝇大量繁殖的季节，也是各种传染病暴发和传播的主要季节，再加上环境卫生恶劣，疾病就会不断发生，危害养羊业。所以应该搞好羊舍的环境卫生以及羊舍附近的垃圾、污水和乱草堆，这些地方常是昆虫和老鼠藏孳的场所。因此经常清除垃圾、杂物和乱草堆，搞好羊舍外面的环境卫生是杀虫、灭鼠的重要措施，所以消灭它们也是预防羊疫病的重要措施之一。

a.消灭蚊蝇的方法

保持羊舍有良好的通风，经常清除粪尿、积水，更换垫料，使蚊蝇没有机会繁殖，数量就会减少。

使用杀虫药，用除虫菊酯或0.02% ～ 0.05%浓度蝇毒磷等杀虫药，每月在栏舍内外和蚊蝇容易孳生的场所喷洒2次。

使用黑光灯，黑光灯是一种专门用来灭蝇的电光灯，装于特殊金属盒中，灯光为紫色，蝇有趋向这种光的特性，面向黑光灯飞扑，当苍蝇触到带有正负电极的金属网即被电击而死。

b.防鼠灭鼠的方法

用铁丝网将栏舍和饲料库的洞口、窗口等封住，使老鼠不能进入。用捕鼠夹捕杀，或使用氯敌鼠、杀鼠灵等杀鼠药进行灭鼠。

3.做好消毒工作

羊场消毒的目的是消灭传染源散播于外界环境中的病原微生物，切断传播途径，阻止疫病继续蔓延。在平时应定期进行消毒，必须按

照标准进行消毒。消毒药严格按照规定稀释，浓度过大时会对动物和用品造成损害，浓度太小又达不到消毒的目的，不能杀死环境中的病原微生物。对隔离场及可能被污染的一切场所和用具用品进行定期消毒和随时消毒。在病畜解除隔离、痊愈或死亡后，应对疫区内可能残留的病原体进行一次全面彻底的消毒。羊感染性疾病（传染病和寄生虫病）可通过检疫来了解传染源，从而限制传播或消灭传染源。通过免疫接种和预防性驱虫来提高羊的抵抗力。通过消毒则可以消灭传染源散布于外界的病原，切断传播途径，防止疫病继续蔓延。消毒是兽医防疫中贯彻“预防为主”方针的一项重要措施，也是预防和扑灭传染病的最重要措施。对规模养羊户来说，如果没有完善的消毒卫生制度，就不可能预防和阻止传染病的发生。发生传染病后，没有确实可靠的消毒措施就不可能根除相应的病患。羊场应建立切实可行的消毒制度，定期对羊舍、地面土壤、粪便、污水、皮毛以及用具等进行消毒。

4. 实施药物预防

羊在大群饲养时发生的疫病种类很多，其中有些病可用疫苗免疫，但还有不少病无疫苗可供利用；有些病虽然有疫苗，但实际应用中还有问题，因此用药物预防也是一项重要措施。现代化的羊养殖场，必须做到使羊群无病、无虫、健康。但是密闭式饲养极易使传染病快速、大规模流行，通常以安全而价廉的药物加入饲料和饮水中，让羊群自行采食或饮用。常用药物有磺胺类药（如磺胺嘧啶、磺胺甲基嘧啶、磺胺二甲基嘧啶、磺胺脒、磺胺甲基异噁唑等）、抗生素类药（如土霉素、四环素、氯霉素、制霉菌素、克霉唑等）、硝基呋喃类药物（如呋喃唑酮、呋喃妥因等）。磺胺类药物预防拌料量按0.01% ～ 0.02%的比例，抗生素类药物0.01% ～ 0.03%的比例，呋喃类药物0.01% ～ 0.02%。但是，长期使用这些药物预防，羊只容易产生抗药性，故还要慎重使用。因此，要经常进行药敏试验，选择有高度敏感性的药物用于防治。

药物使用时的注意事项如下。

① 当羊群发生疾病时，应该及时找兽医前来治疗，不能自己盲目用药。如果用药不当，很可能会带来严重的经济损失。

② 用药时，一定要按照剂量供给，不足和超量对机体都是不利的。剂量大了易发生中毒，不要总是认为剂量大一些病就会好得快，其实每个疾病都有一个发展周期的，治疗时也是一样的，不能为了急于治好病而增加药量，以免造成更大损失。剂量小了达不到疗效，还会使病原产生抗药性，对今后的防治极为不利。

③ 用药要与经济效益结合考虑，根据疗效高、副作用小、安全价廉等原则选用。不能滥用抗生素，长期使用抗生素会使动物机体产生耐药性，以后在用药时就会没有作用。所以，如果别的药物对疾病有治疗效果就不要使用抗生素，这对羊群疫病的防治也是很重要的。

④ 药物作用有协同和拮抗两种，有协同作用的药物联合使用，既能降低使用剂量，又可提高治疗效果和防止抗药性的形成。有拮抗作用的药物不能同时使用。用药还应注意配伍禁忌和遵守停药期规定。

⑤ 有些药物的毒性会在动物体内不断地蓄积，而且代谢速度很缓慢，所以这些药物应该减少使用，不得不使用时就应该间断性地使用。在屠宰之前要有一定的休药期，以免在人食用后也造成危害。

5. 定期进行免疫接种

免疫接种是激发羊体产生特异性抵抗力，使易感羊群转化为不易感羊群的一种手段，是防治羊传染病的重要措施之一。防疫保健要侧重提高肉羊自身免疫机能和抗病能力，在集中育肥前期和注射疫苗前后，及时应用具有生物活性的黄芪多糖等免疫增效剂增强抵抗力，对抗病毒性疾病的侵袭。

在肉羊传染病的防疫中，要注意以下几点。

① 疫苗的选择　羊的某些疫病在不同地域流行，其细菌、病毒类型不同，选用预防的疫苗类型也应不相同，因此要选择针对本地区流行疫病的疫苗，才能达到预防本地区流行传染病的目的。

② 防疫时间的确定　应根据各种疫病的流行特点，确定每个时期疾病的发生情况以及时间，从而确定疫苗的防疫时间。

③ 疫苗免疫方法的选用　严格按照疫苗规定的免疫接种途径，选用恰当的免疫方法。

④ 接种疫苗前，必须检查羊只的健康状况　注射疫苗的羊必须是健康的，而且近几天都没有异常状况。凡身体瘦弱、体温升高、临近

分娩或分娩不久的母羊，患病或有传染病流行时，一般都不要注射，否则不但不会起到免疫效果，而且还会加重病情。

⑤ 疫苗在使用之前，要逐瓶检查 发现盛药的玻璃瓶破损、瓶塞松动、没有瓶签或瓶签不清、过期失效、制品的色泽和形状与制品说明书不符或没有按规定方法保存的，都不能使用。

⑥ 接种时，吸取疫苗的针头要固定，做到一支疫苗使用一个针管，不能重复使用，以避免从带菌（毒）羊把病原体通过针头传给健康羊。疫苗的用法、用量，按该制品的说明书进行，使用前充分摇匀，必须现用现配。

⑦ 疫苗必须按标准进行保存 油苗、死菌苗、类毒素、血清及诊断液要保存在低温、干燥、阴暗的地方，温度维持在2～8℃之间，防止冻结、高温和阳光直射。冻干弱毒疫苗最好在−15℃或更低的温度下保存，才能更好地保持其效力。在不同温度下保存的期限，不得超过该制品所规定的有效保存期。

⑧ 在进行疫苗接种后，要对羊群进行严格的监测，当发现异常状况时应及时进行隔离治疗。

6.定期驱虫

随着养殖业的不断扩大，养殖场内存在各种各样的潜在危害，其中寄生虫的危害对羊群带来的影响是很明显的，它的危害不亚于传染病的危害。致病性寄生虫影响羊的生长，降低羊产品的数量与质量，甚至造成产品的废弃，同时有些寄生虫还传播传染病。羊寄生虫病不仅造成羊产品数量与质量的降低，同时也影响外贸市场，个别寄生虫对人类健康造成极大危害。

寄生于羊体内的寄生虫称为体内寄生虫，寄生于羊体表的寄生虫称为体外寄生虫。体内的寄生虫经饲料、饮水或昆虫媒介，直接或间接接触，或胎盘垂直传染健康羊只，而体外寄生虫多通过直接或间接的接触、昆虫与媒介感染健康羊只。寄生虫首先是侵入羊体，接着完成移行，最后到达它们特异性的寄生部位居住。用药物预防或治疗体内寄生虫的过程，称为驱虫。用药物预防或治疗体外寄生虫的过程，称为杀虫。

为了预防羊的寄生虫病，应在发病季节到来之前，用药物给羊群

进行预防性驱虫。预防性驱虫的时机，应根据寄生虫病季节动态调查结果来确定。驱虫多采用口服、注射的方式投药，杀虫多采用喷雾、喷撒、涂擦的用药方式。

预防性驱虫所用的药物种类很多，应根据病的流行情况选择利用。用药时应注意下列几个方面。

① 了解寄生虫的寄生方式、流行病学、季节动态、感染强度与范围；羊的机能状态和对药物的反应。

② 驱虫药与杀虫药都有一定的毒性，使用时必须十分注意药物的剂量与疗程。在大范围内使用之前，必须选择整个羊群中的少数羊先做试验，以免发生中毒。

③ 寄生虫对药物有抗药性，因此在实际工作中，应经常更换使用不同类型的药物。

④ 驱虫药或杀虫药在羊体内的分布与残留量及其维持时间之长短，对公共卫生关系的影响。

⑤ 选择驱虫药时，应首选高效、低毒、广谱、价格低廉、使用方便的药物。

7. 严格执行定期检疫制度

检疫就是应用各种诊断方法，对畜禽及其产品进行疫病的检查，并采取相应的措施，以防疫病的发生与传播。检疫的目的在于查清生物及其产品的疫病情况，以采取相应的措施，控制疫病的发生和传播。肉羊场内常见的检疫制度主要有以下几种。

（1）平时的卫生和饲养管理

提供和保持良好的环境条件，避免和减轻各种应激反应。保持羊舍清洁卫生，通风良好，风速宜小，粪便进行及时清理。合理设计羊舍结构，保持适宜的温度和湿度，保持羊舍空气新鲜。要避免过分拥挤、捕捉和突然驱赶及声响等应激因素的危害。

（2）消毒程序要健全

消毒即将病原微生物在侵入羊体之前，于羊体之外杀死，以减少和控制疾病的发生，杀灭病原体是预防和控制羊疫病的重要手段。消毒时，先将羊舍、运动场内的粪尿污物清扫干净，或铲去表层土壤，再喷洒消毒药。消毒药可选用新配制的10%～20%石灰乳、2%～5%

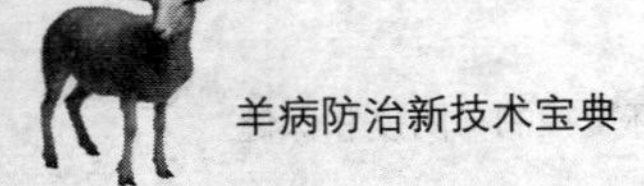

氢氧化钠、0.5%过氧乙酸溶液或3%福尔马林等。也可采用发酵法杀灭病菌和虫卵。

（3）羊只的引进

养羊户引进羊时，只能从非疫区购入，经当地兽医检疫部门检疫，并签发检疫合格证明书；运抵目的地后，再经本场或专业户所在地兽医验证，检疫并隔离观察一个月以上，确认为健康者，经驱虫、消毒，没有注射过疫苗的还要补注疫苗，然后方可与原有羊群混群饲养。羊场使用的饲料和用具，也要从非疫区购入，以防疫病传入。为了做好检疫工作，必须有一定的检疫手续，在羊流通的各个环节中，做到层层检疫，环环相扣，互相制约，从而杜绝疫病的传播蔓延。羊病检疫的主要内容是人畜共患病，动物互通性传染病，此类疾病可能在家畜之间一定范围内相互传染，如伪狂犬病；对养羊业危害巨大的传染病及寄生虫病以及根据流行病学需要检疫的地方性疾病，进出口的羊按国家有关规定检疫。

（4）免疫程序要健全

制定和执行适合本场具体情况的疫病防疫程序，定期进行预防注射和药物预防，羊群定期进行驱虫。

（5）及时隔离病羊

羊场应建立病羊隔离圈，其位置应在羊场主风向的下方，与健康羊圈有一定的距离或有墙隔离；病羊进入隔离圈后应有专人饲喂；严禁隔离圈的设备用具进入健康羊圈；饲养病羊的饲养员严禁进入健康羊圈；病羊的排泄物应经专门处理后再用作肥料；兽医进出隔离圈要及时消毒；病羊痊愈后经消毒方可进入健康羊圈；不能治愈而淘汰的病羊和病死羊尸体应合理处理，对于淘汰的病羊应及时送往指定的地点，在兽医监督下加工处理；死亡病羊、粪便和垫料等送往指定地点销毁或深埋，然后彻底消毒。

（6）及时报告疫情

发现异常羊后，饲养人员应立即报告兽医人员，报告人要准确说明病羊的位置（几号舍几号圈）、羊号、发病情况；兽医人员接到报告后应立即对病羊进行诊断和治疗；在发现传染病和病情严重时，并提出相应的治疗方案或处理方案。

（7）场内人员的轮流巡视

饲养人员应随时留心观察羊群的状态，尤其要注意采食量、饮水量、粪便的异常；反刍、呼吸及步态的异常。羊场兽医每日定期深入羊舍观察羊采食、反刍情况，每日早、中、晚各1次。

（8）档案制度

建立健全病羊的病情报告档案记录，及时、准确、真实的档案记录，不但有助于饲养管理经验的总结和成本核算，而且是分析和解决羊群疾病防治问题的可靠依据。羊场内应包括与病羊病情有关的一切材料，如病羊羊号、圈位、发病时间、临床特征、诊断、治疗经过、处方等，还应包括预后、死亡羊只的原因、解剖变化及羊尸体处理结果等。

（9）做好疫病监测

羊饲养场应积极配合当地畜牧兽医行政管理部门按照《中华人民共和国动物防疫法》及其配套法规的要求，结合当地实际情况，制定疫病监测方案。羊饲养场常规监测的疾病应包括：口蹄疫、羊痘、蓝舌病、炭疽、布氏杆菌病。还应根据当地实际情况，选择其他必要的疫病进行监测。羊病检疫的方式因不同的疾病而不同，如结核杆菌病眼副结核杆菌病通常是用结核菌素、副结核菌素点眼或皮内注射的变态反应来进行，布氏杆菌病则采用血清凝集的方式检疫，线虫病则多通过虫卵检查来诊断，病毒性疾病则多通过高度专一的抗体抗原反应来确诊。

8.病死羊及其产品的处理

当养殖场内羊只因为传染病而死亡时，尸体不得随意处理，严禁食用肉尸和内脏，未经处理的皮毛等物也不得利用。剖检前后，尸体均应消毒。剖检场地要进行消毒。剖检前搬运尸体时，除尸体体表喷洒消毒药外，其天然孔和伤口应以浸有消毒药的棉花或纱布堵塞，以防排出物到处污染。总之，尸体处理，特别是死于传染病的尸体处理应特别慎重，严防疾病扩散危害人和动物健康。病死羊尸体含有大量的病原体，只有及时经过无害化处理，才能防止疫病的传播和流行，严禁随意丢弃、出售或作为饲料，根据病症种类性质的不同，按《畜禽病害肉尸及其产品无公害化处理规程》的规定，采取适宜方法处理病羊的尸体。根据条件和疾病的性质，病羊尸体处理的方法有加工处

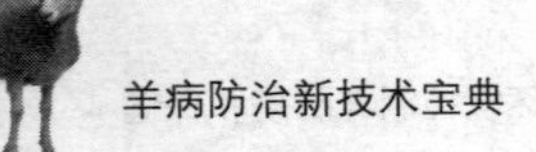

理、掩埋、发酵或焚烧四种，各有其优点，在实际工作中应根据情况及条件加以选择。

（1）深坑掩埋

该方法操作简易、经济，是处理病死羊的常用方法。掩埋地点应远离学校、公共场所、居民住宅区、村庄、动物饲养和屠宰场、饮用水源地和河流等地区。挖坑要根据病死羊的数量而定，必须是上小下大、深度至少在2m以上的坑，并在坑底铺上2～5cm厚的生石灰。然后将煮熟后的病死羊尸体放入坑内，堆积的死尸在距离坑口1.5m处时，先用40cm厚的土层覆盖，再铺上2～5cm厚的生石灰，最后填土夯实，并在地表喷洒消毒药。这种方法适用于地下水位低的地区，不适合地下水位高的地区，防止污染地下水。处理病死羊主要在生产区下风向的偏僻处进行深埋处理。

（2）焚烧处理

该方法是最安全、彻底的处理方法，包括生物焚化炉焚烧法、焚尸坑焚烧法和锅炉焚烧法。生物焚化炉的建造和运行成本较高，建议使用焚尸坑进行处理。选址应在远离公共场所、居民住宅区、村庄、动物饲养和屠宰场所、建筑物、易燃物品，地下不能有自来水管、燃气管道，周围要有足够的防火带，并且要位于主导风向的下方。挖掘好焚尸坑后，在坑里垫上旧轮胎或者其他助燃物，再放置病死畜禽，并在尸体上泼上柴油，然后用少量汽油引燃，保持火焰至尸体烧成黑炭为止，最后把它埋在坑里，表面撒布消毒剂。处理时要求焚烧完全，不能只焚烧表面或部分。病死羊数量少时，可通过锅炉炉膛进行焚烧处理。使用焚烧法处理必须注意防火安全，并且尽量减少燃烧产生的废弃物对居民的影响。

（3）加工处理

最常用的加工处理方法是化制，将病羊的尸体在指定的化制站加工处理，可以将其投入干化机化制，或将整个尸体投入湿化机化制。

（4）发酵法

发酵法是将病死羊的尸体及其饲料、粪便、垫料等投入指定的发酵池内，利用生物热将羊尸体发酵与分解，以达到无害化处理的目的。它的选址与掩埋法相同。发酵池为圆形，深9～10m，直径3m左右，

池壁及池底用不透水的材料制作。池口高出地面约30m，并在池口处做一个盖子，盖上留一个小活动门，用以投入病死羊。为安全起见，活动门平时必须紧锁，用时才能开启。当池内的尸体堆到距坑口1.5m处时，封闭发酵。使用发酵法处理病死羊耗时较长，发酵时间在夏季不得少于2个月，冬季不少于3个月，羊场主要在生产区的下风向的偏僻处进行发酵处理。

第三章　羊场的消毒和防疫技术

一、羊场的消毒

（一）消毒的种类与方法

羊场消毒常用的方法，归纳起来大致可分为三大类：物理消毒法、化学消毒法和生物学消毒法。

1. 物理消毒法

物理消毒法是指用物理因素杀灭或消除病原微生物及其他有害微生物的方法。物理消毒方法的特点是作用迅速，消毒物品上不遗留有害的物质。常用的物理消毒方法有：自然净化、机械除菌、热力灭菌和紫外线辐射等。其中有良好灭菌作用的方法是热力消毒灭菌。

（1）自然净化

自然净化是指污染的大气、地面、物体表面和水中的病原微生物，不经人工消毒也可逐步达到无害化的过程。自然净化的有关因素为日晒、风吹、干燥、温度、pH的变化等。自然净化虽不属于人工消毒，但在兽医消毒学上还是具有一定的作用。

（2）机械除菌

机械除菌是单纯用机械的方法除去病原体。如羊舍的清扫和洗刷，饲槽的洗涤，羊体的刷拭等。可以将羊舍内粪便、垃圾、剩料残渣清除出去，将羊体表的污泥积垢刷掉。随着这些粪便污物的除去，也清除了大量的病原微生物。但此法只能使病原微生物减少，不能达到彻

底消毒的目的，所以要配合其他的消毒法进行。机械除菌应在消毒前或消毒后进行，要依传染病的特性和病原微生物的特性而定。当机械的清扫措施对执行人员有危害时，应当先对清扫对象进行消毒，这时大多采用湿式清扫法，即在清扫前先用清水、草木灰水或3%来苏尔溶液喷洒地面，以免病原微生物随着尘土飞扬。如羊舍、车辆必须消毒时，先洒消毒液或清水，打扫干净后，再用其他方法如化学消毒法进行消毒，这样才能达到彻底消毒的目的。

（3）热力消毒

热力消毒是最实用和有效的消毒方法，可分为干热法和湿热法两种。干热法包括干燥、烧灼、焚烧；湿热法包括煮沸、流通蒸汽、低热消毒、间歇灭菌、高压蒸汽灭菌等方法。

（4）紫外线消毒

紫外线消毒只能杀死大多数的病原微生物，同时，由于紫外线穿透力不强，不能穿透普通玻璃，尘埃、水蒸气均能阻挡紫外线。因此，只能用于消毒空气和物体的表面。

2. 化学消毒法

化学消毒法是指用化学药物进行消毒的方法。化学消毒法使用方便，不需要复杂的设备，但某些消毒药品有一定的毒性和腐蚀性。为保证消毒效果，减少毒副作用，须按要求的条件和说明书上推荐的方法和浓度进行使用。

（1）理想消毒剂的条件

具有消毒作用的药品称为化学消毒剂。理想的化学消毒剂具备的条件为：作用速度快，有效浓度低，杀菌谱广，性质稳定，易溶于水，可在低温下使用，不易受有机物和酸碱及其他理化因素的影响，无色、无味、无臭，对物品无腐蚀性，消毒后易于除去残留药物，毒性低，不易燃烧爆炸，使用无危险性，价格低廉，可以大量生产供应，便于运输。实际上完全理想的消毒剂还很少，同一种消毒剂不可能适用各种病原微生物和所有的物品。因此，在进行兽医消毒时，需要根据消毒的目的和消毒对象的特点，选用合适的消毒剂。

（2）消毒剂的分类

化学消毒剂按照其使用方式可分为液体消毒剂、气体消毒剂和固

体消毒剂。最常用的是液体消毒剂。化学消毒剂按照其作用水平分为高、中、低效三类，这样分类便于根据消毒目的选择合适的消毒剂。高效消毒剂可以杀灭一切微生物，包括细菌繁殖体、细菌芽孢、真菌、亲水病毒、亲脂病毒，这类消毒剂可以用作灭菌剂，例如甲醛、戊二醛、过氧乙酸、环氧乙烷、有机氯化合物等；中效消毒剂除不能杀灭细菌芽孢外，可杀灭其他各种微生物，例如乙醇、酚、含氯消毒剂、碘制剂等；低效消毒剂可杀灭细菌繁殖体、真菌和亲脂病毒，但不能杀灭细菌芽孢、结核杆菌和亲水病毒，例如新洁尔灭、洗必泰等。

根据其化学结构，常用的消毒剂分为以下11类。

① 醛类　如甲醛、戊二醛等。醛类消毒剂是高效消毒剂，其气体和液体均有较大的杀灭微生物作用。

② 烷基化气体消毒剂　常用的烷基化气体消毒剂为环氧乙烷，也是高效消毒剂，可杀灭各种微生物。

③ 含碘化合物　常用含碘消毒剂有各种游离碘制剂、碘仿等。大多数为中效消毒剂，常用于皮肤、黏膜消毒。

④ 酚类　包括苯酚（又称石炭酸）、甲酚、甲酚皂溶液（又称来苏尔）等，这类消毒剂大多数有中等水平的消毒作用，可杀灭繁殖体型微生物，但不能杀灭芽孢。常用于浸泡消毒和皮肤黏膜的消毒。

⑤ 醇类　在醇类化合物中，最常用于消毒工作的是乙醇。醇类是中效消毒剂，可杀灭繁殖体型微生物，但不能杀灭芽孢。这类消毒剂的作用比较快，常用于皮肤和诊疗器械的涂擦消毒。

⑥ 季铵盐类消毒剂　这类化合物是阳离子表面活性剂，用于消毒的有新洁尔灭、消毒净等。这类化合物对细菌繁殖体有广谱杀灭作用，作用快而强，毒性较小，但属于低效消毒剂，不能杀灭结核杆菌、细菌芽孢和亲脂病毒。常用于皮肤黏膜和外环境的消毒。

⑦ 酸类和脂类　常用的有乳酸、醋酸、水杨酸等。这类化合物虽有杀菌和杀真菌作用，但作用弱，属于低效消毒剂。

⑧ 过氧化物类　常用的有过氧乙酸、过氧化氢、臭氧三种，均为高效消毒剂。

⑨ 双胍类　是一种低效消毒剂，虽然对细菌的繁殖体杀灭作用较大，但不能杀灭细菌的芽孢、分枝杆菌。常用的有洗必泰等。用于皮

肤黏膜消毒，也可消毒物体表面。

⑩ 金属制剂　用于消毒的金属类制剂有汞盐、有机汞类、银制剂和铜盐等，这类化合物多用于皮肤黏膜的消毒和防腐。

⑪ 其他消毒剂　常用的有高锰酸钾、碱类、染料类等，属于高效消毒剂，常用于环境等消毒。

3. 生物学消毒法

生物学消毒法是利用某些生物消灭致病微生物的方法。特点是作用缓慢，效果有限，费用较低。多用于大规模废物及排泄物的卫生处理。常用的方法是生物热消毒技术和生物消毒技术。

（二）消毒的实施与操作

由于羊场的高度集约化生产，消毒防疫工作在养羊生产中也就显得更加重要。羊场消毒主要包括羊舍的消毒、粪便的消毒、土壤的消毒、兽医诊疗室和诊疗器械的消毒以及水、空气的消毒等。

1. 羊舍的消毒

羊舍的消毒是保证羊只健康和饲养人员安全的一项重要措施，羊舍一般每月消毒一次。此外，在春秋季节或羊出栏后应对羊舍内、外进行彻底的清扫和消毒。

（1）清扫或刷洗

机械清扫是搞好羊舍环境卫生最基本的一种方法，清除了污物，大量的病原微生物也同时被清除。据试验，采用清扫方法，可使羊舍内的细菌数减少20%左右，如果清扫后再用清水冲洗，则羊舍内的细菌数可减少54%～60%，清扫冲洗后再用药物喷洒，羊舍内的细菌数可减少90%左右。为了避免尘土及微生物飞扬，清扫时应先用水或消毒液喷洒，然后对羊舍进行清扫，清除粪便、垫料、剩余饲料、墙壁和顶棚上的蜘蛛网、尘土等。扫除的污物集中进行烧毁或生物热发酵。污物清除后，如是水泥地面，还应再用清水进行洗刷。

（2）消毒药喷洒或熏蒸

羊舍清扫、洗刷干净后，即可用消毒药进行喷洒熏蒸。喷洒消毒时，消毒液的用量是每平方米1L，泥土地面、运动场可适当增加。消毒时应按一定的顺序进行，一般从离门远处开始，以地面、墙壁、棚顶的顺序进行喷洒，最后再将地面喷洒一次。喷洒后应将羊舍门窗

关闭2～3h，然后打开门窗通风换气，再用清水冲洗饲槽、地面等，将残余的消毒剂清除干净。另外，在进行羊舍消毒时，也应将羊舍附近以及饲养用具等进行消毒。羊舍消毒常用的消毒液有20%石灰乳、5%～20%漂白粉溶液、30%草木灰水、1%～4%氢氧化钠溶液、3%～5%来苏尔、4%福尔马林溶液等。应用福尔马林熏蒸消毒羊舍，按每立方米空间用福尔马林25mL、水12.5mL、高锰酸钾25g进行。消毒过程中应保持羊舍密闭，经12～24h后打开门窗通风换气。当急需使用羊舍时，可用氨气来中和甲醛气体。消毒时应将羊舍内的用具、饲槽、水槽、垫料等物品适当摆开，以利于气体穿透。此外，在羊场及羊舍门口应设消毒池（槽），里面盛放2%氢氧化钠溶液或5%来苏尔溶液和草包，以便人、车进出时进行鞋底和轮胎的消毒。消毒池的长度应不小于轮胎的周长，宽度与门宽相同，池内的消毒液应注意添换，使用时间最好不超过一周。

2.粪便的消毒

患有传染病的羊，排出的粪便中含有大量的病原微生物和寄生虫卵，如不进行消毒处理，直接作为农业肥料，往往成为传染源。因此，对羊粪必须进行严格的消毒处理。

（1）掩埋法

将粪便与漂白粉或新鲜的生石灰混合，然后深埋于地下，一般埋的深度在2m左右。此种方法简单易行，但病原微生物有经地下水散布的危险性，且损失大量的肥料，故很少采用。

（2）焚烧法

此法是消灭一切病原微生物最有效的方法，但大量焚烧粪便显然是不合适的。因此，只用于消毒患烈性传染病羊的粪便。具体做法是挖一个坑，深75cm、宽75～100cm，在距坑底40～50cm处加一层铁炉底（炉底孔密些比较好，否则粪便会漏下）。如果粪便潮湿，可混合一些干草，以利燃烧。这种方法需要很多燃料，且损失有用的肥料，故非必要时，很少使用。

（3）化学消毒法

适用于粪便消毒的化学消毒剂有漂白粉或10%～20%漂白粉液、0.5%～1%的过氧乙酸、5%～10%硫酸苯酚合剂、20%石灰乳等。

使用时应注意搅拌，使消毒剂浸透混匀。由于粪便中的有机物含量较高，不宜使用凝固蛋白质性能强的消毒剂，以免影响消毒效果。这种方法操作麻烦，且难以达到彻底消毒的目的，故实际工作中也不常用。

（4）生物热消毒法

生物热消毒法是粪便消毒最常用的消毒方法。应用这种方法既能杀灭粪便中非芽孢性病原微生物和寄生虫卵，又不失去粪便作为肥料的应用价值。羊粪常用堆积的方法进行生物热发酵，在距人、羊的房舍、水池和水井100～200m，且无斜坡通向任何水池的地方进行。挖一宽1.5～2.5m、两侧深度各20cm的坑，由坑底至中央有大小不等的倾斜度，长度视粪便量的多少而定。先将非传染性的粪便或干草堆至25cm高，其上堆积欲消毒的粪便、垫草等，高达1～1.5m。然后在粪堆外面再堆上10cm厚的非传染性粪便或谷草，并抹上10cm厚的泥土。如此密封发酵2～4个月，即可用作肥料。另外，还可把生物热发酵与生产沼气结合起来处理粪便，这样既达到了粪便消毒的目的，又可充分利用生物热能。

3. 土壤的消毒

在自然界中，土壤是微生物的主要存在场所，1g表层泥土可含微生物10^7～10^9个。土壤中的微生物数量、类群，随着土层深度、有机物的含量、温度、湿度、pH、土壤种类而有所不同，一般以10～20cm的浅层土壤中的微生物最多。土壤中的微生物种类有细菌、放线菌、真菌等，其中细菌含量较多。病原微生物常随着病羊的排泄物、分泌物、尸体和污水、垃圾等污物进入土壤而使土壤污染。不同种类的病原微生物在土壤中生存的时间有很大的差别，一般无芽孢的病原微生物生存时间较短，几小时到几个月不等，而有芽孢的病原微生物生存时间较长，如炭疽杆菌芽孢在土壤中存活可达十几年以上。土壤中的病原微生物除了来自外界的污染以外，土壤中本身就存在着能够较长时间生活的病原微生物，如肉毒梭状芽孢杆菌等。土壤中的厌氧芽孢杆菌以芽孢形态存在于土壤中，在动物厌气性创伤感染中起着很大的作用。土壤中的病原微生物通过施肥、水源、饲料等途径而传染给羊。因此，土壤的消毒，特别是被病原微生物污染的土壤进行消毒是十分必要的。在消灭土壤中的病原微生物时，生物学和物理学因素起

着重要的作用。疏松土壤，可增强微生物间的拮抗作用，使其充分接受阳光中紫外线的照射。另外，种植冬小麦、黑麦、葱蒜、三叶草、大黄等植物，也可杀灭土壤中的病原微生物，使土壤净化。在实际工作中，除利用上述自然净化外，也可运用化学消毒法进行土壤消毒，以迅速消灭土壤中的病原微生物。化学消毒时常用的消毒剂有漂白粉或5%～10%漂白粉澄清液、4%甲醛溶液、10%硫酸苯酚合剂溶液、2%～4%氢氧化钠热溶液等，消毒前应首先对土壤表面进行机械清扫，被清扫的表土、粪便、垃圾等集中深埋或生物热发酵或焚烧，然后用消毒液进行喷洒，每平方米用消毒液1000mL。如果是芽孢杆菌污染的地面，在用消毒液喷洒后还应掘地翻土30cm左右深，撒上漂白粉并与土混合。如为一般的传染病，漂白粉用量为每平方米0.5～2.5kg。

4.兽医诊疗器械及用品的消毒

诊疗工作中使用的各种器械及用品，在用前和用后都必须按要求进行严格的消毒。根据器械及用品的种类和使用范围不同，其消毒的方法和要求也不一样，一般对进入羊体内或与黏膜接触的诊疗器械，如手术器械、注射器及针头、胃导管、导尿管等，必须经过严格的消毒灭菌；对不进入动物组织内，也不与黏膜接触的器具，一般要求去除细菌的繁殖体及亲脂病毒。各种诊疗器械及用品的消毒方法可参考表3-1。

表3–1 各种诊疗器械及用品的消毒方法

类别	消毒对象	消毒药物与方法步骤	备注
玻璃类	体温表	先用1%过氧乙酸溶液浸泡5min作第一道处理，再放入另一桶1%过氧乙酸溶液中浸泡30min作第二道处理	
	注射器	针筒用0.2%过氧乙酸溶液浸泡30min后再清洗，经煮沸或高压蒸汽消毒后备用	1.针头用肥皂水煮沸消毒15min，洗净、消毒后备用 2.煮沸时间从水沸腾时算起，消毒物品应全部浸入水内
	各种玻璃接管	1.将接管分类浸入0.2%过氧乙酸溶液中，浸泡30min后用清水冲净 2.接管用肥皂水刷洗，清水冲净，烘干后分类，经高压消毒后备用	有污垢的玻璃管，须用清洁液浸泡2h后，洗净，再消毒处理

续表

类别	消毒对象	消毒药物与方法步骤	备注
搪瓷类	药杯、换药碗	1.将药杯用清水冲去残留药液后，浸泡在1∶1000新洁尔灭溶液中1h 2.将换药碗用肥皂水煮沸消毒15min 3.再将药杯与换药碗分别用清水刷洗冲净后，煮沸消毒15min或高压消毒后备用（如药杯是玻璃类或塑料类，可用0.2%过氧乙酸浸泡2次，每次30min后，清洗烘干、备用）	1.药杯与换药碗不能放在同一容器内煮沸或浸泡 2.若用后的药碗染有各种药液颜色，应煮沸消毒后用去污粉擦净，洗清，揩干后再浸泡 3.冲洗药杯内残留药液下来的水须经处理后再弃去，处理方法同器械类备注2
	托盘、方盘、弯盘	1.将其分别浸泡在1%漂白粉清液中1h 2.再用肥皂水刷洗，清水洗净后备用	漂白粉清液每2周更换1次，夏季每周更换1次
	污物敷料桶	1.将桶内污物倒去后，用0.2%过氧乙酸溶液喷雾消毒，放置30min 2.用碱或肥皂水将桶刷洗干净，清水洗净后备用	1.污物敷料桶每周消毒1次 2.桶内倒出的污物敷料须消毒处理后回收或焚毁后弃去
器械类	污染的镊子、钳子等	1.放入1%肥皂水煮沸消毒15min 2.再用清水将其冲净后，煮沸15min或高压消毒后备用	1.被脓、血污染的镊子、钳子或锐利器械，应先用清水刷洗干净，再行消毒 2.刷洗下的脓、血水按每1000mL加过氧乙酸原液10mL计算（即1%浓度），消毒30min后才能倒弃 3.器械盒每周总消毒一次 4.器械使用前应用生理盐水淋洗
	锋利器械	1.将器械浸泡在1∶1000新洁尔灭溶液中1h 2.再用肥皂水将器械刷洗，清水冲净，揩干后浸泡于1∶1000新洁尔灭溶液中2h 3.将经过第一、二道消毒后的器械取出后浸泡于第三道1∶1000新洁尔灭溶液的消毒盒中备用	
	开口器	1.将开口器浸入1%过氧乙酸溶液中，30min后用清水冲洗 2.再用肥皂水刷洗，清水冲净，揩干后煮沸或高压消毒后备用	浸泡时开口器应当全部浸入消毒液中
橡胶类	橡胶管	1.将硅胶管拆去针头，浸泡在0.2%过氧乙酸溶液中，30min后用清水冲洗 2.再用肥皂水冲洗硅胶管管腔后，用清水冲洗、揩干	拆下的针头按注射器针头消毒处理（见玻璃类注射器项）

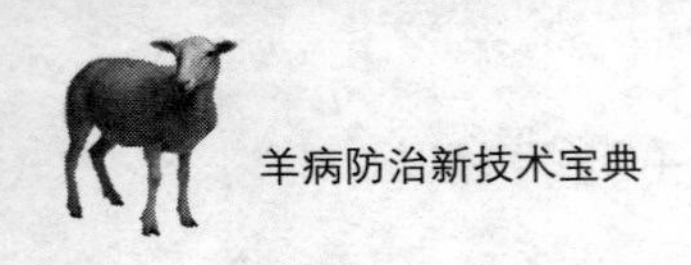

续表

类别	消毒对象	消毒药物与方法步骤	备注
橡胶类	手套	1.将手套浸泡在0.2%过氧乙酸溶液中，30min后用清水冲洗 2.再将手套用肥皂水清洗，清水漂净后晾干 3.将晾干后的手套，用高压消毒或环氧乙烷熏蒸消毒后备用	手套应浸没于过氧乙酸溶液中，不能浮于液面上
	橡皮管、投药瓶	1.用浸有0. 2%过氧乙酸的揩布擦洗物件表面 2.用肥皂水将其刷洗，清水洗净后备用	
橡胶类	导尿管、肛管、胃导管等	1.将物件分类浸入1%过氧乙酸溶液中，浸泡30min后用清水冲洗 2.再将物件用肥皂水刷洗，清水洗净后，分类煮沸15min或高压消毒后备用	物件上的胶布痕迹可用乙醚擦除
	输液输血皮条	1.将皮条针头拆去后，用清水冲净皮条中残留液体，再浸泡在清水中 2.再将皮条用肥皂水反复揉搓，清水冲净，揩干后高压消毒备用	拆下的针头按注射针头消毒处理（见玻璃类注射器项）
其他	手术衣、帽、口罩等	1.将其分别浸泡在0.2%过氧乙酸溶液中30min，用清水冲洗 2.肥皂水搓洗，清水洗净、晒干、高压灭菌备用	口罩应与其他物件分开洗涤
	创巾、敷料等	1.污染血液的，先放在冷水或5%氨水内浸泡数小时，然后在肥皂水中搓洗，最后再用清水漂净 2.污染碘酊的，用2%硫代硫酸钠溶液浸泡1h，清水漂洗、拧干，浸于0.5%氨水中，再用清水漂净 3.经清洗后的创巾、敷料高压灭菌备用	被传染性物质污染时，应先消毒后洗涤，再灭菌
	推车	1.每月定期用去污粉或肥皂粉将推车擦洗一次 2.污染的推车应及时用浸有0. 2%过氧乙酸的布揩洗，30min后再用清水揩净	推车应经常保持整洁，清洁的与污染物品的推车应分开

5. 兽医诊疗室的消毒

兽医诊疗室是对病羊进行诊疗的主要场所，病羊携带的病原微生物经各种途径排出体外后，污染兽医诊疗室地面、墙壁等，在每次诊疗前后应用3%～5%来苏尔溶液等进行消毒。室内尤其是手术室内空气，可用紫外线在术前或手术间歇时期进行照射，也可使用1%漂白粉澄清液或0.2%过氧乙酸作空气喷雾，有时也用乳酸、福尔马林等加热熏蒸，有条件时采用空气调节装置，以防空气中的微生物降落于创口或器械的表面，引起创口感染。诊疗过程中的废弃物如棉球、棉拭、污物、污水等，应集中进行焚烧或生物热发酵处理，不可到处乱倒乱抛。被病原体污染的诊疗场所，在诊疗结束后应进行彻底的消毒，推车可用3%漂白粉澄清液、5%来苏尔液或0.2%过氧乙酸擦洗或喷洒。室内空气用福尔马林熏蒸，同时打开紫外线灯照射，2h后打开门窗通风换气。

6. 水和空气消毒

养羊生产中要消耗大量的水，水的质量好坏直接影响到羊的健康及产品的卫生质量。养羊生产用水总的要求应符合饮用水的标准。为了杜绝经水传播的疾病发生和流行，保证羊的健康，水源水必须经过消毒处理后才能饮用。水的消毒方法很多，概括起来可分为两大类。一类是物理消毒法，如煮沸消毒、紫外线消毒、超声波消毒、磁场消毒、电子消毒等。通常使用的方法是煮沸消毒。另一类是化学消毒法，主要有氯消毒法、碘消毒法、溴消毒法、臭氧消毒法、二氧化氯消毒法等。其中以氯消毒法使用最为广泛，且安全、经济、便利、效果可靠。空气中缺乏微生物所需要的营养物质，加上日光的照射、干燥等因素，不利于微生物的生存。因此，微生物在空气中不能进行生长繁殖，只能以浮游状态存在。但是，空气中确有一定数量的微生物存在。一些是随着尘土飞扬而进入空气中的微生物，几乎所有土壤表层所存在的微生物均有可能在空气中出现，人、畜的排泄物、分泌物排出体外，干燥后其中微生物也可随之飞扬到空气中。一些是人、畜禽的呼吸道及口腔排出的微生物，随着呼出的气体、咳嗽、鼻液形成气溶胶悬浮于空气中。如患有结核病的羊在咳嗽时，喷出的痰液中含有结核杆菌，在顺风状态下可飞扬5m以上，造成空气的微生物污染。空气中微生物的种类和数量受地面活动、气象因素、人口密度、地区、室内外、羊的饲养量等因素影响。在添加粗饲料、更换垫料、羊出栏、打扫卫生时，空气中的微生物会大大增加。因此，必须对羊舍的空气进行消毒。尤其应注意对病源污染的羊舍空气进行消毒。空气消毒常用紫外线照射和化学药物消毒。

7.尸体处理和疫源地消毒

（1）尸体处理

合理安全地处理尸体，在防治羊的传染病和维护公共卫生上都有重要意义。病死羊尸体的处理方法有掩埋、焚烧、化制和发酵四种。

① 掩埋法　此法简便易行，但不是彻底处理的方法，故烈性传染病尸体不宜掩埋。在掩埋病羊尸体时，应注意选择远离住宅、农牧场、水源、草原及道路的僻静地方，土质干燥、地势高、地下水位低，并避开水流，山洪的冲刷。掩埋坑的长度和宽度以容纳侧卧的羊尸体即可，从坑沿到尸体上表面的深度不得少于1.5 ～ 2m。掩埋前，将坑底铺上2 ～ 5cm的石灰，尸体投入后（将污染的土壤、捆绑尸体的绳索一起抛入坑）再洒上一层石灰，填土夯实。

② 焚烧法　此法是销毁尸体、消灭病原最彻底的方法，但消耗大量的燃料。所以，非烈性传染病尸体不常应用。焚烧尸体要注意防火，选择离村镇较远、下风头的地方，在焚尸坑内进行。有条件的地方也可送火化场焚烧。焚尸坑的形式有以下几种。

a.十字坑　挖十字形的沟，沟长2.6m、宽0.6m、深0.5m。在两沟交叉处坑底堆放干草和木柴，沟沿横架两根粗的湿木棍，然后将尸体放在架上，在尸体的周围及上面再放上木柴，然后在木柴上倒以煤油，从下面点火，一直将尸体烧成黑炭为止，烧后就地埋在坑内。

b.单坑　挖一长2.5m、宽1.5m、深0.7m的坑，将挖出的土堆积在四周做成土埂，坑内架满木柴，坑沿横放数根粗湿木棍，将尸体架上，焚烧方法同十字坑。

c.双层坑　先挖一条长、宽各2m，深0.75m的大沟，在沟的底部再挖一长2m、宽1m、深0.75m的小沟，做成双层坑。在小沟底铺上干草和木柴，两端各留出18 ～ 20cm的空隙，以便吸入空气助燃，在小沟沿横架数根湿木棍，将尸体放在架上，焚烧方法同十字架。

③ 化制法　将病死羊尸体放入特设的加工器中进行炼制，达到消毒的目的，同时化制时要求有一定的设备条件，在基层可采用土法化制方法，将尸体或组织块放在有盖铁锅内进行烧煮炼制，直至骨肉松脆为止。

④ 发酵法　将尸体抛入尸坑内，利用生物热的方法进行发酵分解，从而起到消毒除害的作用。尸坑一般为井式，深9～10m，直径2～3m，坑口有一木盖，坑口高出地面30cm左右。将尸体投入坑内，堆到坑口1.5m处盖封木盖，经3～5个月发酵处理后，尸体即可完全腐败分解。

（2）疫源地消毒

疫源地消毒包括病羊所在的羊舍、隔离场地、排泄物、分泌物及被病原微生物污染和可能被污染的一切场所、用具和物品等。在实施消毒过程中，应抓住重点，保证疫源地消毒的实际效果。如肠道传染病，消毒的重点是病羊排出的粪便，以及被其污染的物品、场所等；呼吸道传染病则主要是消毒空气、分泌物及污染的物品等（表3-2）。

表3-2　疫源地场所物品用具消毒

污染物	消毒方法及消毒剂参考剂量	
	细菌性传染病	病毒和真菌性传染病
空气	1.甲醛熏蒸，福尔马林用25mL/m^3，作用12h（加热法） 2.2%过氧乙酸熏蒸，用量1g/m^3，作用1h（20℃） 3.0.2%～0.5%过氧乙酸，或3%来苏尔喷雾30mL/m^{2}作用30～60min 4.紫外线60000uw·s/cm^2	1.甲醛熏蒸，福尔马林用25mL/m^3，作用12h（加热法） 2.2%过氧乙酸熏蒸，用量3g/m^3，作用90min（20℃） 3.0.5%过氧乙酸，或5%漂白粉澄清液喷雾，作用1～2h 4.乳酸熏蒸，用量10mg/m^3，加水1～2倍，作用30～90min
排泄物（粪、尿、呕吐物等）	1.成形粪便加2倍量的10%～20%漂白粉乳液，作用2～4h 2.对稀便，可直接加漂白粉，用量为粪便的1/5，作用2～4h	1.成形粪便加2倍量的10%～20%漂白粉乳液，充分搅拌，作用6h 2.对稀便，可直接加漂白粉，用量为粪便的1/5，充分搅拌，作用6h 3.尿液每100mL加漂白粉3g，充分搅拌，作用2h

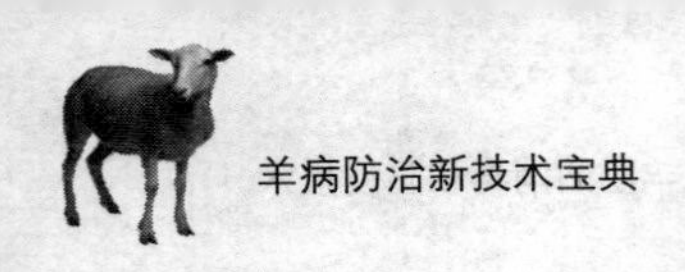

续表

污染物	消毒方法及消毒剂参考剂量	
	细菌性传染病	病毒和真菌性传染病
分泌物（鼻涕、唾液、浓汁、乳汁、穿刺液等）	1.加等量10%漂白粉或1/5量干粉作用1h 2.加等量0.5%过氧乙酸，作用30～60min 3.加等量30%～6%来苏尔，作用1h	1.加等量10%～20%漂白粉或1/5量干粉，作用2～4h 2.加等量0.5%～1%过氧乙酸，作用30～60min
运输工具	1. 0.2%～0.3%过氧乙酸，1%～2%漂白粉澄清液，喷雾或擦拭，作用30～60min 2. 3%来苏尔，0.5%季铵盐类消毒剂喷雾或擦拭，作用30～60min 3. 1%～2%的氢氧化钠热溶液喷洒或擦拭1～2h	1. 0.5%～1%过氧乙酸，5%～10%漂白粉澄清液，0.5%～1%过氧乙酸，喷雾或擦拭，作用30～60min 2. 5%来苏尔，喷雾或擦拭，作用1～2h 3. 2%～4%的氢氧化钠热溶液喷洒或擦拭2～4h
饲槽、水槽、饮水器等	1. 0.5%过氧乙酸浸泡30～60min 2. 1%～2%漂白粉澄清液浸泡30～60min 3. 0.5%季铵盐类浸泡30～60min 4. 1%～2%的氢氧化钠热溶液浸泡6～12h	1. 0.5%过氧乙酸浸泡30～60min 2. 3%～5%漂白粉澄清液浸泡1～2h 3. 2%～4%的氢氧化钠热溶液浸泡6～12h
工作服、被子等织物	1.高压蒸汽灭菌，121℃ 15～20min 2.加0.5%肥皂煮沸15min 3.甲醛25mL/m^3，作用12h 4.环氧乙烷熏蒸，用量2.5g/L作用2h 5.过氧乙酸熏蒸，用量1g/m^{3}作用60min（20℃） 6. 2%漂白粉澄清液或0.3%过氧乙酸或3%来苏尔浸泡30～60min 7. 0.02%碘伏浸泡10min	1.高压蒸汽灭菌，121℃ 30～60min 2.加0.5%肥皂煮沸15～20min 3.甲醛25mL/m^3，作用12h 4.环氧乙烷熏蒸，用量2.5g/L作用2h 5.过氧乙酸熏蒸，用量1g/m^3，作用90min 6. 2%漂白粉澄清液浸泡1～2h 7. 0.3%过氧乙酸浸泡30～60min 8. 0.03%碘伏浸泡15min
手	1. 0.02%碘伏洗手2min，清水冲洗 2. 0.2%过氧乙酸2min 3. 60%～80%乙醇，50%～70%异丙醇洗手5min 4. 0.05%洗必泰，0.1%新洁尔灭洗手5min	1. 0.5%过氧乙酸洗手，清水冲洗 2. 0.05%碘伏作用2min，清水冲洗

续表

污染物	消毒方法及消毒剂参考剂量	
	细菌性传染病	病毒和真菌性传染病
书籍、文件、纸张等	1.环氧乙烷熏蒸，用量2.5g/L，作用2h 2.甲醛熏蒸，福尔马林用量25mL/m³，作用12h	1.环氧乙烷熏蒸，用量2.5g/L，作用2h 2.甲醛熏蒸，福尔马林用量25mL/m³，作用12h
用具	1.高压蒸汽灭菌 2.煮沸15min 3.环氧乙烷熏蒸，用量2.5g/L作用2h 4.甲醛熏蒸，福尔马林用量50mL/m³，作用1h（消毒间） 5. 0.2%～0.3%过氧乙酸，1%～2%漂白粉澄清液，3%来苏尔，0.5%季铵盐类消毒剂浸泡或擦拭，作用30～60min 6. 0.01%碘伏浸泡5min	1.高压蒸汽灭菌 2.煮沸30min 3.环氧乙烷熏蒸，用量2.5g/L，作用2h 4.甲醛熏蒸，福尔马林用量25mL/m³，作用3h（消毒间） 5. 0.5%过氧乙酸，5%漂白粉澄清液，浸泡或擦拭，作用30～60min 6. 5%来苏尔浸泡或擦拭，作用1～2h 7. 0.05%碘伏浸泡10min
畜禽舍、运动场及舍内工具	1.污染草料与粪便集中焚烧 2.畜圈四壁用2%漂白粉澄清液喷雾（200mL/m³），作用1～2h 3.畜圈与野外地面，喷洒漂白粉20～40g/m³，作用2～4h；1%～2%氢氧化钠溶液、5%来苏尔溶液喷洒1000mL/m³，作用6～12h 4.甲醛熏蒸，福尔马林用量12.5～25mL/m³，作用12h（加热法） 5. 0.2%～0.5%过氧乙酸，3%来苏尔，喷雾或擦拭，作用1～2h 6. 2%过氧乙酸熏蒸，用量1g/m³，作用60min（20℃）	1.污染草料与粪便集中焚烧 2.畜圈四壁用5%～10%漂白粉澄清液喷雾（20g/m³），作用1～2h 3.畜圈与野外地面，喷洒漂白粉20～40g/m³，作用2～4h；2%～4%氢氧化钠溶液、5%来苏尔溶液喷洒1000mL/m³，作用12h 4.甲醛熏蒸，福尔马林用量25mL/m³，作用12h（加热法） 5. 0.5%过氧乙酸，5%漂白粉澄清液，喷雾或擦拭，作用2～4h 6. 2%过氧乙酸熏蒸，用量3g/m³，作用90min
医疗器械、玻璃金属制品	1. 1%过氧乙酸浸泡，作用60min 2. 0.01%碘伏浸泡30min，蒸馏水冲洗	1. 1%过氧乙酸浸泡，作用60min 2. 0.01%碘伏浸泡30min，蒸馏水冲洗

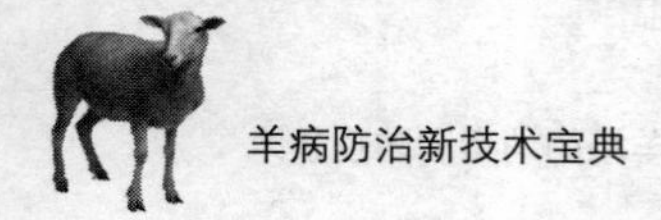

（三）消毒药品的选择、配制和使用

1.甲醛

（1）性状

甲醛又叫蚁醛，是醛类化合物中应用最早的消毒剂，迄今已有近百年的历史。甲醛是一种具有强烈刺激性臭味的无色气体，易溶于水和醇，在水溶液中主要以水合物的形式存在，水合物分离失水后聚合形成多聚甲醛。市售的甲醛消毒剂有福尔马林和多聚甲醛两种剂型。福尔马林是甲醛的水溶液，含甲醛37%～40%（还含有10%～12%甲醇，可防止甲醛聚合），为无色澄清液体，有强烈刺激性气味，呈弱酸性。多聚甲醛为白色固体，可分为粉末状、片状或颗粒状，含甲醛91%～99%，其本身无消毒作用，加热至80～100℃时产生大量甲醛气体，而表现消毒杀菌作用。

（2）作用与用途

甲醛有极强的还原活性，能与蛋白质中的氨基酸发生烷化反应，使蛋白质变性，呈现强大的杀菌作用。福尔马林能与水或醇以任何比例混合，消毒时可用水配成10%～20%的溶液（相当于4%～8%甲醛溶液），对细菌芽孢、繁殖体、病毒、真菌均有杀灭作用。福尔马林也可喷雾或加热蒸发用其气体消毒。多聚甲醛主要用于加热产生甲醛气体消毒。

（3）消毒应用

2%福尔马林用于器械浸泡消毒，5%～10%福尔马林用于固定解剖标本及保存病料。福尔马林熏蒸消毒羊舍，每立方米空间需福尔马林25mL、水12.5mL，两者混合后，再放入高锰酸钾25g，消毒时间12～24h；杀死芽孢，每立方米空间需福尔马林250mL。多聚甲醛消毒的一般用量为每立方米空间3～5g，消毒时间为10h，如大面积消毒羊舍，每立方米空间可用10g。

（4）注意事项

福尔马林宜在常温下保存，放置太久或温度降至5℃以下时易凝聚成白色沉淀的多聚甲醛，加热后可再变得澄清。使用福尔马林消毒时，应注意防止接触皮肤、黏膜，以免引起刺激和中毒。熏蒸消毒时，应将消毒空间密闭，并保持较高的环境温度和相对湿度，消毒过后打

开窗户通风20～30min，也可用氨气中和甲醛气，然后再将羊只迁入。多聚甲醛熏蒸消毒时，一般不需要密闭消毒空间。

2.漂白粉

（1）性状

漂白粉又称含氯石灰、氯化石灰。漂白粉是目前常用的消毒剂之一，它是将氯气通入消石灰中而制成的混合物，主要成分为次氯酸钙，还含有氯化钙、氧化钙、氢氧化钙和水。漂白粉为白色颗粒状粉末，有氯臭，能溶于水，溶液混浊且有多量沉渣。市售的漂白粉含有效氯25%～32%，一般以含有效氯25%计算用量。

（2）作用与用途

漂白粉的杀菌作用主要是由氧化、活性氧和氯化作用发挥的，漂白粉分解生成的次氯酸、活性氧、活性氯能使菌体破坏、蛋白质氧化，抑制细菌各种酶的活性，从而杀灭细菌，其中次氯酸的氧化杀菌作用是主要的。漂白粉价格低廉、易于生产，对细菌、病毒、噬菌体、真菌和原虫均有较好的杀灭作用。在碱性环境中杀菌力减弱，环境中有机物的存在也可减弱其杀菌作用。漂白粉对组织刺激性较大，并有漂白和腐蚀作用，一般用于水体、容器、食具、排泄物及某些器具的消毒杀菌。

（3）消毒应用

每立方米河水或井水中加漂白粉6～10g，消毒30min即可饮用。10%～20%乳剂用于羊舍、粪便和排泄物的消毒。10%的乳剂放置过夜，沉淀后的上清液即为10%澄清液；然后稀释成1%～3%浓度可用于消毒饲槽、饮水槽及其他非金属用具。0.5%澄清液可浸泡消毒无色衣物。将干粉剂与粪便以1∶5的比例混合均匀，可进行粪便消毒。

（4）注意事项

漂白粉易从空气中吸湿成盐，使有效氯散失，所以必须保存在密闭、干燥的容器内，即使妥善保存，其有效氯每月要损失1%～3%，当有效氯含量低于15%时即不能使用。配制漂白粉溶液应先测定其有效氯的含量，然后按校正浓度调整用药量。消毒纺织品、金属制品等时，勿使用过高浓度，作用时间不宜过长，消毒后应尽快用清水冲洗干净，以防腐蚀、漂白。消毒时应注意防止中毒，做好个人保护。

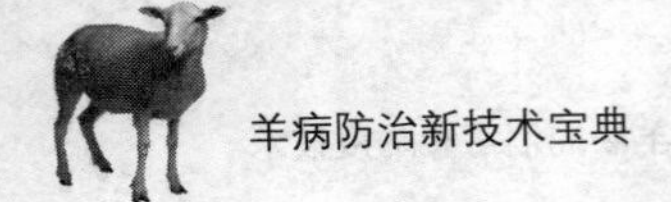

3. 过氧乙酸

（1）性状

过氧乙酸又名过醋酸。过氧乙酸为无色透明液体，具弱酸性，有很强的刺激性醋酸味，易挥发，易溶于水和有机溶剂，也能溶于硫酸。本品极不稳定，储存过程中会自然分解，遇热、金属离子、强碱、有机物等易分解。45%以上浓度的过氧乙酸，剧烈碰撞或加热可爆炸。我国市售消毒用过氧乙酸浓度多为20%，一般无爆炸危险，有效期为6个月，但稀释液只能保持药效3～7d，故应现用现配。

（2）作用与用途

过氧乙酸既具有酸的特性，又具有氧化剂的特性，杀菌效力远较一般酸与过氧化物强。过氧乙酸对细菌繁殖体和芽孢、真菌、病毒等都有高效的杀灭作用，可用于耐酸塑料、玻璃、搪瓷、橡胶制品及用具的浸泡消毒，也可用于羊舍的喷雾消毒。由于本品的分解产物对人体无毒，故可用于水果蔬菜和肉品表面的浸泡消毒。

（3）消毒应用

过氧乙酸的消毒应用广泛，针对不同的消毒对象，应采用不同的消毒方法。

（4）注意事项

过氧乙酸性质稳定，易分解，高温时保存时间短，应储存在阴凉通风处，温度不超过25℃，储存容器以聚乙烯桶或瓶为宜，切勿与其他药品、有机物随意混合，以免剧烈分解或爆炸；高浓度的药液具有强腐蚀性和刺激性，配制稀释时，谨防溅到眼内或皮肤、衣服上，如不慎溅及，应立即用水冲洗；配制消毒液时，要用清洁的水，最好用蒸馏水，因金属离子及还原性物质可加速药物分解，最好将配制用水盛放于清洁带盖的塑料容器内配制消毒液；配制好的稀过氧乙酸分解较快，应在临用前配制，配制好的消毒液不宜长期存放，常温下保存不超过2d，4℃时不要超过10d；金属制品及棉织品经浸泡消毒后，应尽快用清水冲洗干净，反复多次熏蒸消毒能使物品腐蚀或漂白，故消毒后应将有关物品洗刷，或用湿布擦净；用过氧化氢和冰醋酸液配合剂型消毒时，应在使用前1～2d配制，未经混合不得将两液直接倒入水中配制使用。

4. 过氧化氢

过氧化氢又称双氧水。过氧化氢为无色无臭的透明液体，味微酸，可生泡沫，易溶于水。过氧化氢在微量金属离子等杂质或光、热的作用下，极不稳定。纯过氧化氢极为稳定，用去离子水并加稳定剂，可配成稳定的不同浓度的溶液，兽医临床上常用的浓度为2.5% ～ 3.5%。过氧化氢可形成氧化能力很强的自由羟基，破坏蛋白质的基础分子结构，从而抑制或杀灭细菌，一定浓度的过氧化氢溶液对细菌、病毒、芽孢及真菌均有一定的杀灭作用。1% ～ 3%浓度清洗创面，能产生大量的气泡松动创伤中的脓块、血块或坏死组织，特别常用于清洁污秽的陈旧化脓创及瘘管等。以上浓度溶液对组织有刺激性，可用于环境物品的消毒杀菌，但兽医消毒中很少应用。

5. 高锰酸钾

（1）性状

高锰酸钾又名过锰酸钾、灰锰氧等。高锰酸钾为紫黑色细长的菱形结晶或颗粒，带蓝色金属光泽，无臭，性质稳定，耐储存，遇某些有机物或易氧化物（还原剂）能发生剧烈燃烧或爆炸。高锰酸钾为强氧化剂，能溶于冷水，易溶于沸水，呈紫色溶液，其水溶液在酸碱条件下均不稳定，易被醇类、亚铁盐、碘化物所分解。

（2）作用与用途

高锰酸钾通过氧化细菌体内活性基团而发挥作用，其杀菌力比过氧化氢强，还原后二氧化锰与蛋白质结合形成复合物，在低浓度时有收敛作用，高浓度时有刺激腐蚀作用。高锰酸钾能杀灭细菌繁殖体、芽孢和病毒，破坏肉毒梭菌毒素，常用于皮肤、黏膜创面、蔬菜、饮水等的消毒。

（3）消毒应用

0.02% ～ 0.1%的水溶液用于皮肤、黏膜创面冲洗及蔬菜、饮水消毒，但不宜用于肉食品消毒。0. 02%的水溶液可冲洗膀胱、子宫、阴道。在生物碱、氰化物等毒物中毒时，可用0.02% ～ 0.1%溶液洗胃，使毒物氧化而解毒。2% ～ 5%溶液用于杀死芽孢的消毒和盛肉桶箱的消毒。此外，常利用高锰酸钾的氧化特性来加速福尔马林蒸发进行空气消毒。

（4）注意事项

高锰酸钾应存放在密闭容器内，勿与还原剂（如甘油、乙醇、木炭、硫黄等）接触。水溶液暴露于空气中易分解，最好用时现配制。消毒后容器应及时清洗，以免着色太久，难以去除。因有着色之弊，故对污染物品表面一般不用高锰酸钾消毒。勿用湿手接触本品结晶，否则可被染色或腐蚀。消毒黏膜时须严格控制浓度，防止出现不良反应。当消毒物品上有机物或其他物质过多时，不宜用本药进行消毒处理。

6. 乙醇

（1）性状

乙醇俗称酒精。乙醇为无色透明液体，易挥发，可燃烧，燃烧时火焰呈淡蓝色，有较强的酒气，能与水、甘油、氯仿或乙醚按任意比例混合。市售医用乙醇的浓度，按重量计算不低于92. 3%，按体积计算不低于94. 58%。没有标明体积或质量百分比浓度的乙醇，一般以体积百分比浓度计算。

（2）作用与用途

乙醇的消毒作用与浓度的关系很大，浓度过高或过低都会使消毒作用降低，通常采用体积比浓度75%的乙醇溶液作为消毒剂，相当于质量比浓度70%左右。乙醇能使菌体蛋白质脱水、变性或沉淀，并能干扰微生物的新陈代谢，抑制繁殖，使细菌溶解，对细菌繁殖体、真菌孢子、病毒均有杀灭作用，是目前兽医临床上使用较广的一种消毒剂。但由于其大面积消毒用量较大，费用较高，故目前仅限用于局部皮肤及小型诊疗器械的消毒，特别适合于皮肤消毒杀菌。

（3）消毒应用

75%乙醇溶液浸湿棉球用于擦拭局部皮肤、手指、体温表、注射针头、药瓶盖及小件医疗器械等。

（4）注意事项

一般使用浓度勿超过80%。消毒前应尽量将表面黏附的有机物清除干净，如体温表消毒前，必须用棉球将粪便或黏液擦净。乙醇溶液应保存在有盖的容器内，以免有效成分挥发而影响消毒效果。

（5）乙醇溶液的配制

市售的医用乙醇溶液，按体积计算浓度为95%，按质量计算浓

度为92. 3%。若配制浓度为75%的乙醇溶液，可取浓度为95%乙醇75mL，加蒸馏水至总体积95mL即成；若配制质量浓度70%的乙醇溶液，可取质量浓度92. 3%乙醇70g加蒸馏水至总质量为92.3g即可。

7.石炭酸

石炭酸又名苯酚、酚。石炭酸是酚类化合物中最古老的消毒剂，为无色或淡红色针状、块状或三菱形结晶，有特殊酚臭，遇光或在空气中颜色逐渐变深，性稳定，能溶于水和酒精，忌与碘、溴、高锰酸钾、过氧化氢等配伍。本品能使蛋白质变性、凝固而呈现杀菌作用。2%～5%水溶液可处理污物，消毒用具，并用于环境喷洒消毒；0.5%石炭酸生理盐水可保存灭活疫苗；芽孢、病毒对其耐受性很强，加热至40℃使用，可增强其杀菌作用；2%及其以上浓度的石炭酸溶液对皮肤、黏膜刺激性强，若不慎接触到时，可用乙醇擦拭去除。由于石炭酸对组织的刺激和腐蚀性较大，对人有毒害作用，其消毒应用范围较小。可用它作为石炭酸系数来表示杀菌强度和效力，以便了解各种酚类消毒剂及其他消毒剂的杀菌能力。

8.来苏尔

（1）性状

来苏尔又称煤酚皂溶液、甲酚皂溶液。它是目前兽医上常用的一种酚类消毒剂，其主要成分是甲酚（煤酚），约占48%～52%，再加上植物油、氢氧化钠，经皂化作用而成。来苏尔为黄棕色至红棕色黏稠液体，有酚臭，难溶于水，与水混合则成为混浊的乳状液。性稳定，耐储存。来苏尔可与阴离子及无离子活性剂混合而不影响它的杀菌能力。

（2）作用与用途

杀菌能力比石炭酸高3倍以上，对细菌繁殖体、真菌、亲脂性病毒有一定的杀灭作用，对芽孢、亲水性病毒无作用或作用较小，常用于器械、羊舍消毒及污物处理等。

（3）消毒应用

1%～2%浓度用于皮肤、手指消毒；5%～10%浓度用于器械、羊舍地面和污物的消毒处理。

（4）注意事项

与石炭酸基本相同。配制溶液时勿使用硬度过高的水，以免降低

杀菌作用。

9.消毒净

（1）性状

消毒净也是一种季铵盐类广谱消毒剂，是生产异烟肼的副产品。消毒净为白色结晶粉末，无臭，味苦，易溶于水和乙醇，水溶液易起泡沫，具表面活性作用。耐热，可长期保存。

（2）作用与用途

在杀菌谱及消毒应用方面与新洁尔灭相似，常用浓度下杀菌效力较新洁尔灭强。因价格较贵，应用不广。

（3）消毒应用

0.02%水溶液用于冲洗口、鼻、阴道等黏膜；0.1%水溶液用于术前手的消毒，浸泡5～10min；0.05%～0.1%水溶液用于器械及橡胶制品的消毒。

（4）注意事项

与新洁尔灭相同。消毒净粉剂易吸潮，应密封保存在干燥处。

10.氢氧化钠

（1）性状

氢氧化钠又称苛性钠。氢氧化钠为白色或微黄色的块状或棒状物质，易溶于水，露置空气中易吸收二氧化碳和湿气而潮解，故需密闭保存。

（2）作用与用途

杀菌作用很强，可杀死细菌、芽孢和病毒。用于消毒羊舍、饲槽、地面等。其溶液加热后使用，消毒力和去污力都增强。

（3）消毒应用

2%的热溶液用于被细菌、病毒污染的物品和场地消毒；5%的热溶液用于炭疽芽孢污染物品和场地的消毒。粗制烧碱溶液或固体碱含氢氧化钠94%左右，一般为工业用品，价格低，常用来代替精制氢氧化钠作消毒剂用。

（4）注意事项

对人、畜皮肤有腐蚀性，对纺织品和铝制品有损害作用，消毒时应注意防护，12h后用水冲洗干净。

11.氢氧化钾

氢氧化钾又称苛性钾。其性状、作用与用途、消毒与应用及注意事项均与氢氧化钠相似。草木灰中因含有氢氧化钾和碳酸钾，故可代替本品使用，其用法为：将30kg草木灰加水湿透，然后再加适量水煮沸，过滤去渣后再加水至100L即可，其温度宜在70℃以上使用，喷洒后18h再使用一次。

12.生石灰

生石灰为白色的块状物或粉状物，主要成分为氧化钙，加水后可产热并生成氢氧化钙，俗称熟石灰或消石灰，呈弱碱性，吸湿性很强。本品可杀死多种病原菌，对芽孢无效，主要用于墙壁、地面、粪池及污水沟等的消毒。一般用生石灰1000g加水350mL，制成熟石灰粉，用于撒布、拌和消毒。本品易从空气中吸取二氧化碳变成碳酸钙沉淀而失去消毒作用，故石灰乳须现用现配，不宜久储。

13.新洁尔灭

（1）性状

新洁尔灭为淡黄色胶状液体，具有芳香气味（如产品不纯，可有令人不愉快的气味），极苦，易溶于水。澄清溶液，呈碱性反应，振摇时能产生大量泡沫。性稳定，无挥发性，可长期遮光、密封储存。

（2）作用与用途

为季铵盐类表面活性剂，有杀菌和去污作用，对化脓性病原菌、肠道菌及部分病毒有较好的杀灭作用，对结核杆菌及真菌的效果较差，对细菌、芽孢一般只能起抑制作用，通常对革兰氏阳性菌的杀灭能力较对革兰氏阴性菌为强，兽医上常用于手术前洗手、皮肤和黏膜消毒及器械消毒，也可用于饲养工具的消毒。

（3）消毒应用

0.05%～0.1%水溶液用于手术前洗手及皮肤黏膜消毒，0. 1%的水溶液用于蛋壳表面的喷雾消毒，一般温度为40～43℃，消毒时间不超过3min；0.5%～1%的水溶液用于术部皮肤及手术器械的消毒；0.15%～2%的水溶液用于羊舍空间的喷雾消毒。

14.洗必泰

（1）性状

洗必泰为双胍类化合物，是一种广谱消毒剂。目前我国生产的有醋酸洗必泰、盐酸洗必泰和葡萄糖酸洗必泰三种。醋酸洗必泰和盐酸洗必泰为白色结晶粉末，无臭，味苦，性稳定，微溶于水，稍溶于乙醇；葡萄糖酸洗必泰为无色或淡黄色液体，无臭，味苦，能与水、醇、甘油等互溶，性稳定，耐储存，多为20%的水溶液剂型。

（2）作用与用途

洗必泰的杀菌谱与季铵盐类相似，但作用较强，能杀死细菌繁殖体和真菌，但对细菌芽孢、结核杆菌仅有抑制作用。因其毒性低、刺激性小，无耐药性，且对人无副作用，是用途较广的一种消毒剂，可用于手术前洗手，术部皮肤消毒、创伤冲洗，也可用于食品加工厂器具设备、羊舍、手术室等环境喷雾或擦拭消毒。

（3）消毒应用

0.02%水溶液用于手术前洗手，浸泡时间3min；0.05%水溶液用于冲洗创伤；0.01%～0.1%水溶液用于冲洗阴道膀胱；0.1%水溶液进行器械浸泡消毒，浸泡时间10min，2周更换一次药液；0.5%的水溶液用于室内喷雾消毒或用具擦拭消毒；0.5%洗必泰酒精溶液用于手术部位皮肤消毒，效力与碘酊相当，且刺激性小。

（4）注意事项

洗必泰与阴离子表面活性剂有对抗作用。因此，不能与肥皂或洗衣粉等混合使用或前后使用，以免失效。洗必泰不宜与甲醛、红汞、高锰酸钾、硝酸银、硫酸铜、硫酸锌等药品配合使用。消毒前应尽量除去物品表面黏附的有机物质。不宜用于粪便、黏液等排泄物与分泌物的消毒。此外，由于洗必泰不能杀死芽孢和结核杆菌，故不适用于外科手术器械的消毒。

15.碘及碘制剂

（1）性状

碘与碘制剂是室温下为固体的唯一卤素，蓝黑色鳞晶或片晶，有金属光泽，具挥发性，难溶于水，易溶于酒精和甘油，在碘化钾水溶液中易溶。消毒中使用的碘制剂有：碘酊、浓碘酊、复方碘溶液、碘甘油等，其中碘酊是最常用和最有效的皮肤消毒药。

（2）作用与用途

碘有强大的消毒作用，具有渗透性，能使蛋白质卤化、沉淀，可杀死细菌繁殖体、芽孢、霉菌、病毒等，各种碘制剂杀菌作用快速，性能稳定，毒性低，易保存，是一种比较好的灭菌剂，因其价格较贵，故目前一般多在临床医疗工作中做局部消毒杀菌。

（3）消毒应用

碘酊（碘50g、碘化钾10g、蒸馏水10mL，加酒精至1000mL）用作术部、手指、小面积皮肤创伤消毒。浓碘酊（碘100g、碘化钾20g、蒸馏水20mL，加酒精至1000mL）用作皮肤刺激，治疗慢性腱炎、腱鞘炎、关节炎、骨膜炎等。复方碘溶液（碘50g、碘化钾100g，加蒸馏水至1000mL，又称鲁格氏液）用于治疗黏膜各种炎症或注入关节腔、瘘管等。碘甘油（碘50g、碘化钾100g、甘油200mL，加蒸馏水至1000mL）刺激性小，主要用于口腔黏膜溃疡、烂斑等。

16. 新型中药消毒剂“香连溶液”

香连溶液是国家发明专利，国家三类新兽药，具有广谱抗菌杀病毒，无任何毒副作用，对人畜无害，无刺激、不污染环境的巨大优势，消毒效果高于常见消毒剂，并且持续时间长，在任何条件下均可使用。香连溶液是目前很有潜力的无公害绿色消毒剂。环境消毒按1∶1000稀释，对于畜体、饮水、器具消毒按1∶500倍稀释。对于口腔溃疡、蹄部和皮肤破溃直接用原液涂抹，效果较好。

二、羊的防疫技术

（一）免疫接种的分类

免疫是动物体识别自我物质和排除异己物质的复杂的生物学反应，是动物在长期的进化过程中所形成的一种保护性生理功能。免疫具有抵抗外来病原体的感染、保持自身稳定和免疫监视的作用。正常情况下，免疫反应对动物体是有利的。只有在一些特定条件下，免疫反应也能导致不良的后果。

由遗传因素决定，羊出生后就具有的对某些病原微生物及其有毒产物的天然不感受性称为先天性免疫。这是动物在种族进化过程中，由于机体与微生物斗争的结果而建立起来的天然防御机能，例如，羊天然不感染鼻疽和猪瘟等。先天性免疫是羊的一种生物学特性，可以

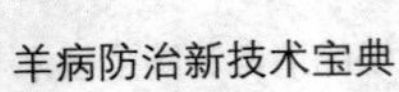

和其他的生物学特性一起遗传。羊出生后，在生长发育过程中获得的对某种病原微生物及其有毒产物的不感受性，称为获得性免疫或称后天性免疫。此种免疫具有特异性，即羊只对一定的病原体或毒素有抵抗力，而对其他的病原微生物或毒素仍有感受性。获得性免疫可分为自然自动免疫、自然被动免疫、人工自动免疫、人工被动免疫四个类型。自动免疫是动物直接受到病原微生物或其产物的作用后，由其本身自动产生的免疫；而被动免疫则是依靠已经免疫的其他机体输给抗体被动形成的免疫。

1.根据免疫接种时间分类

（1）预防接种

在经常发生某些传染病的地区，或有某些传染病潜在流行的地区，或受到邻近地区某些传染病经常威胁的地区，为了防患于未然，在平时有计划地给健康羊群进行免疫接种称为预防接种。预防接种应根据当地传染病的发生和流行的情况，拟订每年的预防接种计划。如果某一地区从未发生过某种传染病，也没有从别处传染来的可能性，就没有必要进行该传染病的预防接种。

预防接种须按合理的免疫程序进行。一个地区、一个牧场可能发生的传染病不止一种，而可以用来预防这些传染病的疫（菌）苗性质又不尽相同，免疫期长短不一。因此，往往需要多种疫（菌）苗来预防不同的病，也需要根据各种疫（菌）苗的免疫特性来合理地确定预防接种次数和间隔时间，这就是所谓的免疫程序。全国没有一个统一的免疫程序，各地（场）可根据本地区的不同情况，制定符合本地区（场）具体情况的免疫程序。

（2）紧急接种

紧急接种是在发生传染病时，为了迅速控制和扑灭疫病的流行，而对疫区和受威胁区尚未发病羊群进行的免疫接种。从理论上讲，紧急接种以使用免疫血清较为安全有效。但血清用量大、价格高、免疫期短，且在大批羊群接种时往往供不应求，因此在实践中很少应用。实践证明，在疫区内使用某些疫（菌）苗进行紧急接种也是可行的。

在疫区内用疫苗作紧急接种时，必须对所有受到传染病威胁的羊群逐只进行详细观察和检查，仅能对正常无病的羊进行紧急接种，不

能对已发病的羊进行紧急接种。

2.根据羊获得免疫的途径分类

（1）自然自动免疫

羊自然感染了某种传染病痊愈后，常能获得对该病的免疫力，称这种免疫为自然自动免疫。此外，由于经受了某种不显临床症状的隐性感染或轻微感染之后，能产生这种免疫。

（2）自然被动免疫

羊在胚胎发育时期，通过胎盘或出生后通过初乳，由免疫母体被动地获得抗体而形成的免疫称为自然被动免疫。其持续时间很短，因而仅为幼畜所享有。羊的母体血液循环与胎儿血液循环之间隔着多层膜，所以母源抗体一般不能经胎盘而仅能在出生后从初乳中接受抗体，羊出生后及时喂给初乳是相当重要的。

（3）人工自动免疫

羊出生后接种菌苗、疫苗或类毒素等生物制品刺激以后，所产生的免疫称人工自动免疫。免疫持续时间与生物制品的性质、机体的反应性等因素不同而不同。接种弱毒活苗产生的免疫，有效期比较长；而接种灭活苗所形成的免疫，只能维持4～6个月。人工自动免疫是相对的免疫，即使免疫力很强的机体，其免疫状态也可能为病原微生物的大量入侵所破坏而发生传染病。因此，为了预防和控制传染病，除了按规定定期地给羊注射菌苗、疫苗或类毒素等生物制品外，还要注意提高机体的一般抵抗力，同时必须认真贯彻执行各种防疫和检疫制度。

（4）人工被动免疫

人工被动免疫是指给羊注射含抗体的高免血清、免疫球蛋白或康复动物的血清后所获得的免疫。此外，为了治疗先天性或后天性免疫缺陷，也可对贵重的羊，特别是种羊输入转移因子、干扰素、胸腺素、相容性组织抗原的同种供体淋巴细胞或进行骨髓移植、胎儿胸腺移植，这也属于人工被动免疫的范畴。这种免疫产生迅速，注射免疫血清数小时后，机体可建立免疫性。但其持续时间短，一般仅为2～3周，这种免疫多作用于紧急预防或治疗。临床上，为了预防初生羊的某些传染病，可先期给妊娠母畜注射菌苗或疫苗，使其获得或加强抗该病的免疫力，待分娩后，经初乳授予仔畜以特异性抗体，从而建立相应

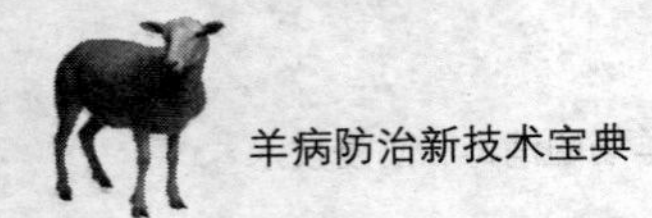

的免疫性。这种方式是人工自动免疫和天然被动免疫的综合应用。

（二）疫苗类型

常用于羊的疫（菌）苗种类较多，其保存、运输和使用方法应严格按照说明书要求执行，使用前要注意其品种、数量、有效期和瓶签上的说明。表3-3列出了羊常用的疫苗种类和一些说明。

表3–3 常用疫苗

疫苗名称	预防的疾病	接种方法和说明	免疫期
无毒炭疽芽孢苗	炭疽	绵羊，皮下注射0.5mL，注射后14d产生坚强的免疫力；山羊不能用	1年
第Ⅱ号炭疽芽孢菌	炭疽	皮下注射1mL，注射后14d产生免疫力	1年
炭疽芽孢氢氧化铝佐剂苗	炭疽	一般称浓芽孢苗，即无毒炭疽芽孢苗或第Ⅱ号炭疽芽孢苗的浓缩制品，使用时以1份浓苗加9份20%氢氧化铝胶稀释剂，充分混匀后即可注射，其用法用途与各自芽孢苗相同，一般使用本苗可减少注射反应	1年
布鲁氏菌猪型二号苗	布鲁氏菌病	口服接种：山羊、绵羊100亿活菌 气雾接种：山羊、绵羊20亿～50亿活菌 皮下或肌肉注射：山羊25亿活菌，绵羊50亿活菌	2年
布鲁氏菌羊型五号苗	布鲁氏菌病	皮下注射：山羊、绵羊10亿活菌 室内气雾免疫：山羊、绵羊25亿活菌 室外气雾免疫：山羊、绵羊50亿活菌 口服（饮水或灌服）：山羊、绵羊250亿活菌	1.5年
破伤风明矾沉降类毒素	破伤风	山羊、绵羊，皮下注射0.5mL，注射后一个月产生免疫力	1年
破伤风抗毒素	破伤风	供紧急预防或治疗用，皮下或静脉，治疗时可重复注射一至数次 预防用量：1200～3000IU 治疗用量：5000～20000IU	2周
羊快疫、猝疽、肠毒血症三联灭活苗	羊快疫、羊猝疽、羊肠毒血症	成年羊和羔羊一律皮下或肌肉注射5mL，注射后两周产生免疫力	6个月
羔羊痢疾灭活疫苗	羔羊痢疾	怀孕母羊分娩前20～30d皮下注射2mL；第二次于分娩前10～20d皮下注射3mL；第二次注射后10d产生免疫力	母羊5个月；经乳汁可使羔羊被动免疫

续表

疫苗名称	预防的疾病	接种方法和说明	免疫期
羊黑疫、羊快疫混合灭活疫苗	羊黑疫、羊快疫	氢氧化铝菌苗：羊不论大小均皮下或肌肉注射3mL，14d后产生免疫力	1年
羔羊大肠杆菌病灭活疫苗	大肠杆菌病	3个月～1岁的羊，皮下注射2mL，3个月以上的羔羊，皮下注射0.5～1mL；注射后14d产生免疫力	5个月
羊厌氧性菌氢氧化铝甲醛五联灭活疫苗	羊快疫、羔羊痢疾、羊猝疽、羊黑疫、肠毒血症	羊不论年龄大小，均皮下或肌肉注射5mL，注射后14d产生可靠的免疫力	6个月
肉毒梭菌（C型）灭活疫苗	肉毒梭菌中毒	绵羊皮下注射4mL	1年
山羊传染性胸膜肺炎氢氧化铝灭活疫苗	山羊传染性胸膜肺炎	皮下注射：6个月以下的山羊3mL，6个月以上的5mL；注射后14d产生免疫力，本品限于疫区内使用，注射前应检查体温和健康状况，凡发现有病的不予注射，注射后10d内要经常检查，有不良反应者应进行治疗	1年
羊痘鸡胚化弱毒疫苗	羊痘	冻干苗按瓶签上的用量，用生理盐水50倍稀释，振荡均匀后，羊不论大小，一律皮内注射0.5mL，注射后6d产生免疫力	1年
羊链球菌病活疫苗	山羊、绵羊败血性链球菌病	注射用苗以生理盐水稀释，气雾用苗以蒸馏水稀释，每只羊皮下注射1mL（含50万活菌），2岁以下减半量	1年
伪狂犬病弱毒细胞苗	伪狂犬病	冻干苗先加3.5mL中性磷酸盐缓冲液恢复原量，再稀释20倍，4月龄以上至成年绵羊肌肉注射1mL，注苗后6d产生免疫力	1年

（三）疫苗的运输与保存

1.羊疫苗的运输

疫苗的存放和使用一般不在同一地方，存在运输问题，总是有远有近。因此，疫苗运输包括长途运输和短途运输。但不管远近，都必须遵循避光、低温冷藏的原则。

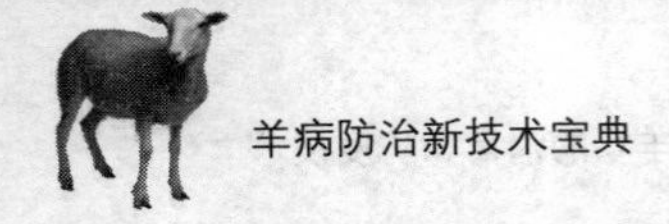

（1）近距离运输

可以用泡沫箱或保温瓶装上疫苗后，还要加适量冰块或冰袋，然后立即盖上泡沫箱盖或瓶盖，再用塑胶布封严方可起运，路上不要停留，尽快赶到目的地，放入冰箱中或立即使用。

（2）远距离运输

需要使用专用冷藏车才可进行长途运输，路上还应检查冷藏设备的运行情况，以确保运输安全。到达后，应尽快入库冷藏。

2.羊疫苗的保存

疫苗属生物制品，保存时应避光，切不可在日光下暴晒和紫外线下照射，生物制剂都需低温冷藏。弱毒类冻干苗需在−20℃以下保存，保存时间不超过两年。一些进口弱毒类冻干苗和灭活苗类需在2～8℃环境下保存，时间一般为一年。组织细胞苗，需在−196℃的液氮中保存，但所有生物制品保存时都应防止温度忽高忽低，更不应反复冻融。

（四）疫苗使用的注意事项

免疫接种是一种主动保护措施，通过激活免疫系统，建立免疫应答，使机体产生足够的抵抗力，从而保证群体不受病原侵袭。免疫反应是一个生物学过程，不可能对群体提供绝对的保护。影响免疫效果的因素有：遗传和环境因素；因患病、应激反应，导致的免疫反应受到抑制；疫苗使用不当等。

1.疫苗注射时的注意事项

① 要准备好预防接种的表格和给羊编号的器具，注射完毕后发给饲养员。

② 兽医人员接种时需穿工作服和胶鞋，必要时戴口罩，工作前后均需洗手消毒，工作中不吸烟和吃食物。

③ 接种时，应严格执行消毒及无菌操作，注射器、针头、镊子等用毕后浸泡于消毒液中，时间至少1h，洗净揩干后用白布分别包装好，煮沸消毒15min。冷却后，再在无菌条件下装配注射器，包以消毒纱布，纳入消毒盒内待用。

④ 吸取疫苗时，先除去封口上的火漆或石蜡，用酒精棉球消毒瓶塞，瓶塞上固定一个针头专供吸取药液，吸液后不拔出，上盖酒精棉花，以便再次吸取。

⑤ 疫苗使用前，必须充分振荡，使其均匀混合才能应用。免疫血清则不应振荡，沉淀不应吸取，并需随吸随注射。须经稀释后才能使用的疫苗，应按说明书的要求进行稀释。已经打开或稀释过的疫苗，必须当天用完，未用完的处理后弃去。

⑥ 每注射一只羊换一个针头，以防针头带菌。

⑦ 针筒排气溢出的药液，应吸积于酒精棉上，并将其收集于专用瓶内，用过的酒精或碘酊棉放于废物桶内，尚未用完的药液都放入专用瓶内，集中毁之。

2. 紧急接种时的注意事项

发生和流行某种传染病时，为了迅速控制和扑灭疫病的流行，而对受威胁区和疫区内未发病的羊进行应急性的接种。紧急接种时应注意以下几点。

① 要考虑到该传染病的流行规律、地理环境、交通等具体情况和条件，划定疫区、疫点、受威胁区。

② 紧急接种应在确诊的条件下进行。

③ 接种的顺序应从受威胁区开始，逐头注射以形成一个免疫带；然后是疫区内假定健康羊；再是可疑羊；最后是少数病毒性传染病，也可用疫苗进行注射。

④ 紧急接种时，每注射一只羊应调换一个针头。

⑤ 病羊的接种，特别是病毒性传染病，应采用5～10倍的剂量紧急接种，配合对症治疗，以达到治疗该疾病的目的。

⑥ 紧急接种应与隔离、消毒相结合，必要时与封锁等措施相结合。

3. 影响疫苗接种效果的因素

接种时间、剂量、注射部位、疫苗质量等都会影响免疫效果。在集约化生产操作中，这些方面容易出现问题。接种疫苗后，建立免疫应答，产生免疫力，需要一定的时间，为2～3周。如果希望某个羊在某时间内对某病具有抵抗力，就必须在此时间之前的某时间范围内进行免疫接种。集约化的生产往往集中进行各项工作，集中使用疫苗，于是对各群体同时进行免疫接种。操作仓促或时间延误，就会造成某些免疫过早，某些免疫过迟。所以，免疫接种时间和数量要精心组织，严格按要求进行。注射剂量同样影响免疫效果，用量不足，不足以激活免疫系统；用量过大，可能因毒力过大造成接种强毒，反而致病。有些疫苗对接种部位有特别要求，疫苗只有接种到要求的部位，机体才会建立快速的免疫应答。部位不准，则效价降低或无效。怀疑羊群有某种疾病，接种疫苗后又没有效果，应对病羊进行实验室诊断或送有关部门进行检测。有时可能是同一类疾病，但病原的血清型不同，也有可能属另一类疾病。遇有这种情况，建议到有关部门，用本羊场病料制作疫苗，然后用于羊群免疫，效果较好。某些病甚至可以用强毒病料直接接种，但这一措施迫不得已时才使用。

4.疫苗接种后的反应

尽管生产疫苗技术有了很大的发展，但少数动物注射疫苗后，可出现如下反应。

① 全身反应　有少数动物在注射疫苗后，会产生过敏性休克，如震颤、流涎、腹胀、肺水肿及流产等；有时还会出现皮下水肿、瘙痒、皮肤出疹或渗出性湿疹、淋巴结肿大。有的动物注射疫苗后，可见到食欲减少、发热、产蛋下降等症状，特别是用油佐剂疫苗时更为明显。另外，还有部分疫苗存在着残余致病力。

② 局部反应　在使用灭活苗时多见，以注射部位水肿为特征，但很快消失。在炎症反应的病例，根据所用油剂的性质以及疫苗成分对注射部位的刺激作用，病变不同程度表现出坏死和化脓。油佐剂可引起肌肉变性、肉芽肿、纤维化或脓肿。预防性注射一般不出现反应，事实证明，大面积预防注射，由于疫苗问题而发生反应，是少见的。所谓全身反应，一般表现为食欲减退、体温升高、流产等。

（五）疫苗免疫接种的方法

1.肌肉注射法

适用于接种弱毒或灭活疫苗，注射部位在臀部及颈部两侧，一般使用16～20号针头。

2.皮下注射法

适用于接种弱毒或灭活疫苗，注射部位在股内侧、肘后。用大拇指及食指捏住皮肤，注射时，确保针头插入皮下，为此进针后摆动针头，如感到针头摆动自如，推压注射器的推管，药液极易进入皮下，无阻力感。如插入皮内，摆动针头时带动皮肤，且推动药液时可感到

有阻力。

3. 皮内注射法

注射部位为颈外侧和尾根皮肤皱襞，注射部位如有被毛的应先将其剪去，必要时清洗注射部位的污垢。用酒精棉花消毒后，左手拇指与食指顺皮肤的皱纹，从两边平行捏起一个皮褶，右手持注射器使针头与注射平面平行刺入，即可刺入皮肤的真皮层中。应注意，刺时宜慢，以防刺出表皮或深入皮下。同时，注射药液后，在注射部位有一豌豆大或蚕豆大小的泡，且小泡会随皮肤移动，则证明确实注入皮内。然后用酒精棉球消毒皮肤针孔及周围。如作羊的尾根皮内注射，应将尾翻转，注射部位用酒精棉花消毒后，以左手拇指和食指将尾根皮肤绷紧，针头以与皮肤平行方向慢慢刺入，并缓慢推入药液，如注射处有一豌豆大小的小泡，即表示注射成功。目前此法一般适用于羊痘弱毒疫苗等少数疫苗。

4. 口服法

数量较多的羊逐头进行免疫，接种费时费力，且不能于短时间内达到全群免疫。因此，将疫苗均匀地混于饲料或饮水中，经口服后而获得免疫。口服免疫时，应按羊只数和每头羊的平均饮水量及吃食量，准确计算疫苗用量。

为了使口服达到一定的效果，需注意以下问题。

① 免疫前应停饮或停喂半天，以保证饮喂疫苗时每头羊都能饮一定量的水或吃入一定量的饲料。

② 稀释疫苗的水应用纯净的冷水，不能用含有消毒药物的水，在饮水中最好能加入0.1%的脱脂奶粉。

③ 混有疫苗的饲料或饮水的温度，以不超过室温为宜。

④ 疫苗混入饲料或饮水后，必须迅速口服，不能超过2～3h，最好在清晨，还应注意不要把疫苗暴露在阳光下。

⑤ 用于口服的疫苗必须是高效价的。

第四章　羊的主要传染病

一、羊快疫

羊快疫是绵羊的一种急性传染病，以突然发病、病程短促、皱胃黏膜呈出血性炎性损害为特征。

【病原】

本病的病原是腐败梭菌，可产生多种毒素。在动物体内外均能产生芽孢，不形成荚膜。一般要使用强力消毒药如20%漂白粉、3%～5%氢氧化钠等才能将其杀死。

【流行特点】

病羊多为6～18月龄营养较好的绵羊，山羊较少。多发于春、秋季节，羊采食了污染的饲料或饮水，当外界存有不良诱因，如气候骤变、阴雨连绵、体内寄生虫等时都可诱发本病。以散发为主，发病率低而病死率高。

【症状】

最急性型：病羊突然停止采食和反刍，磨牙，腹痛，呻吟，四肢分开，后躯摇摆，呼吸困难，口鼻流出带泡沫的液体。痉挛倒地，四肢呈游泳状，2～6h死亡。

急性型：病初精神不振，食欲减退，行走不稳，排粪困难，卧地不起，腹部膨胀，呼吸急促，眼结膜充血，呻吟流涎。粪便中带有炎性产物或黏膜，呈黑绿色。体温升高到40℃以上时呼吸困难，不久后

死亡。

【病理变化】

可见刚死的羊皱胃底部及幽门附近的黏膜常有颜色略低于周围正常黏膜的出血斑块和坏死区，黏膜下组织水肿，胸、腹腔及心包积液，心的内外膜和肠道有出血点，胆囊多肿胀。肾肝等实质器官有不同程度的淤血。

【诊断】

在羊生前诊断本病有困难，根据临床症状只能初步诊断，死后剖检可见皱胃出血，确诊需进行细菌学检验。

【防治措施】

（1）预防

由于本病的病程短促，往往来不及治疗。因此，必须加强平时的防疫措施。当牧场发生本病时，将病羊隔离，对病程较长的病例施行对症治疗。当本病发生严重时，转移牧地，可收到减少或停止发病的效果。因此，应将所有未发病羊转移到高燥地区放牧，加强饲养管理，防止受寒感冒，避免羊只采食冰冻饲料，早晨出牧不要太早。同时用菌苗进行紧急接种。在本病常发地区，每年可定期注射“羊快疫、猝疽、肠毒血症三联苗”，或“羊快疫、猝疽、肠毒血症、羔羊痢疾、黑疫五联苗”。

（2）治疗

病羊往往来不及治疗而死亡。对病程稍长的病羊，可治疗。

① 青霉素，肌内注射，每次80万～160万IU，每天2次。

② 磺胺嘧啶，灌服，每次每千克体重5～6g，连用3～4次。

③ 10%～20%石灰乳，灌服，每次5～100mL，连用1～2次。

④ 复方磺胺嘧啶钠注射液，肌内注射，每次每千克体重0.015～0.02g，每天2次。

⑤ 磺胺脒，每千克体重8～12g，第1天1次灌服，第2天分2次灌服。

二、羊肠毒血症

羊肠毒血症又称软肾病、类快疫，是由魏氏梭菌在羊肠道内繁殖

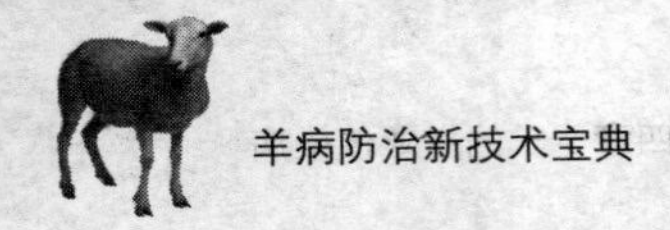

产生毒素所引起的绵羊急性传染病。

【病原】

魏氏梭菌为革兰氏阳性的厌气粗大杆菌，可形成荚膜，故又称为产气荚膜杆菌，可产生多种肠毒素，导致全身性毒血症。

【流行特点】

以绵羊发病为多，山羊较少，通常以2～12月龄、膘情好的羊为主。经消化道而发生内源性感染。春夏之交或秋季牧草结籽后的一段时间发病为多。多呈散发性流行。

【症状】

该病发生突然，病羊呈腹痛、肚胀症状，常离群呆立、卧地或独自奔跑。濒死期发生肠鸣或腹泻，排出黄褐色水样粪便。全身颤抖，磨牙，头颈向后弯曲，口鼻流沫，常于昏迷中死亡。体温一般不高。血、尿常规检查常有血糖、尿糖升高现象。

【病理变化】

皱胃内常见残留未消化的饲料。肾脏软化如泥样，肠充血、出血，严重者整个肠段肠壁呈血红色。体腔积液，心脏扩张，心内、外膜有出血点，脑膜出血，脑实质内有液化性坏死灶，全身淋巴结肿大，切面黑褐色。

【鉴别诊断】

① 与炭疽的鉴别　炭疽可致各种年龄羊发病，临床诊断有明显的体温反应，黏膜呈蓝紫色，死后尸僵不全，天然孔流血，脾脏高度肿大。细菌学检查可发现有荚膜的炭疽杆菌。

② 与巴氏杆菌病的鉴别　巴氏杆菌病病程多在1d以上，临床表现有体温升高，皮下组织出血性胶样浸润，后期呈现肺炎症状。病料涂片可见革兰氏阴性、两极浓染的巴氏杆菌。

③ 与大肠杆菌病的鉴别　大肠杆菌病多发于6周龄以内的小羊；肾脏表面多青紫色，但不软化；各脏器内可培养出大肠杆菌。

【防治措施】

（1）预防

农区、牧区春夏之际少抢青、抢茬；秋季避免吃过量结籽饲草；发病时搬圈至高燥地区。常发区定期注射羊厌气菌病三联苗或五联苗，

大小羊只一律皮下或肌内注射5mL。

（2）治疗

该病由于病程短促，往往来不及治疗。病程稍长者，可用青霉素80万～160万IU，肌内注射，1日2次；或内服磺胺嘧啶，1次5～6g，连服3～4次；或将10%安钠咖10mL加于5%葡萄糖溶液500～1000mL中静脉滴注；也可内服10%～20%石灰乳，1次50～100mL，连服1～2次。

三、羊痘

羊痘是羊的一种急性、热性、接触性传染病。该病以无毛或少毛的皮肤和黏膜上生痘疹为特征。

【病原】

病原为羊痘病毒，有山羊痘和绵羊痘两种，它们之间一般不会形成交叉感染。绵羊痘是由绵羊痘病毒引发，是多种家畜痘病中危害最严重的一种热性接触性传染病，具有典型病理过程。以在无毛或少毛的皮肤和黏膜上发生特征性痘疹为表现。山羊痘的病原为山羊痘病毒，该病较少见，其临床症状和病理变化与绵羊痘相似，但症状较轻。羊痘病毒对热、直射阳光、碱和大多数常用消毒药（酒精、碘酊、红汞、福尔马林、来苏尔、石炭酸等）均较敏感。该病毒耐干燥，在干燥的疮皮内能成活数年，在干燥羊舍内可存活8个月。

【流行特点】

该病主要通过呼吸道及飞沫和尘土传播，也可通过损伤的皮肤及消化道传播。被病羊污染的用具、饲料、垫草，病羊的粪便、分泌物、皮毛和体外寄生虫都可成为传播媒介。该病多发生于春秋两季，常呈地方性流行或广泛流行。

【症状】

病初体温升高至41～42℃，精神不振，食欲减退，拱腰发抖，眼睛流泪，咳嗽，鼻孔有黏性分泌物。2～3d后在羊的嘴唇、鼻端、眼睛周围、乳房、肛门周围及四肢内侧等处的皮肤上发生红疹，继而体温下降，红疹逐渐突出，形成丘疹。数日后丘疹内有浆液性渗出物，中心凹陷，形成水疱，再经3～4d水疱化脓形成脓疱，以后脓疱干燥结痂，再经4～6d痂皮脱落遗留红色疤痕。该病多继发肺炎或化脓性乳房炎，怀孕后期的母羊多流产。有的病例不呈现上述典型经过，仅出现体温升高或出少量痘疹，或痘疹呈结节状，在几天内干燥脱落，有的病例见痘内出血，呈黑色痘。有的病例痘疱发生化脓或坏疽，形成较深的溃疡，致死率很高。

【病理变化】

病变在前胃或皱胃的黏膜上往往有大小不等的圆形或半圆形坚实的结节，单个或融合存在。有的引起前胃黏膜糜烂或溃疡，咽和支气管黏膜也常有痘疹，肺有干酪样结节和卡他性肺炎区，淋巴结肿大。

【诊断】

根据临床症状结合病理变化可作出诊断。应注意与羊口疮、口蹄疫、羊快疫等病区别。

【防治措施】

（1）预防

每年春季不论羊只大小，一律在股内侧或尾下皮内注射稀释好的山羊痘疫苗0.5mL，免疫期一年，羔羊应在7月龄时再注射一次。

（2）治疗

对羊痘的治疗目前无特效药，主要是做好预防和对症治疗。在痘疹上或溃烂处涂碘甘油、紫药水等，结节可用针挑破涂以碘酊。体温升高时为防继发乳房炎，可肌肉注射青霉素、链霉素。用量为青霉素160万～240万IU，链霉素100万～200万IU，每日两次，羔羊酌减。病愈后的羊可产生终身免疫。

四、山羊传染性胸膜肺炎

羊传染性胸膜肺炎又称羊支原体性肺炎，是由支原体引起的羊的一种高接触性传染病。本病以发热、咳嗽、浆液性和纤维蛋白性肺炎以及胸膜炎为特征。

【病原】

引起山羊支原体性肺炎的病原体为丝状支原体山羊亚种。丝状支原体山羊亚种对理化因素抵抗力弱，对红霉素高度敏感，四环素和氯霉素对其也有较强的抑制作用，但对青霉素、链霉素不敏感；而绵羊

肺炎支原体则对红霉素不敏感。

【流行特点】

自然条件下，丝状支原体山羊亚种只感染山羊，以3岁以下的羊发病为主；而绵羊肺炎支原体则可感染山羊和绵羊。病羊为主要传染源，病羊肺组织以及胸腔渗出液中含有大量病原体，耐过羊在相当长的时期内也可成为传染源。本病常呈地方性流行，主要通过空气、飞沫经呼吸道传播，接触传染性强。阴雨连绵，寒冷潮湿，营养缺乏，羊群密集、拥挤等不良因素易诱发本病。

【症状】

潜伏期平均18～20d。病初体温升高，精神沉郁，食欲减退。随即咳嗽，流浆液性鼻涕。4～5d后咳嗽加重，干咳而痛苦，浆液性鼻涕变为黏脓性，常粘在鼻孔、上唇等处，呈铁锈色。病羊多在一侧出现胸膜肺炎变化，肺部叩诊有实音区，听诊肺呈支气管呼吸音或呈摩擦音，触压胸壁，羊表现敏感、疼痛。病羊呼吸困难，高热稽留，眼睑肿胀，流泪或有黏液、脓性分泌物，腰背起伏作痛苦状。怀孕母羊可发生流产，部分羊肚胀腹泻，有些病例口腔溃烂。病羊在濒死前体温降至常温以下，病期多为7～15d。

【病理变化】

胸腔常有淡黄色积液，常呈纤维蛋白性肺炎；肺实质硬变，切面呈大理石样变化。胸膜增厚而粗糙，常与肋膜、心包膜发生粘连。支气管淋巴结、纵隔淋巴结肿大，切面多汁并有出血点。心包积液，心肌松弛、变软。肝脏、脾脏肿大，胆囊肿胀。肾脏肿大，被膜下可有小点状出血。

【诊断】

根据临床症状和病理变化可作出诊断。

【防治措施】

① 坚持自繁自养，勿从疫区引进羊只；加强饲养管理，增强羊的体质；对从外地引进的羊，严格隔离，检疫无病后方可混群饲养。

② 本病流行区坚持免疫接种。山羊传染性胸膜肺炎氢氧化铝灭活疫苗，半岁以下羊只皮下或肌内接种3mL，半岁以上羊接种5mL；如当地羊群疾病由于羊肺炎支原体所引起，可使用绵羊肺炎支原体灭活

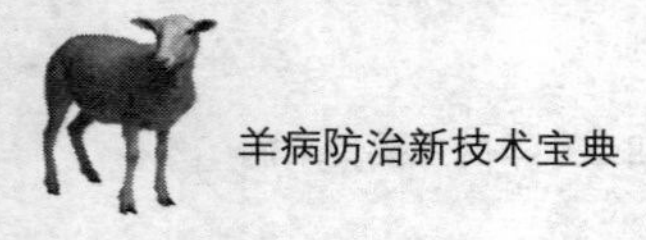

疫苗。

③ 羊群发病，及时进行封锁、隔离和治疗。污染的场地、厩舍、饲养用具以及粪便、病死羊的尸体等进行彻底消毒或无害处理。

④ 治疗可选用土霉素，每日每千克体重20～50mg，分2～3次服完。氯霉素，每日每千克体重30～50mg，分2～3次服完。3～5d为一疗程。也可使用磺胺类药物如复方新诺明等进行治疗。

五、羊布氏杆菌病

布鲁氏菌病又称布病，是由布鲁氏菌引起的人兽共患的传染病。该病在我国民间也被称为“波浪热”“流产病”“懒汉病”或“爬床病”等。

【病原】

病原为羊型布鲁氏菌，又称马耳他布鲁氏菌。它存在于病畜的生殖器官、内脏和血液中。该菌对寒冷的抵抗力较强，低温下可存活1个月左右。干燥的土壤中可存活37d，在冷暗处和胎儿体内可存活6个月。巴氏消毒法可以杀灭该菌，70℃ 10min也可杀死，高压消毒瞬间即亡。该菌对消毒剂较敏感，1%来苏尔、2%的福尔马林、5%的生石灰水15min可杀死该菌。

【流行特点】

该病的传染源主要是病畜及带菌动物，最危险的是受感染的妊娠母畜，在流产和分娩时，将大量病原随胎儿、胎水和胎衣排出。本病主要通过采食被污染的饲料、饮水，经消化道感染。经皮肤、黏膜、呼吸道以及生殖道也能感染。与病羊接触、加工病羊肉而不注意消毒的人也易感本病。本病不分性别、年龄，一年四季均可发生。

【症状】

本病常不表现症状，而首先被注意到的症状是流产。流产前食欲减退、口渴、委顿、阴道流出黄色黏液。流产多发生于怀孕后的第三、四个月。流产母羊多数胎衣不下，继发子宫内膜炎，影响受胎。公羊表现睾丸炎，阴囊肿胀托地，行走困难，拱背，饮食减少，逐渐消瘦，失去配种能力。还有乳房炎、支气管炎、关节炎等症状。

【病理变化】

病变主要发生在生殖器官。急性期时附睾尾比正常大1～2倍，

精索呈结节或串珠状。胎盘水肿，子叶出血、坏死。胎儿皱胃中有淡黄色或白色黏液絮状物，脾和淋巴结肿大，肝出现坏死灶，胃肠和膀胱的浆膜与黏膜下可见有点状或线状出血。

【诊断】

根据流行病学、临床症状、流产胎儿及胎膜的变化即可确诊。目前最常用的诊断方法是血清学诊断。其中以平板凝集试验或试管凝集试验为准。

【防治措施】

目前，本病尚无特效的药物治疗，只有加强预防检疫。

（1）定期检疫

羔羊每年断乳后进行一次布氏杆菌病检疫。成羊两年检疫一次或每年预防接种而不检疫。对检出的阳性羊要捕杀处理。

（2）免疫接种

当年新生羔羊通过检疫呈阴性的，用“2号弱毒活菌苗”内服或注射。羊不分大小每只灌服500亿个活菌。疫苗注射，每只羊25亿个活菌，肌内注射。

六、羊炭疽

炭疽病是一种人兽共患的急性、热性、败血性传染病，羊易患此病，绵羊、山羊可互相传染，绵羊更易感染。

【病原】

病原为炭疽杆菌，其在病羊体内不形成芽孢，但在外界适宜的条件下可形成芽孢，芽孢呈椭圆形或圆形，形成芽孢的炭疽杆菌抵抗力非常强，在土壤中可存活10年以上。进行串珠试验时，炭疽菌呈串珠状或长链状。

【流行特点】

病羊是主要传染源，病羊及其排泄物常有大量菌体。若尸体处理不当，炭疽杆菌形成芽孢并污染土壤、水，羊吃了污染的饲料或饮水而感染，也可经消化道、呼吸道或由吸血昆虫叮咬而感染，皮肤破损时也有被侵入的危险。一年四季均可发生，但以夏季多雨季节发生较多。常呈散发或地方性流行。

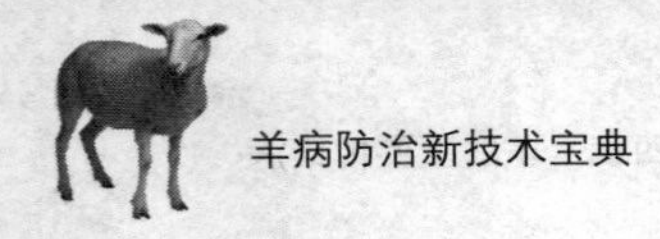

【症状】

本病的潜伏期一般为1～5d。急性者，病羊突然发病，行走不稳或倒地，磨牙，全身痉挛，呼吸急促。口、鼻、肛门流出暗红色不易凝固的血液，数分钟内死亡。病程较慢者，可延续数小时，表现不安、战栗、呼吸困难和天然孔出血等。

【病理变化】

死于急性炭疽病的羊，天然孔流出凝固不良的血液，尸体很快发生膨胀腐败，尸僵不全。脾脏肿大，全身淋巴结出血和肿大，内脏充血和出血，皮下有胶冻样水肿。

【诊断】

根据流行特点和症状。

【防治措施】

（1）预防

① 免疫接种　在发生过炭疽病的地区，皮下注射炭疽2号芽孢苗，每年1次。

② 隔离封锁、紧急接种　疾病发生时，应立即封锁发病场所，并及时报告当地兽医防疫部门。病羊的尸体及粪便、垫草和其他废弃物品，应进行焚烧或深埋，深埋地点应远离水源、道路及牧地。被病羊污染的圈舍、场地、饲具，用20%漂白粉溶液或0.2%的升汞溶液消毒。并对羊群进行紧急预防接种。

（2）治疗

① 抗炭疽血清30～60mL，皮下或静脉注射，12h后再注射1次。

② 青霉素第一次用160万单位，以后每隔4～6h用80万单位，肌内注射。

③ 链霉素200万单位，肌内注射，每日2次。

七、破伤风

破伤风又名锁口风、耳直风，是由破伤风梭菌经伤口感染引起的一种急性、中毒性传染病。其特征为全身或部分肌肉发生痉挛性收缩，躯体出现强直症状。本病散发，无季节性。

【病原】

病原为破伤风梭菌。该菌又称强直梭菌，多单个存在，形成芽孢。本菌为厌氧菌，一般消毒药如10%碘酊、10%漂白粉液及30%过氧化氢均能在短时间内将其杀死。但其芽孢具有很大的抵抗力，煮沸10～90min才能被杀死。在土壤表层能存活数年。本菌对青霉素敏感，磺胺药次之，链霉素无效。

【流行特点】

本病通常由伤口污染含有破伤风梭菌芽孢的物质引起。当伤口小而深，创伤内发生坏死或创口被泥土、粪便、痂皮封盖或创内组织损伤严重、出血、有异物，或在需氧菌混合感染的情况下，破伤风梭菌才能生长发育、产生毒素，引起发病。母羊多发生于产死胎和胎衣不下的情况下，有时是由于难产助产中消毒不严格，以致在阴唇结有厚痂的情况下发生本病。也可以经胃肠黏膜的损伤感染。病菌侵入伤口以后，在局部大量繁殖，并产生毒素，危害神经系统。由于本菌为专性厌氧菌，故被土壤、粪便或腐败组织所封闭的伤口，最容易感染和发病。

【主要症状和病理变化】

本病的潜伏期为5～20d，但在特殊情况下可能延长。羊感染后，四肢僵硬，头向后仰，初发病时仅步行稍不自然，不易引起饲养员的特别注意。病势发展时，则双耳直硬，牙关紧闭，不能吃东西，口腔内黏液多。颈部及背部强硬，头偏于一侧或向后弯曲。症状轻微时，脉搏和体温无大变化。严重时，体温增高，脉搏细而快，心脏跳动剧烈。病的后期，常因急性胃肠炎而发生腹泻。死亡率很高。本病病理变化无特征性。

【诊断】

根据创伤史和典型的临床症状即可做出初步判断。确诊需要从创伤感染部位取材，进行细菌的分离和鉴定，结合动物实验进行诊断。本病要注意与马钱子中毒、癫痫、脑膜炎、狂犬病及急性风湿病等类似疾病相区别。

【防治措施】

（1）预防

① 防止外伤发生。

② 用破伤风类毒素免疫注射，绵羊及山羊均皮下注射0.5mL，在

发生创伤和手术有感染危险时，再注射1次。

③ 发生外伤时，应及时处理。创伤较大且较深，或在做手术尤其是阉割术时，肌内注射抗破伤风血清1万～3万IU。

（2）治疗

以中和毒素、解痉、消除病原为主，辅以对症治疗。

① 中和毒素　静脉注射抗破伤风血清，羔羊用量10万～20万IU，成年羊用量为20万～40万IU，全量血清分3d注射，也可一次治疗用足全量。同时应用40%乌洛托品，羔羊15mL，成年羊25mL，静脉注射，每天1次，连用7～10d。

② 解痉　每只羊用25%硫酸镁溶液20mL，静脉或肌内注射。

③ 消除病原　先使用抗毒素，而后处理感染创口。充分除去创伤内的脓汁、异物、坏死组织及痂皮等，创伤深、创口小的需扩创，用3%过氧化氢溶液或2%高锰酸钾溶液清洗，再用5%～10%碘酊涂擦，创口内撒布碘仿磺胺粉（碘仿1份，氨苯磺胺9份）。除了局部治疗外，全身用青霉素200万单位肌内注射，每天上午、下午各注射1次，连续1周。

八、口蹄疫

口蹄疫是由口蹄疫病毒引起的急性、热性、高度接触性传染病。其临床特征是病羊口腔黏膜、蹄部和乳房发生水疱和溃疡，在民间俗称“口疮”“蹄癀”。

【病原】

口蹄疫病毒具有多型性和变异性，根据抗原的不同，可分为O、A、C、亚洲Ⅰ、南非Ⅰ、Ⅱ、Ⅲ 7个不同的血清型和65个亚型，各型之间均无交叉免疫性。口蹄疫病毒具有较强的环境适应性，耐低温，不怕干燥。该病毒对酚类、酒精、氯仿等不敏感，但对日光、高温、酸碱的敏感性很强。常用的消毒剂有1%～2%的氢氧化钠、30%的草木灰、1%～2%的甲醛、0.2%～0.5%的过氧乙酸、4%的碳酸氢钠溶液等。

【流行特点】

病畜和带毒动物是该病的主要传染源，痊愈家畜可带毒4～12个月。病毒在带毒畜体内可产生抗原变异，产生新的亚型。本病主要靠

直接和间接接触性传播，消化道和呼吸道传染是主要传播途径，也可通过眼结膜、鼻黏膜、乳头及伤口感染。空气传播对本病的快速大面积流行起着十分重要的作用，常可随风散播到50～100km外发病，故有顺风传播之说。

【症状】

羊感染口蹄疫病毒后一般经过1～7d的潜伏期出现症状。病初体温可达40～41℃，精神沉郁，食欲减退或拒食，脉搏和呼吸加快。口腔、蹄、乳房等部位出现水疱、溃疡和糜烂。严重病例可在咽喉、气管、前胃等黏膜上发生圆形烂斑和溃疡，上盖黑棕色痂块。绵羊蹄部症状明显，口腔黏膜变化较轻。山羊症状多见于口腔，病羊口流泡沫，挂满嘴角。水疱见于硬腭和舌面，蹄部病变较轻。病羊水疱破溃后，体温即明显下降，症状逐渐好转。母羊常流产，乳用山羊有时可见乳头上有病变，奶量减少。哺乳羔羊特别容易得病，多发生出血性胃肠炎。也可能发生恶性口蹄疫，由于急性心脏麻痹而死亡，死亡率可达20%～50%。

【病理变化】

除口腔、蹄部的水疱和烂斑外，病羊消化道黏膜有出血性炎症，心肌色泽较淡，质地松软，心外膜与心内膜有弥散性及斑点状出血，心肌切面有灰白色或淡黄色、针头大小的斑点或条纹，如虎斑，称为“虎斑心”，以心内膜的病变最为显著。

【诊断】

根据本病流行病学及临床症状，不难作出诊断，必要时可采取病羊水疱皮或水疱液、血清等送实验室进行确诊。

【防治措施】

1.预防

① 无病地区严禁从有病国家或地区引进动物及动物产品、饲料、生物制品等。来自无病地区的动物及其产品，也应进行检疫。检出阳性动物时，全群动物销毁处理，运载工具、动物废料等污染器物应就地消毒。

② 无口蹄疫地区，一旦发生疫情，应采取果断措施，对患病动物和同群动物全部扑杀销毁，对被污染的环境应严格、彻底消毒。

③ 口蹄疫流行区，坚持免疫接种。用当地流行毒株同型的口蹄疫弱毒疫苗或灭活疫苗接种动物。由于牛、羊的弱毒疫苗对猪可能致病，安全性差，故目前已改用口蹄疫灭活疫苗。

④ 当羊群发生口蹄疫时，应立即上报疫情，确定诊断，划定疫点、疫区和受威胁区，实施隔离封锁措施，对疫区和受威胁区的未发病羊进行紧急免疫接种。

2.治疗

发生口蹄疫后，一般经10～14d可能自愈。为促进病畜早日康复，缩短病程，特别是防止感染和死亡，在严格隔离条件下，及时对病羊进行治疗。对病羊首先要加强护理，例如圈棚要干燥，通风要良好，供给柔软饲料（如青草、面汤、米汤等）和清洁的饮水，经常消毒圈棚。在加强护理的同时，根据患病部位不同，给予不同治疗。

① 口腔患病　用0.1%～0.2%高锰酸钾、0.2%福尔马林、2%～3%明矾或2%～3%醋酸（或食醋）洗涤口腔，然后给溃烂面上涂抹碘甘油或1%～3%硫酸铜，也可撒布冰硼散。

② 蹄部患病　用3%煤酚皂溶液、1%福尔马林或3%～5%硫酸铜蹄浴。也可以用消毒软膏（如1：1的木焦油凡士林）或10%碘酒涂抹，然后用绷带包裹。

③ 乳房患病　应小心挤奶，用2%～3%硼酸水洗涤乳头，然后涂以消毒药膏。

④ 恶性口蹄疫　对于恶性口蹄疫的病羊，应特别注意心脏机能的维护，及时应用强心剂和葡萄糖注射液。为了预防和治疗继发性感染，也可以肌内注射青霉素。口服结晶樟脑，每次1g，每天2次，效果良好。

九、传染性角膜结膜炎

羊传染性角膜结膜炎又称流行性眼炎、红眼病。主要以急性传染为特点，眼结膜与角膜先发生明显的炎症变化，其后眼角膜混浊，呈乳白色。

【病原】

羊传染性角膜结膜炎是一种多病原的疾病，其病原体有鹦鹉热衣

原体、立克次体、结膜支原体、奈氏球菌、李氏杆菌等，目前认为，主要由衣原体引起。

【流行特点】

主要侵害反刍动物，特别是山羊，尤其是奶山羊，绵羊也能感染。一般是由已感染的动物或传染物质导入畜群，引起同种动物感染，但也有通过接触感染。蝇类或某种飞蛾可传播本病。病羊的分泌物，如鼻涕、泪液、奶及尿的污染物，均能散播本病。一年四季都可发病，但春、秋季多发，一旦发病，1周之内可迅速波及全群，呈地方流行性。

【症状】

主要表现为结膜炎和角膜炎。多数病羊先一只眼患病，然后波及另一只眼。发病初期呈结膜炎症状，流泪，羞明，眼睑半闭。眼内流出浆液或黏液性分泌物，不久则变成脓性。上、下眼睑肿胀、疼痛，结膜潮红，并有树枝状充血，其后发生角膜炎、角膜浑浊和角膜溃疡，眼前房积脓或角膜破裂，晶状体可能脱落，造成永久性失明。本病很少引起死亡，少数病畜多因结膜、角膜白斑，双目失明而被淘汰。

【诊断】

根据本病的特征症状及流行特点即可做出诊断。但本病具有多病原性，有的病原除引起传染性结膜角膜炎外，还可出现其他症状，如有必要可用微生物学检验或荧光抗体技术确诊。

【防治措施】

（1）预防

有条件的种羊场，应建立健康群，立即隔离病畜，划定疫区，定时清扫消毒，严禁患病羊的流动。新购买的羊只，至少需隔离60d，方能允许与健康羊合群。

（2）治疗

一般病羊若无全身症状，在半个月内可以自愈。发病后应尽早治疗，越快越好。用2% ～ 4%硼酸液洗眼，拭干后再用3% ～ 5%蛋白银溶液滴入结膜囊中，每天2 ～ 3次，也可以用0.025%硝酸银液滴眼，每天2次，或涂以青霉素、氯霉素、四环素软膏。如有角膜混浊或角膜翳时，可涂以1% ～ 2%黄降尿软膏，每天1 ～ 2次。可用0.1%新洁尔灭，或用4%硼酸洗眼后，再滴以5000IU/mL普鲁卡因青霉素（用时摇匀），每天2次。重症病羊滴加醋酸可的松眼药水，并放太阳穴、三江穴血。角膜混浊者，滴视明露眼药水效果很好。

十、狂犬病

狂犬病又称恐水病、疯狗病，是由狂犬病病毒引起的多种动物和人共患的接触性传染病。本病的临诊特征是患病动物出现极度的神经兴奋、狂暴和意识障碍，最后全身麻痹而死亡。本病潜伏期较长，一旦发病常常因严重的脑脊髓炎而以死亡告终。

【病原】

病原体为弹状病毒科的狂犬病病毒，它存在于脑脊髓神经组织、唾液腺及其分泌物中，对酸性或碱性消毒药液均敏感。

【流行特点】

该病毒感染的宿主范围非常广泛，人及所有温血动物都能感染，尤其是犬科野生动物（如野犬、狐和狼等）更易感染，并可成为本病的自然带毒者。患病动物和带毒者是本病的传染源，它们通过咬伤、抓伤其他动物而使其感染。因此该病发生时具有明显的连锁性，容易追查到传染源。此外，当健康动物的皮肤黏膜损伤时，接触患病动物的唾液，也有感染的可能性。

【症状】

潜伏期差异很大，从一个月至数月甚至数年不等。一般说来，伤口距神经中枢越近、进入伤口的病毒越多，潜伏期越短，最短者只有10d。病畜精神沉郁，食欲减少，不久食欲和饮水停止，明显消瘦，腹围变小。随后病畜精神狂暴不安，神态凶猛，意识紊乱，不断嚎叫，声音嘶哑。不时磨牙，大量流涎，不能吞咽，瘤胃臌气，有的兴奋与沉郁交替出现，最后倒地不起，转入抑制状态，最后麻痹死亡，病程3～7d。

【病理变化】

常见动物尸体消瘦，体表有伤痕，口腔和咽喉黏膜充血或糜烂，胃内空虚或有异物，胃肠道黏膜充血或出血。内脏充血、实质变性。硬脑膜有时充血。组织学检查，常在大脑海马角及小脑和延脑的神经细胞浆内出现嗜酸性包涵体（内基氏小体），呈圆形或卵圆形，内部可

见明显的嗜碱性颗粒。

【诊断】

根据流行特点、临诊症状和病理变化进行综合分析，可做出初步诊断。也可对死亡羊的大脑进行病理组织学检查，若发现内基氏小体即可确诊。也可将病死羊的脑组织接种于小鼠，在接种后的6～14d内小鼠呈现步态不稳、四肢麻痹、全身震颤、最后死亡，也可确诊。

【防治措施】

（1）预防

狂犬病的控制措施包括建立并实施疫情监测，及时发现并扑杀患病动物，认真贯彻执行所有防止和控制狂犬病的规章制度，包括扑杀野犬、野猫以及各种限养犬等措施；加强对犬猫等动物狂犬病疫苗的免疫接种工作，在狂犬病多发地区应定期进行冻干疫苗免疫接种。目前国内使用的疫苗有狂犬病弱毒疫苗或由其他疫苗联合制成的多联苗可供选用。

（2）治疗

目前狂犬病患病动物仍然无法治愈，因此当发现患病动物或可疑动物时应尽快扑杀，防止其攻击人及其他动物而造成本病的传播。若人和动物被患病动物咬伤后，可按以下方法处理：不要急于止血，要让伤口局部流些血，以冲出已进入伤口的部分狂犬病病毒；然后用20%肥皂水或0.1%新洁尔灭溶液反复洗伤口并用清水洗净，创口小的可用消毒刀片做“十”字形扩创，挤压排出污血，局部再依次用5%碘酊和75%酒精消毒；有条件的，在咬伤后用狂犬病血清在伤口周围做浸润注射，并尽早注射狂犬病疫苗。

十一、羊蓝舌病

蓝舌病是由蓝舌病病毒引起反刍动物的一种病毒性虫媒传染病。该病主要发生于绵羊，其特征主要为发热、白细胞减少，消瘦，口、鼻和胃黏膜的溃疡性炎性变化。有些病羊舌头呈蓝紫色，所以称为蓝舌病。

【病原】

蓝舌病病毒属于呼肠孤病毒科环状病毒属蓝舌病病毒亚群的成员。

本病毒具有囊膜样结构，但对乙醚、氯仿有抵抗力。蓝舌病病毒具有血凝素，能凝集绵羊和人O型红细胞，血凝抑制试验具有典型特异性。病毒对外界理化因素的抵抗力很强，可耐干燥与腐败。病毒在50%甘油内于室温下可存活多年，血液中的病毒经60℃ 30min不能完全灭活，但对3%氢氧化钠溶液、2%过氧乙酸溶液很敏感，在pH值为3.0时或更低时则迅速灭活。

【流行特点】

易感动物主要是各种反刍动物，其中绵羊最易感，不分品种、年龄和性别，尤以1岁左右的绵羊更易感，哺乳羔羊有一定的抵抗力；山羊易感性较低。传染源主要是发病的绵羊和隐性感染的带毒羊等，其中病愈的绵羊血液能带毒达4个月之久。传播途径主要通过吸血昆虫库蠓传递，库蠓经吸吮带毒血液后，使病毒在其体内增殖，当再次叮咬其他健康动物时，即可引发传染；绵羊的虱蝇也能机械传播本病；病毒可通过胎盘感染胎儿。本病的发生与流行具有严格的季节性，多发生于湿热的夏季和早秋，特别多见于池塘河流多的低洼地区。本病特点与传播媒介库蠓的分布、习性和生活史密切相关。本病一旦流行，传播迅速，发病率高，病情危重而大量死亡，且不易消灭。

【症状】

本病潜伏期约为3～10d。本病绵羊易发病，症状明显。本病最常见的是急性型，病羊病初表现体温升高可达40.5～41.5℃，持续发热5～6d；出现厌食，精神委顿，流涎，口唇水肿，严重的可蔓延到面部及耳部，甚至颈部和腹部；口腔黏膜充血、发绀，呈青紫色，严重的口腔连同唇、齿龈、颊和舌黏膜糜烂，吞咽困难；随病情发展，口腔溃疡部位渗出血液，唾液呈红色，口腔发臭；鼻腔流出炎性、黏性分泌物，鼻孔周围结痂，引起呼吸困难；有些羊发生蹄叶炎，呈不同程度跛行，甚至膝行或卧地不动。病羊转归呈消瘦、衰弱，羊毛变粗变细，有的便秘或腹泻；有的并发肺炎和胃肠炎可致死亡。病程一般为6～14d，发病率可达30%～40%，病死率一般为2%～3%，有时可高达90%。患病不死的病羊经10～15d痊愈，6～8周蹄部也恢复。怀孕4～8周的母羊感染时，其分娩的羔羊中约有20%发生发育缺陷，

如脑积水等。山羊症状与绵羊相似，但一般比较轻微。

【病理变化】

病变特点主要见于口腔、瘤胃、心脏、肌肉、皮肤和蹄部。口腔出现糜烂和深红色区，舌、齿龈、硬腭、颊黏膜和唇水肿，有的绵羊舌发绀；瘤胃有暗红色区，表面有空泡变性和坏死；皮肤真皮充血、出血和水肿；心肌、心内外膜均有小点出血；肌肉出血、肌纤维呈弥散性浑浊或呈云雾状，严重者呈灰色；蹄部有时有蹄叶炎变化；肺动脉基部有时可见明显出血，出血斑直径2～15mm，一般认为其有一定的证病意义。

【诊断】

根据流行特点、临诊症状和病理变化可以作出初步诊断。发病绵羊主要表现为发热、白细胞减少，口和唇的肿胀和糜烂，跛行，行动强直，蹄的炎症及流行季节等。

【防治措施】

加强海关检疫和运输检疫，严禁从有该病的国家或地区引进羊。加强国内疫情监测，切实做好冷冻精液的管理工作，严防通过带毒精液传播。在疫区，病羊或分离出病毒的阳性带毒羊应予以扑杀，应防止吸血昆虫库蠓叮咬，提倡在高地放牧和驱赶畜群回圈舍过夜。血清学阳性的羊，要定期复检，限制其流动，就地饲养使用，不能留作种用。非疫区一旦传入本病，应立即采取坚决措施，扑杀发病羊群和与其接触过的所有羊群及其他易感动物，并彻底进行消毒处理。在流行地区可在每年发病季节前1个月接种疫苗；在新发地区用疫苗进行紧急接种，是防控本病的可靠方法。在接种前应清楚了解当地该病流行毒株的主要血清型，并选用相对应血清型的疫苗，对本病的免疫预防效果至关重要。目前所用疫苗有弱毒疫苗、灭活疫苗和亚单位疫苗等，其中以弱毒疫苗最为常用。

该病的危害相当严重，是世界动物卫生组织（OIE）及我国规定的重大传染病之一。目前尚无治疗本病的有效方法。一旦发生，立即采取坚决措施，扑杀发病羊群和与其接触过的所有羊群及其他易感动物，并彻底消毒。

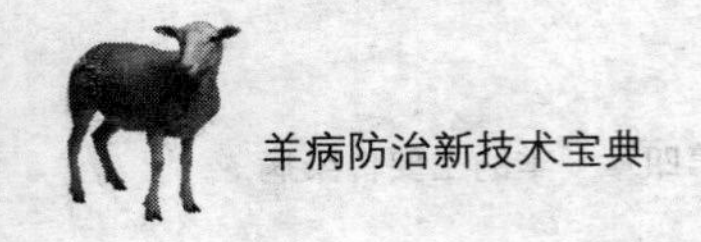

十二、衣原体病

羊衣原体病是由鹦鹉热衣原体引起的绵羊、山羊的一种传染病。临床上以发热、流产、死胎和产出弱羔为特征。在疾病流行期，也见部分羊表现多发性关节炎、结膜炎等疾患。

【病原】

鹦鹉热衣原体属于衣原体科，衣原体属。鹦鹉热衣原体抵抗力不强，对热敏感。0.1%福尔马林、0.5%石炭酸、70%酒精、3%氢氧化钠均能将其灭活。衣原体对青霉素、四环素、氯霉素、红霉素等抗生素敏感，而对链霉素和磺胺类药物有抵抗力。

【流行特点】

患病和带菌动物为主要传染源，可通过粪便、尿液、乳汁、泪液、鼻分泌物以及流产的胎儿、胎衣、羊水排出病原体，污染水源、饲料及环境。本病主要经呼吸道、消化道及损伤的皮肤、黏膜感染，也可通过交配或用患病公羊的精液人工授精发生感染，蜱、螨等吸血昆虫叮咬也可传播本病。多呈地方性流行。密集饲养、营养缺乏、长途运输、寄生虫侵袭等可促进本病的发生。

【症状】

鹦鹉热衣原体感染绵羊、山羊可有不同的临床表现，主要有下列几种病型。

① 流产型　潜伏期50～90d。流产通常发生于妊娠中后期，一般观察不到征兆，临床表现主要为流产、死胎或分娩出生命力不强的弱羔羊。流产后往往胎衣滞留，阴道排出分泌物可达数日。流产过的母羊，一般不再发生流产。在本病流行的羊群中，可见公羊患有睾丸炎、附睾炎等疾病。

② 关节炎型　可引起羔羊多发性关节炎。感染羔羊于病初体温高达41～42℃。食欲减退，关节肿胀、疼痛，一肢或四肢跛行。肌肉僵硬，或弓背而立，或长期卧地，生长发育受阻。有些羔羊同时发生结膜炎。发病率高，病程2～4周。

③ 结膜炎型　眼结膜充血、水肿。病后2～3d，角膜发生不同程度的混浊，出现血管翳、糜烂、溃疡或穿孔。病程一般6～10d，角膜

溃疡者，病期可达数周。

【病理变化】

① 流产型　流产母羊胎膜水肿、增厚，子叶呈黑红色或土黄色。流产胎儿水肿，皮肤、皮下组织、胸腺及淋巴结等处有点状出血，肝脏充血、肿胀，表面有针尖大小的灰白色病灶。

② 关节炎型　关节囊内积聚有炎性渗出物，滑膜附有疏松的纤维素性絮片。患病数周的关节滑膜层由于绒毛样增生而变粗糙。

③ 结膜炎型　结膜充血、水肿。角膜发生水肿、糜烂和溃疡。

【诊断】

根据流行特点、临床症状和病理变化可做出初步诊断。确诊需进行实验室诊断。

【防治措施】

加强饲养卫生管理，防止寄生虫侵袭，增强羊群体质。流行本病的地区，用羊流产衣原体灭活苗对母羊和种公羊进行免疫接种，可有效控制羊衣原体病的流行。发生本病时，流产母羊及其所产弱羔应及时隔离。流产胎盘、产出的死羔应予销毁。污染的羊舍、场地等环境用2%氢氧化钠、2%来苏尔等进行彻底消毒。

治疗可肌注青霉素，每次80万～160万IU，1日2次，连用3日。也可用四环素、红霉素等治疗，连用1～2周。结膜炎患羊可用土霉素软膏点眼治疗。

十三、羊链球菌病

羊链球菌病俗称“嗓喉病”，是羊的一种急性、热性、败血性传染病。以颌下淋巴结和咽喉肿胀、大叶性肺炎、呼吸异常困难、各脏器出血、胆囊肿大为特征。

【病原】

病原是链球菌，该菌对外界抵抗力较强，而对一般的消毒药物抵抗力较差，常用的消毒药如2%石炭酸、0.1%升汞、2%来苏尔以及0.5%漂白粉可将其杀死。

【流行特点】

本病主要发生于绵羊，山羊次之。病羊和带菌羊是本病的主要传

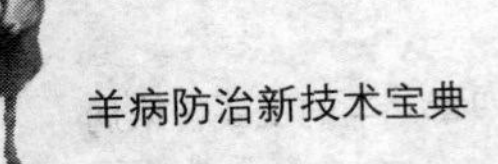

染源，通常经呼吸道排出病原体，也可通过损伤的皮肤、黏膜以及羊虱蝇等吸血昆虫叮咬传播。病死羊的肉、骨、皮、毛等可散播病原，在本病传播中具有重要作用。新发病区常呈流行性发生，老疫区则呈地方性流行或散发性流行。本病菌一般于冬、春季节气候寒冷、草质不良时多发。

【症状】

本病的潜伏期，自然感染时为2～7d，少数可达10d。

最急性型：病羊症状不明显，常于24h内死亡。

急性型：病初体温升高到41℃以上，精神萎靡，垂头，呆立，不愿行走。食欲减退或废绝，停止反刍。眼结膜充血，流浆液性分泌物，鼻腔流出浆液性脓性鼻汁。咽喉肿胀，下颌淋巴结肿大，呼吸困难，流涎、咳嗽。粪便有时带有黏液或血液。孕羊阴门红肿，多发生流产。最后衰竭倒地，多数窒息死亡。病程2～3d。

亚急性型：体温升高，食欲减退。流黏性透明鼻液，咳嗽，呼吸困难。粪便稀软带有黏液或血液。嗜卧，不愿走动，走时步态不稳。病程1～2周。

慢性型：一般轻度发热，消瘦，食欲不振，腹围缩小，步态僵硬；有的病羊咳嗽，有的出现关节炎。病程1个月左右，发生死亡。

【病理变化】

剖检可见皮下结缔组织充血，咽喉部高度水肿，胸腔内有深黄色的胶样渗出液，肺实质出血，呈浆液纤维素性肺炎。心内、外膜都有点状出血。肝脏肿大，表面有出血点。胆囊肿大，充满黑绿色胆汁。脑膜充血、出血。肾脏质地变脆、变软，肿胀，被膜不易剥离。小肠黏膜脱落，肠内容物混有血液。肠系膜淋巴结出血，肿大。

【诊断】

取心血、肝、脾、肾接种于血液琼脂平板可分离出本菌，也可进行动物接种试验。

【防治措施】

① 入冬前，用链球菌氢氧化铝甲醛菌苗进行预防注射，羊不分大小，一律皮下注射3mL，3月龄内羔羊14～21d后再免疫注射1次，免疫期可维持半年以上。

② 发病后，对病羊和可疑羊要分别隔离治疗，场地、器具等用10%的石灰乳或3%的来苏尔严格消毒，羊粪及污物等堆积发酵，病死羊进行无害化处理。

③ 高热者每只用30%安乃近3mL肌内注射，病情严重食欲废绝的给予强心补液，5%葡萄糖盐水500mL、安钠咖5mL、维生素C 5mL、地塞米松10mL静脉滴注，每天2次，连用3d。

④ 早期可选用青霉素或磺胺类药物进行治疗。每次肌内注射青霉素80万～160万IU，每日2次，连用2～3d。内服磺胺嘧啶每次5～6g（小羊减半），用药1～3次；或内服复方新诺明，每次每千克体重25～30mg，1日2次，连用3d。

⑤ 加强饲养管理，做好抓膘、保膘及保暖防风、防冻、防拥挤。定期消灭羊体内外寄生虫。做好羊圈及场地、用具的消毒工作。

十四、羔羊梭菌性痢疾

羔羊梭菌性痢疾是初生羔羊的一种急性毒血症，以剧烈腹泻和小肠发生溃疡为特征。本病常可使羔羊发生大批死亡，给养羊业带来重大损失。

【病原】

病原为B型魏氏梭菌。羔羊在出生后数日内，魏氏梭菌可以通过羔羊吃奶、饲养员的手和羊的粪便而进入羔羊消化道。母羊怀孕期营养不良，羔羊体质瘦弱；气候寒冷，羔羊受冻；哺乳不当，羔羊饥饱不匀，羔羊抵抗力减弱时，细菌大量繁殖，产生毒素而诱发。

【流行特点】

本病主要危害7日龄以内的羔羊，其中又以2～3日龄的发病最多，7日龄以上的很少患病。传染途径主要是通过消化道，也可能通过脐带或创伤。

【症状】

潜伏期为1～2d，病初精神委顿，低头拱背，不想吃奶。不久就发生腹泻，粪便恶臭，有的稠如面糊，有的稀薄如水。到了后期，有的还含有血液，直到成为血便。病羔逐渐虚弱，卧地不起。若不及时治疗，常在1～2d内死亡。

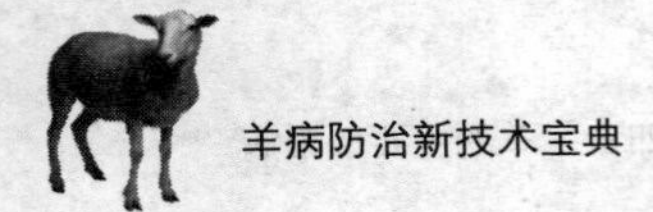

羔羊以神经症状为主者，表现四肢瘫软，卧地不起，呼吸急促，口流白沫，最后昏迷，头向后仰，体温降至常温以下，常在数小时到十几小时内死亡。

【病理变化】

尸体严重脱水，尾、臀部和后肢有稀粪污染，皱胃内有乳凝块。肠黏膜有程度不同、范围不等的发炎，有时开始溃烂。若病期稍长，溃烂更为明显，由肠壁外面即可透视到溃烂区域。肠系膜淋巴结肿胀，充血或出血。心包积液、心内膜有出血点。急性者，肠内容物混有血液。

【诊断】

在常发地区，依据流行病学、临床症状和病理变化一般可以作出初步诊断。为了确定病原，应从新鲜尸体采取小肠内容物、肠系膜淋巴结和肝脏等，进行细菌和毒素检验。

【防治措施】

（1）预防

加强孕羊饲养，使胎羔发育良好。注意产羔期的卫生消毒和护理。在产羔季节前彻底清扫和消毒羊舍及产栏，接羔时特别注意消毒，对新生羔羊加强保温，保证吃足初乳。羔羊出生后4h之内皮下注射魏氏梭菌B型高免血清4～5mL。每年秋季注射羔羊痢疾苗或厌气菌七联干粉苗，产前2～3周再接种一次。羔羊出生后12h内，灌服土霉素0.15～0.2g，每日一次，连续灌服3d。

（2）治疗

治疗羔痢的方法很多，各地应用效果不一，应根据当地条件和实际效果选用。

① 土霉素0.2～0.3g，或再加胃蛋白酶0.2～0.3g，加水灌服，每日2次。

② 磺胺脒0.5g，鞣酸蛋白0.2g，次硝酸铋0.2g，碳酸氢钠0.2g，或再加呋喃唑酮0.1～0.2g，加水灌服，每日3次。

③ 先灌服含0.5%福尔马林的6%硫酸镁溶液30～60mL，6～8h后再灌服1%高锰酸钾溶液10～20mL，每日服2次。

在选用上述药物的同时，还应针对其他症状进行对症治疗。也可使用中药治疗。

十五、坏死杆菌病

坏死杆菌病是由坏死杆菌引起的一种动物慢性传染病。其特征为多种组织坏死，尤其是皮肤、皮下组织和消化道黏膜的坏死，有时在其他脏器上形成转移性坏死灶。

【病原】

病原是坏死杆菌，坏死杆菌具有明显的多形性，小的呈球杆状，大的呈长丝状，无鞭毛，不形成芽孢和荚膜。用复红美蓝染色着色不均匀。本菌为严格厌氧菌，较难培养成功。该菌至少可产生两种毒素，其外毒素皮下注射可引起组织水肿，静脉注射则数小时内死亡；内毒素皮下或皮内注射可致组织坏死。坏死杆菌对外界环境的理化因素抵抗力不强，对热及常用消毒剂敏感，但在污染的土壤中能存活10～30d。本菌对4%的醋酸敏感。

【流行特点】

坏死杆菌在自然界分布很广，动物的粪便、死水坑、沼泽和土壤中均有存在。传播途径主要是损伤的皮肤和黏膜，并可经血流散播全身。多种动物和野生动物均有易感性，其中羊最易感，尤其是奶牛和绵羊更易感。多见于低洼潮湿地区和多雨季节，呈散发性或地方性流行。

【症状与病理变化】

潜伏期一般1～3d，短者数小时，长者2周。常见的有腐蹄病和坏死性口炎（白喉）。

腐蹄病：成年羊多见。病初，病羊的一肢或双肢发生跛行，可见蹄间隙、蹄踵、蹄冠等红肿热痛，逐渐形成溃疡，挤压肿烂部位有腐臭脓样液体流出。如同时侵害两前肢，病羊往往爬行。后肢患病时，则前肢移到腹下。重症病例可引起蹄部深层组织坏死，蹄匣脱落，坏死部位也可波及腱、韧带和关节。病羊行走困难，跛行，或长期卧地不起，如治疗不及时，常因衰竭、转移性病变或继发感染而死亡。

坏死性口炎：绵羊羔、犊牛还可发生坏死性口炎（又称“白喉”）。病初体温升高39.5～40.5℃，厌食，流涎，鼻漏呈脓样，齿龈、颊部、硬腭、舌及咽部有界限明显的硬肿，上附粗糙、污秽褐色的坏死物质。

坏死物脱落留下溃疡，边缘肥厚，底部不平整。鼻腔、气管黏膜也有病变。当喉部、肺部感染，呼吸困难，咳嗽短具痛感，呼出气具有腐臭味，通常经7～10d死亡。病程长者，食欲恢复，体重增加缓慢，因部分勺状软骨凸入喉腔，故持续呈现喘鸣声。剖检可见舌、齿龈黏膜上有溃疡，上附坏死黏膜及渗出物，溃疡底部有肉芽增生。喉、气管、鼻、真胃及大肠也可见有类似病变。当肺部感染，可见有肺炎灶、胸膜炎及肝脏肿大与坏死灶。

【诊断】

根据流行特点、临诊症状和病理变化，可作出诊断。必要时，可从病羊的病灶与健康组织的交界处采取病料涂片，用稀释石炭酸复红或碱性美蓝加温染色，可发现着色不匀、细长丝状的坏死杆菌。

【防治措施】

（1）预防

首先加强饲养管理，消除诱发因素。改善环境卫生条件，及时清除圈舍、运动场积水，保持干净、干燥；防止过度拥挤，避免外伤发生，不在低洼潮湿地区放牧。当发生外伤时，应及时用5%碘酊涂擦伤口，以防感染；对于患腐蹄病羊及犊牛白喉患犊、患羔，应隔离治疗，污染的环境应彻底消毒；助产要细心，脐带要严格消毒；营养要合理，给予优质细嫩干草。

（2）治疗

可进行局部处理和全身治疗。

① 局部处理

腐蹄病的处理：先清除患部坏死组织，如脓肿未破，应切开排脓，到出现干净的创面后，用3%来苏尔液，或用6%甲醛、5%～10%硫酸铜溶液，或2%食盐水中加入1%高锰酸钾蹄浴，然后用抗生素软膏或磺胺软膏或鱼石脂软膏涂抹。

坏死性口炎的处理：先除去口腔内的伪膜，每天用1%高锰酸钾溶液洗涤两次，然后涂抹碘甘油或撒布冰硼散（冰片15g、朱砂18g、元明粉150g，研末备用），每天3次，连用3～5d。对本病的溃疡创面，也可用青霉素治疗，即先将病变部位清洗干净，再用绷带包扎，将青霉素生理盐水溶液经引流管注入，每天3次，每次10mL左右，每

毫升生理盐水内含4000 ～ 6000IU，现配现用。

② 全身治疗　出现全身症状时，要消除炎症，防止病灶转移。常用青霉素或结合磺胺类药物进行治疗。根据全身症状，必要时可静脉注射葡萄糖、安钠咖，肌内注射维生素A、维生素D等。

十六、羊猝疽

羊猝疽是由产气荚膜梭菌C型（C型魏氏梭菌）引起的成年绵羊的一种急性毒血症，以急性死亡、腹膜炎和出血性坏死性肠炎为特征。

【病原】

产气荚膜梭菌C型（C型魏氏梭菌）属于梭菌属，为革兰氏阳性厌气大杆菌。在动物体内形成荚膜。在土壤、污水、饲料及粪便中广泛存在。

【流行特点】

病菌随污染的饲料和饮水进入羊消化道，在小肠尤其十二指肠和空肠内繁殖，产生β毒素，引起羊发病。幼龄和成年绵羊均可感染，尤以1 ～ 2岁的绵羊最易感染。多发生在冬、春季节，呈地方性流行。常见于低洼、沼泽地区。

【症状】

病程短促，表现为急性中毒的毒血症症状，常未见到症状即突然死亡。病程稍长时，可见病羊离群，卧地，烦躁不安，衰弱，痉挛，于数小时内死亡。

【病理变化】

十二指肠和空肠黏膜严重出血、糜烂，有的区段可见大小不等的溃疡灶。胸腔、腹腔和心包腔有大量清亮的淡黄色渗出液，渗出的液体暴露于空气后可形成纤维素絮块。浆膜上有针尖大小的点状出血。死后8h，骨骼肌肌间隙积有血液液体，肌肉出血，有气性裂孔。

【诊断】

根据成年绵羊突然发病死亡，剖检可见糜烂性和溃疡性肠炎，胸腔、腹腔和心包积液，可初步诊断。确诊需作细菌分离鉴定和从小肠内容物里检查有无β毒素。本病应与羊快疫、羊肠毒血症、羊黑疫、巴氏杆菌病、肉毒梭菌中毒和炭疽等类似疾病相区别。

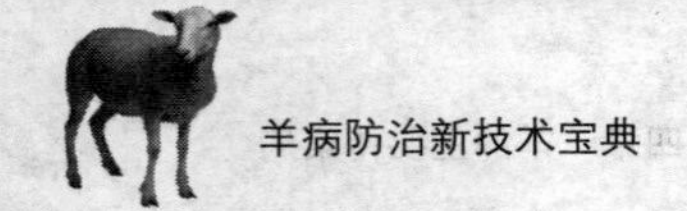

【防治措施】

加强平时饲养管理，提高机体抵抗力。防止羊只受寒感冒，禁止饲喂冻结饲料或饲喂大量蛋白质、青储饲料。避免清晨过早放牧，发病后立即更换牧场。

（1）预防

在本病流行地区，每年按免疫计划定期注射“羊快疫、猝疽、肠毒血症三联疫苗”或“羊快疫、猝疽、肠毒血症、羔羊痢疾、黑疫五联疫苗”。发病时用疫苗进行紧急接种。

（2）治疗

① 青霉素，每次160万～240万IU，肌内注射，每天2次。

② 复方磺胺嘧啶钠注射液，每千克体重15～20mg，肌内注射，每天2次。

③ 磺胺脒，每千克体重8～10g，灌服，每天2次。

④ 磺胺嘧啶，每千克体重6～8g，灌服，每天1次，连用3～4次。

⑤ 10%～20%石灰乳，每次50～100mL，灌服。

十七、大肠杆菌病

羔羊大肠杆菌病是大肠杆菌引起的一种急性传染病，多发生在初生羔羊，主要表现急性败血症和胃肠炎，死亡率很高。

【病原】

病原是致病性大肠杆菌，本菌对外界抵抗力不强，一般消毒药能迅速将其杀死。

【流行特点】

多发生于数天至6周龄的羔羊，呈地方性流行，也有散发的。气候恶劣、营养不良、场地潮湿污秽等，易造成发病；主要在冬春舍饲期间发生；经消化道感染。

【症状】

潜伏期1～2d，分为败血型和下痢型两种类型。败血型多发于2～6周龄的羔羊，病羊体温41～42℃，精神沉郁，迅速虚脱，有轻微的腹泻或不腹泻，有的带有神经症状，运步失调，磨牙，视力障碍，也有的病例出现关节炎，多于病后4～12h死亡。下痢型多发于2～8

日龄的新生羔，病初体温略高，出现腹泻后体温下降，粪便呈半液体状，带气泡，有时混有血液，羔羊表现腹痛，虚弱，严重脱水，不能起立；如不及时治疗，可于24～36h死亡。

【病理变化】

败血型病羊：胸、腹腔和心包大量积液，内有纤维素；关节肿大，内含混浊液体或脓性絮片；脑膜充血，有很多小出血点。

下痢型病羊：肠系膜充血、水肿和出血，肠系膜淋巴结肿胀；肠黏膜充血、水肿，内容物混有血液和气泡。

【诊断】

根据流行病学、临床症状可做出初步诊断，确诊需进行细菌学检查。

【防治措施】

（1）预防

① 加强孕羊的饲养管理，确保新产羔羊的健壮，以增强机体抵抗力。

② 改善羊舍的环境卫生，做到定期消毒，尤其是在母羊分娩前后对羊舍彻底消毒1～2次。

③ 注意羔羊防寒保暖工作，尽早让羔羊吃到足够的初乳。

④ 对污染的环境、用具，可用3%～5%来苏尔消毒。

（2）治疗

① 使用四环素、强力霉素、新霉素、黄连素等抗生素，并发肺炎者可注射青霉素或恩诺沙星。

② 调整胃肠机能，纠正酸中毒，脱水时需补充5%的葡萄糖生理盐水500mL。

③ 硫酸镁、福尔马林、高锰酸钾疗法。用胃管灌服6%的硫酸镁溶液（含0.5%福尔马林）40mL，经6～8h再灌服1%高锰酸钾溶液10～20mL，未愈的可重灌服高锰酸钾溶液1～2次。

十八、羊黑疫

羊黑疫又称传染坏死性肝炎，是羊的一种急性高度致死性毒血症。绵羊、山羊均可发生。本病以肝实质发生坏死性病灶为特征。

【病原】

本病的病原是B型诺维氏梭菌，严格厌氧，可形成芽孢，不产生

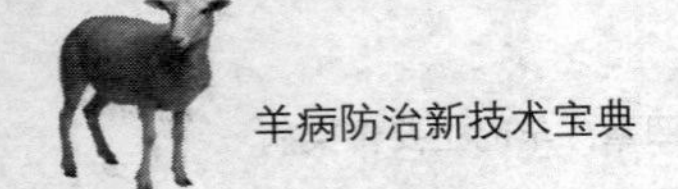

荚膜，具有周身鞭毛，能运动。本菌产生的外毒素，通常分为A、B、C三型。

【流行特点】

主要在春、夏季发生于肝片吸虫流行的低洼潮湿地区。诺维梭菌广泛存在于土壤中，当羊采食被此菌芽孢污染的饲料后，芽孢由胃肠壁进入肝脏。当肝脏因受未成熟的游走肝片吸虫损害发生坏死以致其氧化还原电位降低时存在于该处的芽孢，即获得适宜的条件，迅速生长繁殖，产生毒素，进入血液循环，发生毒血症，损害神经元和其他与生命活动有关的细胞，导致急性休克而死亡。因此，本病的发生经常与肝片吸虫的感染密切相关。本病主要侵害2～4岁以上的成年绵羊，山羊也可感染此病。

【症状】

本病的临床症状与羊肠毒血症、羊快疫极其相似。发病急，常突然死亡。少数病例病程可拖延至1～2d。病羊表现为掉群，不食，体温升高，呼吸困难，呈昏睡、俯卧，无痛苦地突然死亡。

【病理变化】

皮下静脉显著淤血，使羊皮呈暗黑色外观。皱胃和小肠充血、出血。肝脏表面和深层有数目不等的灰黄色坏死灶，周围有一鲜红色充血带围绕，切面呈半月形。

【诊断】

根据病羊临床症状、羊皮呈暗黑色外观等病理变化可以做出初步诊断。确诊可做实验室检查，采集肝脏坏死灶边缘的组织制成涂片，染色镜检。

【防治措施】

（1）预防

控制肝片吸虫的感染，定期注射羊厌气菌病五联苗，皮下或肌内注射5mL。发病时，迁圈至高燥处，也可用抗诺维梭菌血清早期预防，皮下或肌内注射10～15mL，必要时重复1次。

（2）治疗

① 病程缓慢的病羊，可用青霉素80万～160万IU，肌内注射，每天2次。

② 抗诺维梭菌血清50～80mL，皮下、肌内或静脉注射，连用1～2次。

十九、羊传染性脓疱

羊传染性脓疱又称羊口疮，是由传染性脓疱病毒引起的绵羊和山羊的接触性传染性脓疱性皮炎。其特征是口唇等处皮肤和黏膜形成丘疹、脓疱、溃疡，并最后结成疣状厚痂。羔羊最为敏感，并可能死亡。

【病原】

传染性脓疱病毒对外界环境的抵抗力较强。干痂在夏季阳光下暴露30～60d才丧失传染性，散落于地面经秋、冬、春三季仍有传染性。干燥的病料在低温冷冻条件下可存活数年之久，在室温中可存活5年。该病毒对热敏感，但必须达到一定的温度，如60℃ 30min和64℃ 2min可灭活，而55℃下20～30min却不能杀死病毒。该菌对乙醚有抵抗力，而对氯仿敏感。常用的消毒药有2%氢氧化钠、10%石灰乳、20%热草木灰。

【流行特点】

在本病疫区，几乎每年都在产羔后期出现该病，可呈流行性发生，也可散在发生。主要因接触感染动物而传染，常由于购进病羊或带毒羊将病带入健康羊群所致。羊圈平时消毒不严，也是导致该病的一个主要原因。一年中任何时间都可发病，但放牧季节多发。干燥季节由于饲草干硬，皮肤容易擦伤而感染，痂皮有长期传染性。康复动物在2～3年内有坚强免疫力，但不经初乳传给小羊。已发生的羊群中可连续多年发生。

【症状】

潜伏期3～8d。病变常开始于唇的结合部，并沿着唇缘扩散至鼻镜部。严重病例的病变可发生于齿龈、齿垫、腭和舌。常先在口角、上唇和鼻镜上出现散在的小红斑点，并迅速变为结节，继而发展成水疱和脓疱。脓疱破裂后形成黄色或棕色的疣状硬痂。良性经过时，硬痂增厚、干燥，并于1～2周内脱落而恢复正常。严重病例的患部继续发生丘疹、水泡和脓疱，痂皮互相融合，波及整个口唇周围及眼面和眼睑，形成大片具有龟裂并易出血的污秽痂垢，呈桑椹状，痂下肉芽增生。严重影响病羊采食，以致日渐消瘦，并可能死亡。病程可长

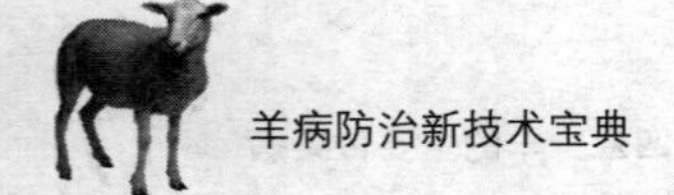

达2～3周以上。口腔黏膜也常出现水疱、脓疱和烂斑，恶化时甚至可能形成大面积溃疡。

四肢病变，不如唇部常见，几乎仅见于绵羊，常单独发生，很少和唇型同发，发病部位在蹄冠、趾间或系部皮肤，先出现水疱，再成脓疱而破溃。

乳房的病变发生于乳头和乳房附近的皮肤，病变也可发生在其他毛稀处。

【病理变化】

病变的发展经过典型的痘期，但更趋增生性。水泡期是暂时的，脓疱大体病变的最重要特征是具有棕灰色厚痂，可高出皮肤2～4mm。根据继发感染程度，约在第4周完全消退，有时由于上皮不断增生而形成乳头状瘤样生长物。

【诊断】

根据临床症状，结合流行病学材料和动物接种试验可以做出诊断。小羊接种试验，将病料做成乳剂，在健康小羊唇部划痕接种，第2天即可见接种处红肿，继现水疱，内含乳白色半透明液体，4～6d变为脓疱，6～8d后结痂，经20～30d脱落。

【鉴别诊断】

① 与痘病相区别　羊痘是全身性的，体温升高，全身反应重；痘疹圆形，突出皮肤，界限明显，有季节性流行，传染性强。

② 与溃疡性皮炎相区别　溃疡性皮炎的病变表现为溃烂和组织破坏，且多发生于1岁以上的成年羊。镜检能检出铜绿假单胞菌等细菌。

③ 与坏死杆菌病相区别　坏死杆菌病特征是组织坏死，无水泡、脓疱或疣状增生物。

④ 与口蹄疫相区别　口蹄疫流行快，大面积发病，可感染羊以外的其他偶蹄类动物。

【防治措施】

（1）预防

以0.5%高锰酸钾或食醋清洗创面，每日2次，每次洗净后的创面，以加减青黛散粉末撒布，此方对大羊效果显著。用5%硫酸铜溶液浸泡蹄部，每日2次，连续使用1周。每千克体重每次灌服维生素C 0.6g、

维生素B_2 0.6g、病毒灵片0.8g，连用4～7d为一个疗程。病羔接触过的母羊乳房，用1%高锰酸钾认真消毒，防止其他羔羊吮吸。

（2）治疗

① 定期用火碱等消毒药对羊群、羊舍及放牧过的草地进行彻底消毒。

② 严禁从疫区购买或引进羊只。当从外地调羊时，要将新调入羊群隔离、单独饲养观察3周，其间要进行多次检疫、消毒，确认无病后再与自养羊群合群。

③ 防止创伤，去除诱因。不在带刺的草地和坚硬的山地放牧。

第五章　羊的寄生虫病

一、螨病

羊螨病又称“疥癣病”，是由螨虫寄生在羊皮肤表面而发生的一种慢性体外寄生虫病。螨虫种类很多，有疥螨、痒螨等。疥螨对山羊危害严重，而痒螨最易感染绵羊。

【病原】

疥螨寄生于皮肤下，虫体不断发育和繁殖。成虫体长0.2～0.5mm，肉眼不易看见，呈圆形，浅黄色，体表有大量的小刺；头端口器呈蹄铁形；虫体前部和后部各有2对粗短的足。痒螨寄生在皮肤表面，虫体长0.5～0.9mm，长圆形，肉眼可见。口器长，呈圆锥形。4对足细长，尤其前2对更为发达。

【流行特点】

主要发生于冬季和秋末春初。发病时，疥螨病一般始发于羊皮肤柔软且短毛的部位，如嘴唇、口角、鼻面、眼圈及耳根部，以后皮肤炎症逐渐向周围蔓延；痒螨病则起始于被毛稠密和温度、湿度比较恒定的皮肤部分，如绵羊多发生于背部、臀部及尾根部，以后才向体侧蔓延。

【症状】

病初，虫体小刺、刚毛和分泌的毒素刺激神经末梢，引起剧痒，羊不断在圈墙、栏柱等处摩擦。在阴雨天气、夜间、通风不好的圈舍

及随着病情的加重，痒觉表现更为剧烈，继而皮肤出现丘疹、结节、水疱，甚至脓疮，以后形成痂皮和龟裂。特别是绵羊患疥螨病时，病变主要局限于羊的头部，病变处如干涸的石灰。绵羊感染痒螨后，可见患部有大片被毛脱落。患羊因终日啃咬和摩擦患部，烦躁不安，影响正常的采食和休息，日渐消瘦，最终可极度衰竭而死亡。

【诊断】

根据羊的症状表现及疾病流行情况，对疑病羊刮取皮肤组织查找病原，方法是用经过火焰消毒的凸刃小刀，涂上50%甘油水溶液，在皮肤的患部与健康部交界处刮取皮屑，要求一直刮到皮肤轻微出血为止；将刮取的皮屑置入10%氢氧化钾或氢氧化钠溶液中煮沸，待大部分皮屑溶解后，经沉淀取其沉渣镜检。

【防治措施】

（1）预防

① 每年定期对羊群进行药浴，可取得预防和治疗的双重效果。

② 对新购入的羊应隔离检查，确定无螨虫寄生后再混群饲养。

③ 圈舍应经常保持干燥、通风，并定期清扫和消毒。

④ 对患病羊要及时隔离治疗，治疗期间可应用0.1%蝇毒磷乳剂对圈舍、用具等进行消毒，以防病原散布。

（2）治疗

① 药浴疗法　适用于病羊数量多及气候温暖的季节。大规模药浴之前应对所选药物做小批安全试验，为了避免中毒，必须在晴天进行药浴，浴后将羊放在阴凉处，等药干以后再去放牧，药浴时间为1～2min，注意浸泡羊头部，药浴前让羊饮足水，以防误饮药液，通常进行两次，间隔7d。常用药物为0.05%的双甲脒水溶液、0.05%的溴氰菊酯水乳剂。

② 注射疗法　常用药物为阿维菌素，剂量为0.2mg/kg体重，1次皮下注射。

二、片形吸虫病

羊片形吸虫病是由肝片形吸虫和大片形吸虫寄生于羊的肝脏胆管所引起的一种吸虫病，俗称肝蛭病。多呈地方流行性，能引起大批羊的发病及死亡，造成严重危害。慢性和隐性患羊可因消瘦、发育不良及毛、乳产量显著降低而造成严重损失。

【病原】

肝片形吸虫：背腹扁平，呈树叶状。活时为棕红色，固定后为灰白色。大小为（21～41）mm×（9～14）mm。主体前端为锥状突，呈三角状。口吸盘位于锥状突前端，呈圆形，腹吸盘在其稍后方。雌雄同体。睾丸2个，前后排列，高度分支，位于虫体中后部。卵巢1个，呈鹿角状，位于腹吸盘的右侧。虫卵呈卵圆形，黄褐色，前端较窄，后端较钝，卵壳透明而较薄。卵内充满着卵黄色细胞和1个胚细胞。虫卵大小为（116～132）μm×（66～82）μm。

大片形吸虫：形态结构与肝片形吸虫基本相似。区别在于大片形吸虫的成虫呈长叶状，长33～76mm、宽5～12mm。虫体前端无显著的头锥突起，肩部不明显。虫体两侧缘几乎平行，前后宽度变化不大，虫体后端钝圆。虫卵为椭圆形，黄褐色，长144～196μm、宽75～109μm。

【生活史】

寄生于羊及其他宿主胆管内的片形吸虫成虫产出的虫卵随胆汁进入消化道，并与粪便一同排出体外。在适宜的温度（15～30℃）和充足的氧气、水分及光照条件下，经10～25d孵化出毛蚴并游动于水中，通常只能生存1～2昼夜，如遇中间宿主——各种椎实螺（小土蜗、截口土蜗、椭圆萝卜螺及耳萝卜螺）则侵入其体内，经过胞蚴、母雷蚴、子雷蚴各阶段发育，最后形成大量的尾蚴自螺体逸出附着于水生植物或在水面上形成囊蚴，羊等终末宿主在吃草或饮水时吞食了囊蚴即遭受感染。囊蚴在十二指肠脱囊，一部分童虫穿过肠壁，到达腹腔，由肝包膜钻入肝脏，经移行到达胆管。另一部分童虫钻入肠黏膜，经肠系膜静脉进入肝脏，并最终移行到胆管寄生。从囊蚴发育为成虫需2～3个月，成虫可在宿主体内生存3～5年，大多数虫体一年左右可自行排出体外。

【流行特点】

片形吸虫病是我国分布最广泛、危害最严重的寄生虫病之一，多呈地方性流行。本病的流行与外界自然条件密切相关，适宜的温度、

湿度和椎实螺是片形吸虫病流行的重要因素。多发生在低洼、潮湿和多沼泽的放牧地区。宿主范围广，羊最易感染，绵羊是最主要的终末宿主。舍饲的羊也可因采食从低洼、潮湿地割来的牧草而受感染。夏秋两季（南方包括春季）为主要感染季节。多雨年份，能促进本病的流行。

【症状】

该病的症状表现因感染强度（约有50条虫会出现明显症状）、病程长短、羊的抵抗力、年龄及饲养管理条件等不同而异，幼畜轻度感染即表现症状。

急性型症状多发生于夏末秋初，多发于绵羊，是因在短时间内遭受严重感染所致。童虫在体内移行时，造成“虫道”。引起移行路线上各组织器官的严重损伤和出血，尤其肝脏受损严重，引起急性肝炎。病羊表现精神沉郁，衰弱，离群落后，体温升高，食欲减退，腹胀，肝区压痛明显，很快出现贫血、黏膜苍白，严重者在几天内死亡。

慢性病例较多见。慢性型病羊，主要表现消瘦、贫血、黏膜苍白、食欲不振、异嗜、被毛粗乱无光泽、且易脱落、步行缓慢，眼睑、颌下、胸前及腹下出现水肿，便秘与下痢交替发生，肝脏肿大。最后可因极度衰竭而死亡。

【病理变化】

病理变化主要呈现在肝脏，其病变程度与感染虫体的数量及病程长短有关。在大量感染、急性死亡的病例中，可见到急性肝炎和大出血后的贫血现象。肝肿大，包膜有纤维沉积，有2～5mm长的暗红色虫道，虫道内有凝固的血液和少量幼虫。腹腔中有血红色的液体，有腹膜炎病变。

慢性病例主要呈现慢性增生性肝炎，在肝组织被破坏的部位出现淡白色索状瘢痕。肝实质萎缩，变硬，边缘钝圆，胆管肥厚，呈绳索样突出于肝表面；胆管内膜粗糙，刀切时有沙沙声；胆管内有虫体和污浊稠厚的液体。病畜出现消瘦、贫血和水肿现象；胸腹腔及心包内都蓄积着透明的液体。

【诊断】

简单有效的方法是水洗沉淀法：吸取沉淀物，用显微镜观察有无

虫卵。对急性病例，因虫体未发育成熟，粪便检查无虫卵时，必须结合病理剖检，在肝脏和胆管中查找是否有大量童虫存在。此外，应用免疫诊断法，如沉淀反应、补体结合反应、酶联免疫吸附实验、对流电泳和间接血凝等，亦可取得较好的诊断效果。尤其对于片形吸虫的普查，免疫诊断为主要方法。

【防治措施】

（1）预防

每年如进行一次驱虫，可在秋末冬初进行；如进行两次驱虫，另一次驱虫可在翌年的春季。及时对畜舍内的粪便进行堆积发酵，以便利用生物热杀死虫卵。尽可能避免在沼泽、低洼地区放牧，以免感染囊蚴。饮水最好用自来水、井水或流动的河水，并保持水源清洁卫生。有条件的地区可采用轮牧方式，以减少病原的感染机会。肝片吸虫的中间宿主椎实螺生活在低洼阴湿的地区。消灭中间宿主可结合水土改造，以破坏椎实螺的生活条件。流行地区可选用1∶5000的硫酸酮溶液或2.5mg/kg的血防67对椎实螺进行浸杀或喷杀。

（2）治疗

驱除片形吸虫的药物，常用的有下列几种。

① 丙硫咪唑（抗蠕敏） 为广谱驱虫药，每千克体重5～15mg，灌服。

② 硝氯酚（拜耳9015） 驱成虫有高效，每千克体重4～5mg，灌服；或每千克体重0.75～1.0mg，深部肌内注射。

③ 三氯苯唑（肝蛭净） 对成虫、幼虫和童虫均有高效驱杀作用，每千克体重12mg，灌服。患羊用药后14d肉才能食用，其乳10d后才能饮用。

④ 溴酚磷（蛭得净） 对成虫和童虫均有良效，可用于治疗急性病例。每千克体重16mg，灌服。

⑤ 五氯柳胺（氯羟杨苯胺） 驱成虫有高效；每千克体重15mg，灌服。

⑥ 碘醚柳胺 驱除成虫和6～12周的未成熟肝片吸虫都有效，每千克体重7.5mg，灌服。

⑦ 硝碘酚腈 对成虫和童虫均有较好驱杀作用，每千克体重30mg，

灌服。残留时间长，投药1个月后肉、乳才能食用。

⑧ 双酰胺氧醚　对1～6周龄肝片吸虫幼虫有高效，但随虫龄的增长，药效也随之降低。

⑨ 硫双二氯酚（别丁）　对驱除成虫有效，使用后有较强的泻下作用，每千克体重80～100mg，灌服。体质较差或腹泻严重的患羊，慎用或禁用。

⑩ 四氯化碳　驱除成虫效果显著，但有一定副作用，剂量按成年羊每只2mL，6～12月龄羊1mL，与液状石蜡以1∶4比例混合灌服；也可按同等剂量以1∶1比例与液状石蜡混合后，肌肉注射。

三、羊绦虫病

羊绦虫病是由裸头科的多种绦虫寄生于羊的小肠引起的一种寄生虫病。其中以莫尼茨绦虫危害最为严重。羔羊感染轻则影响生长发育，重则致死。

【病原】

病原体有莫尼茨属、曲子宫属和无卵黄腺属绦虫。

莫尼茨绦虫：常见有贝氏莫尼茨绦虫和扩展莫尼茨绦虫，两者外观难以区别。虫体呈扁平带状，乳白色，长为1～6m，最宽处16～26mm。头节球形，有4个吸盘，体节短而宽，每个成熟的节片里，各有两组生殖器官，生殖孔开口于体节的两侧边缘。

曲子宫绦虫：虫体长可达4.3m，宽约12mm，大小因个体差异很大。成熟节片内有一组生殖器官，子宫成横行直管状，并有很多弯曲的侧支。

无卵黄腺属绦虫：是反刍兽绦虫中较小的一类，虫体长2～3m，宽仅为3mm左右。节片较狭窄，成熟节片有一组生殖器官。子宫呈袋状，位于节片中央，没有卵黄腺。

【生活史】

这3个属绦虫发育规律相似。寄生在羊小肠内的成虫不断随粪便排出含有大量虫卵的孕卵节片，向外界散布的虫卵被土壤地螨（无卵黄腺绦虫为长脚跳虫）吞食后，虫卵内的六钩蚴在其体内经26～30d发育为似囊尾蚴。土壤地螨在黄昏或黎明时从草皮及腐烂植物之下爬出来活动，附着在饲草或地面上。当羊吃草或舔土时，吞食了含似囊尾蚴的土壤地螨即被感染。似囊尾蚴进入消化道后吸附在羊的小肠黏膜上，经40～50d发育为成虫。成虫生存期2～6个月，此后由肠内自行排出。

【流行特点】

莫尼茨绦虫呈世界性分布，我国各地均有报道，我国北方，尤其是广大牧区严重流行，每年都有大批羊死于本病。2～5月龄的羔羊最易受感染，成年羊的感染率很低。春夏多雨季节易感。曲子宫绦虫在我国许多省区均有报道，动物具有年龄免疫性，4～5个月以前的羔羊不感染曲子宫绦虫，故多见于6～8月龄以上及成年绵羊。无卵黄腺绦虫主要分布于西北及内蒙古牧区，西南及其他地区也有报道。常见于6月龄以上的绵羊和山羊，多发生于秋季与初冬。

【症状】

轻度感染时不表现症状，重度感染时可见大量虫体结成团阻塞肠道，且由于虫体吸收大量营养，产生毒素，临床表现为食欲减退，口渴，下痢，有时便秘，粪中有孕卵节片，贫血，淋巴结肿大，黏膜苍白，体重减轻，渐而表现弓背，极度沮丧，反应迟钝，最后卧地不起，抽搐，头向后仰或作咀嚼运动，口周围有许多泡沫，衰竭而亡。

【病理变化】

剖检尸体可见消瘦，肌肉色淡，胸腹腔渗出液增多。有时可见肠阻塞或扭转，肠黏膜受损出血，小肠中有数量不等的长1m以上的带状虫体。

【诊断】

根据流行地区资料，结合临床症状怀疑为寄生虫病时，应在打扫羊圈时注意观察粪便表面是否有黄白色孕卵节片（俗称寸白），有者即可确诊。未发现者可取粪便用饱和食盐水浮集法检查虫卵，有时可发现呈不正圆形、四边形、三角形的四周隆厚而中部较薄的饼形，直径56～67μm，卵内有特殊的梨形器的虫卵时，便可确诊。

【防治措施】

（1）在多雨潮湿季节，应尽量少喂生长在洼地、沟边或常被羊粪污染的饲草。避免在雨后、清晨或傍晚放牧，使羊减少食入土壤地螨

的机会。

（2）根据本病的流行特点，适时对羊群进行驱虫，必要时进行二次驱虫。驱虫时每只每次可用1%硫酸铜溶液15～100mL或砷酸铅0.5g灌服。

（3）可选用下列药物治疗

① 硫双二氯酚　每千克体重75～100mg，配成悬浮液一次灌服。

② 氯硝柳胺（灭绦灵）　每千克体重50～75mg，羔羊每只最低剂量1g，配成悬浮液一次灌服。

③ 吡喹酮　每千克体重10～20mg，一次灌服。

④ 1%硫酸铜　1～3月龄每只15～25mL，3～6月龄30～40mL，6月龄以上45～60mL，配制时用蒸馏水或事先煮沸过的雨水，且不可用金属器具盛装，现配现用，灌药前12～24h停止饮水。

⑤ 丙硫咪唑　每千克体重5～10mg，配成悬浮液一次灌服。

⑥ 仙鹤草根芽粉　绵羊每只用量30g，一次灌服。

四、球虫病

羊球虫病是由艾美耳属球虫寄生在羊肠道所引起的一种寄生虫病，以急性或慢性肠炎为特征。羔羊易发，死亡率高。成年羊为带虫者，只感染不发病。

【病原】

在我国，危害山羊较严重的球虫有浮氏艾美耳球虫、阿氏艾美耳球虫、错乱艾美耳球虫及雅氏艾美耳球虫，其虫卵大小分别为29μm×21μm、27μm×18μm、45μm×18μm、23μm×18μm，均呈卵圆形。

【生活史】

球虫的发育无需中间宿主，当羊吞食了具有感染性的卵囊后，在肠道中子孢子逸出，在小肠内进行裂体生殖，产生裂殖子，裂殖子发育到一定阶段，形成大、小配子体，大、小配子体结合为卵囊，排出体外，在适宜的环境下形成孢子化的卵囊，即具有感染性。成年羊感染不发病，2～6月龄的羔羊易发病。主要经消化道感染。

【症状】

病羊食欲不振，轻度感染者排软便，严重感染者病初体温升高，

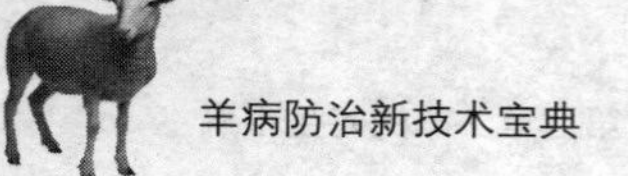

后下降，表现为急剧下痢，排恶臭的血便，继之贫血、消瘦、疝痛。羔羊如不及时治疗，死亡率较高。

【病理变化】

剖检病死羊，可见肠道出血，浆膜面有灰白色病灶。肠系膜淋巴结索状肿胀，切面湿润，苍白色或浅黄色。肠道黏膜上有淡白或黄色卵圆形结节，从粟粒到豌豆大不等，十二指肠和回肠有卡他性炎症，呈点状或带状出血。肝表现有许多灰白色结节。

【防治】

（1）由于孢子化的卵囊对外界的抵抗力很强，一般对圈舍和用具使用70～80℃ 3%的热碱水消毒，必要时采用火焰消毒。

（2）成年羊和幼年羊分开饲养，给予良好的营养，增强机体的抵抗力。

（3）可选用的治疗药物

① 氨丙啉　按每天每千克体重145mg混饲，连喂2～3周。

② 磺胺二甲氧嘧啶对急性病例用磺胺二甲氧嘧啶，按每天每千克体重50～100mg，服用4～5d。

五、羊泰勒焦虫病

泰勒焦虫病是由泰勒科泰勒属的各种焦虫引起的疾病。虫体进入羊体内后，先侵入网状内皮系统中，形成石榴体，其后进入红细胞内寄生，从而破坏红细胞，引起各种临床症状和病理变化。6～8月多发，7月达到高峰。

【病原】

羊泰勒焦虫病的病原体有两种，一种是山羊泰勒焦虫，另一种是绵羊泰勒焦虫，两种都可以感染山羊和绵羊。虫体形态多样，主要有圆环形、椭圆形、杆状、逗点形、圆点形、大头针样等形态，以圆形和卵圆形为多见，约占80%，圆形虫体的直径约为0.6～2.0μm。一个红细胞内一般含有一个主体，有时可见2～3个。红细胞染虫率很高，最高可达90%以上。

【临床症状】

患羊病初体温高达39～41℃，呈稽留热，心律不齐，呼吸加快，

且呼吸困难，精神沉郁，食欲减退，有的腹泻，可视黏膜初期充血，继而出现贫血，体表淋巴结肿大，病程7～15d。

【病理变化】

体表淋巴结肿大，肝、脾均明显肿大，并有出血点。肾呈黄褐色，表面有淡黄色或灰白色结节和出血点。肺充血水肿，心冠脂肪出血，血液稀薄，色淡，血凝不良。膀胱黏膜有散在出血点。皱胃黏膜肿胀。尿发黄、浑浊或血尿。

【诊断】

根据流行病学、临床症状、病理变化作出初步诊断，后根据镜检和药物试验确诊。采耳尖血抹片，用瑞特氏或姬姆萨氏染色，高倍镜下可见红细胞数量减少，大小不均，红细胞内有圆形或扁形的深蓝色或蓝紫色的虫体，虫体的数量不一，有的多达10多个。

【治疗】

① 血虫净　每千克体重7～10mg，深部肌肉注射，每日2次。

② 复方914　每日1次。

③ 复方新砜钠明　每日1次。

六、羊鼻蝇蛆病

羊鼻蝇蛆病是由羊鼻蝇的幼虫寄生在羊的鼻腔及附近腔窦内所引起的疾病。在我国西北、内蒙古、东北及华北等地区较为常见。羊鼻蝇主要危害绵羊，对山羊危害较轻。病羊表现为精神不安，体质消瘦，甚至发生死亡。

【病原】

羊鼻蝇的成虫体长10～12mm，淡灰色，形状似蜜蜂。第3期幼虫背面隆起，腹面扁平，长28～30mm。

【症状】

羊鼻蝇幼虫进入病羊鼻腔、额窦及颌窦后，在其移行过程中，由于口前钩和体表小刺损伤黏膜引起鼻炎；流鼻液初为浆液性，后为黏液性和脓性，有时混有血液；当大量鼻液干涸在鼻孔周围形成硬痂时，使羊呼吸困难。病羊表现不安，打喷嚏，时常摇头，摩鼻，眼睑浮肿，流泪，食欲减退，日渐消瘦。症状可因幼虫的发育期不同持续数月。

通常感染不久呈急性表现，以后逐渐好转，到幼虫寄生的末期，疾病表现更为剧烈。此外，当个别幼虫进入颅腔损伤了脑膜或因鼻窦发炎而波及脑膜时，可引起神经症状，表现为运动失调，旋转运动，头弯向一侧或发生麻痹；最后，病羊食欲废绝，因极度衰竭死亡。

【诊断】

该病在羊生前诊断，可在早期用药液喷射鼻腔查找有无死亡的幼虫排出；死后剖检，如在鼻腔、鼻窦或额窦内发现羊鼻蝇幼虫，亦可确诊。

【防治措施】

该病防治应以消灭第一期幼虫为主要措施。各地应根据不同气候条件和羊鼻蝇的发育情况，确定防治的时间，一般在每年11月份进行为宜。可选用下列药物。

1.精制敌百虫

口服：按每千克体重0.12g，配成2%溶液，灌服。

肌内注射：取精制敌百虫60g、95%酒精31mL，在瓷容器内加热后，加入31mL蒸馏水，再加热至60～65℃，待药完全溶解后，加水至总量100mL，经药棉过滤后即可注射；剂量为，羊体重10～20kg用0.5mL，20～30kg用1mL，30～40kg用1.5mL，40～50kg用2mL，50kg以上用2.5mL。

2.敌敌畏

口服：每千克体重5mg，每日1次，连用2d。

烟雾法：常用于大面积防治，按室内空间每立方米用80%敌敌畏0.5～1mL。吸雾时间应根据小群羊安全试验和驱虫效果而定，一般不超过1h。

气雾法：亦适合大群羊的防治，可用超低量电动喷雾器或气雾枪使药液雾化。药液的用量及吸雾时间与烟雾法相同。

涂擦：用1%敌敌畏软膏，在成蝇飞翔季节涂擦良种羊的鼻孔周围，每5d 1次，可杀死雌虫产下的幼虫。

七、肺线虫病

肺线虫病也称肺丝虫病，绵羊和山羊都可感染，各地区常有流行，往往会造成羊只的大量死亡。

【病原】

大型肺线虫中，丝状网尾线虫是危害羊的主要寄生虫，为大型白色虫体，肠管呈黑色穿行于体内，口囊小而浅。雄虫体长30～80mm；交合伞的中侧肋和后侧肋合并，仅末端分开；1对交合刺粗短，为多孔状结构，黄褐色，呈靴状。雌虫体长50～112mm，阴门位于虫体中部附近。

小型肺线虫中缪勒属和病圆属线虫分布最广，危害也较大。这类线虫虫体纤细，体长12～28mm，肉眼刚能看见；小型肺线虫不同于大型肺线虫，在发育过程中需要中间宿主的参加。

【症状】

羊群遭受感染时，首先个别羊干咳，继而成群咳嗽，运动时和夜间更为明显，此时呼吸声亦明显粗重，如拉风箱。在频繁而痛苦的咳嗽时，常咳出含有成虫、幼虫及成卵的黏液团块。咳嗽时伴发啰音和呼吸急促，鼻孔中排出黏稠分泌物，干涸后形成鼻痂，从而使呼吸更加困难。病羊常打喷嚏，逐渐消瘦，贫血，头、胸及四肢水肿，被毛粗乱。羔羊症状严重，死亡率也高。羔羊轻度感染或成年羊感染时的症状表现较轻。小型肺线虫单独感染时，病情表现比较缓慢，只是在病情加剧或接近死亡时，才明显表现为呼吸困难、干咳或呈爆发性咳嗽。

【病理变化】

主要表现在肺部，可见有不同程度的肺膨胀不全和肺气肿，肺表面隆起，呈灰白色，触摸时有坚硬感；支气管中有黏性或脓性混有血丝的分泌团块和肺线虫。气管内分泌物增多，见有肺线虫。

【诊断】

可根据临床症状、检查幼虫和尸体剖检做出诊断；临床症状主要特点是阵发性咳嗽和流鼻涕等。

【防治措施】

（1）预防

① 改善饲养管理，提高羊的健康水平和抵抗力，可缩短虫体寄生时间。

② 在本病流行区，每年春秋两季（春季在2月，秋季在11月为

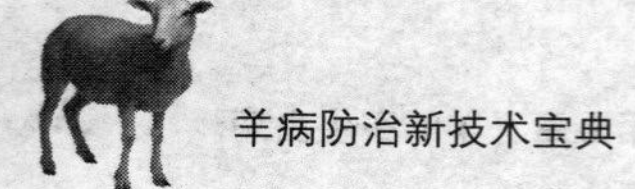

宜）进行两次以上定期驱虫，驱虫治疗期间应将粪便进行生物热处理。

③ 加强羔羊的培育，羔羊与成羊分群放牧，并饮用流动水或井水；有条件的地区，可实行轮牧；避免在低洼沼泽地区放牧；冬季应予适当补饲。

（2）治疗

① 驱虫净　每千克体重10 ～ 20mg，灌服；肌肉或皮下注射，按每千克体重10 ～ 12mg。

② 左旋咪唑　每千克体重8mg，灌服；肌肉或皮下注射，按每千克体重5 ～ 6mg。

③ 丙硫苯咪唑　每千克体重5 ～ 10mg，灌服。

④ 苯硫咪唑　每千克体重5mg，灌服。

⑤ 氰乙酰肼（网尾素）　按每千克体重17mg，灌服，每天1次，连用3 ～ 5d；或每千克体重15mg，皮下或肌肉注射。

⑥ 亚砜咪唑　按每千克体重5mg，灌服。

八、羊虱病

羊虱是永久寄生的外寄生虫病，有严格的畜主特异性。虱在羊体表以不完全变态方式发育，经过卵、若虫和成虫三个阶段，整个发育期约一个月。

【病原】

病原为羊虱。羊虱可分为两大类：一类是吸血的，有山羊颚虱、绵羊颚虱、绵羊足颚虱和非洲羊颚虱等；另一类是不吸血的，为以毛、皮屑等为食的羊毛虱。山羊颚虱寄生于山羊体表，虫体色淡、长1.5 ～ 2mm。头部呈细长圆锥形，前有刺吸口器，其后方陷于胸部内。胸部略呈四角形，有足三对。腹呈长椭圆形，侧缘有长毛，气门不显著。

【生活史】

羊虱是永久寄生的外寄生虫，有严格的畜主特异性。虱在羊体表以不完全变态方式发育，经过卵、若虫和成虫三个阶段，整个发育期约一个月。成虫在羊体上吸血，交配后产卵，成熟的雌虱一昼夜内产卵1 ～ 4个，卵被特殊的胶质牢固黏附在羊毛上，约经2周后发育为若

虫，再经2～3周蜕化三次而变成成虫。雌虱产卵期2～3周，共产卵50～80个，产卵后即死亡。雄虱的生活期更短。一个月内可繁殖数代至十余代。虱离开羊体，得不到食料，1～10d内死亡。虱病是接触感染的，可经过健羊与病羊直接接触，或经过管理用具、互相接触机会增多，加之羊舍阴暗、拥挤等，都有利于虱子的生存、繁殖和传播。

【症状】

寄生于羊毛上，发痒，绒毛上可发现毛虱虫体。虱子分泌有毒的唾液，刺激皮肤的神经末梢而引起发痒，羊通过啃咬或摩擦而损伤皮肤。当大量虱聚集时，可使皮肤发生炎症、脱皮或脱毛，尤其是毛虱可使羊绒折断，对羊绒的质量造成严重的影响。由于虱的长期骚扰，病羊烦乱不安，影响采食和休息，以致逐渐消瘦、贫血。幼羊发育不良，奶羊泌乳量显著下降。羊体虚弱，抵抗力降低，严重者可引起死亡。

【诊断】

眼观检测：可在羊绒上、皮肤上发现虫体。

显微镜检查：取大小不同羊只身上的虱放于低倍显微镜下观察。其体背腹扁平，头部较胸部为窄，呈圆锥形。无翅，触角1对，通常由5节组成；足3对，粗短而有力，肢末端以跗节的爪与胫节的指状突相对，形成握毛的有力工具。咀嚼式口器，腹部有许多节组成，背腹部覆有许多毛。

【预防】

加强饲养管理及兽医卫生工作，保持羊舍清洁、干燥、透光和通风，平时给予营养丰富的饲料，以增强羊的抵抗力。对新引进的羊只应加以检查，及时发现及时隔离治疗，防止蔓延，对羊舍要经常清扫、消毒，垫草要勤换勤晒，管理工具要定期用热碱水或开水烫洗，以杀死虱卵。及时对羊体灭虱，应根据气候不同采用洗刷、喷洒或药浴。

【治疗】

伊维菌素　皮下注射，0.01～0.02mL/kg（羔羊在3月龄以上方可注射）。

药浴治疗　用0.5%敌百虫水溶液或20%蝇毒磷，池浴、喷雾。浴前2h让羊充分饮水，停止喂草料，用品质差的羊只试浴，无毒后方可进行。先浴健康羊，后浴病羊，有外伤者不药浴。药浴水温为

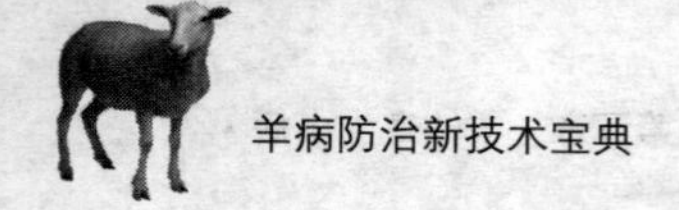

20～30℃，药浴时间为2～3min，预防为1min。怀孕2月以上母羊不要药浴。药浴后阴凉处休息1～2h，如遇天气突变可放回羊舍，以防感冒。药浴后对于严重或虱不彻底死亡的个别羊只再进行第2次药浴。药浴半月后羊身上的虱可全部死亡。

九、血吸虫病

羊血吸虫病是血吸虫寄生在羊门静脉、肠系膜静脉和盆腔静脉内，引起贫血、消瘦与营养障碍的一种地方性寄生虫病。

【病原】

病原为分体属和东毕属吸虫。分体属在我国只有日本分体吸虫，虫体细长，雄虫呈乳白色，口吸盘在体前端，腹吸盘较大，具有粗而短的柄，体壁自腹吸盘后方至尾部两侧向腹面卷起形成抱雌沟，通常雌虫在沟内呈合抱状态。雌虫呈暗褐色，卵巢呈椭圆形，位于虫体中部偏后方两肠管合并处前方。虫卵呈短卵圆形，为淡黄色。

【生活史】

东毕吸虫的中间宿主为多种椎实螺。雌虫在寄生的静脉末梢产卵，产出的虫卵一部分随血流到达肝脏，一部分沉积在肠壁上。肠壁上的虫卵在血管内成熟后，虫卵分泌的溶细胞物质使虫卵周围肠组织发炎、坏死、破溃，虫卵进入肠道随粪便排出体外，并在外界水中孵出毛蚴。毛蚴遇中间宿主——椎实螺即迅速钻入螺体内，经母胞蚴、子胞蚴和尾蚴阶段的发育后，尾蚴离开螺体进入水中。羊饮水或放牧时，尾蚴即钻入羊皮肤或通过口腔黏膜进入体内，体内的虫体亦可通过胎盘感染胎儿。在终末宿主体内的幼虫又侵入小血管或淋巴管，随血流到达其寄生部位发育为成虫。

【症状】

羊患本病多呈慢性经过，只有当突然感染大量尾蚴后，才急性发病。病羊表现体温升高，似流感症状，食欲减退，精神不振，呼吸迫促，有浆液性鼻液，下痢，消瘦等，常可造成大批死亡。一经耐过则转为慢性。轻度感染的羊，缺乏急性表现。慢性病例一般呈现黏膜苍白，下颌及腹下水肿，腹围增大，消化不良，软便或下痢。幼羊生长发育停滞，甚至死亡。母羊不发情、不孕或流产。

【病理变化】

剖检可见尸体明显消瘦，贫血，腹腔内常有大量腹水。在感染数千条以上的病例，其肠系膜及大网膜均有明显的胶样浸润，更严重的可以波及胃肠壁的浆膜层。小肠黏膜上可见有出血点或坏死灶。肠系膜淋巴结普遍表现水肿。肝组织出现程度不同的结缔组织化。肝脏质地变硬，在肝表面可以见到灰白色网状组织的凹陷纹理，而使肝表面低洼不平，并且散布着大小不等的灰白色坏死结节。肝脏在初期多表现为肿大，后期多表现为萎缩，被膜增厚，呈灰白色。

【诊断】

由于该虫产卵较少，在感染轻的情况下，从粪便中不易发现虫卵，死后可根据寄生数量及病理变化来确诊，在粪检时可采用粪便沉淀法，根据粪中孵出的毛蚴进行生前诊断。

【防治措施】

（1）预防

在4～5月份和10～11月份定期驱虫，病羊要淘汰。结合水土改造工程或用灭螺药物杀灭中间宿主，阻断血吸虫的发育途径。疫区内粪便进行堆肥发酵和制造沼气，既可增加肥效，又可杀灭虫卵。选择无螺水源，实行专塘用水，以杜绝尾蚴的感染。

（2）治疗

① 硝硫氰胺　每千克体重4mg，配成2%～3%水悬液，颈静脉注射。

② 吡喹酮　每千克体重30～50mg，1次灌服。

③ 敌百虫　绵羊每千克体重70～100mg，山羊每千克体重50～70mg，灌服。

④ 六氯对二甲苯　每千克体重200～300mg，灌服。

十、棘球蚴病

棘球蚴病也叫囊虫病或包虫病，俗称肝包虫病。所有哺乳动物都可受到棘球蚴的感染而发生棘球蚴病。绵羊和山羊都是中间宿主。本病是一种人兽共患的绦虫蚴病，它不仅危害畜牧业，而且对公共卫生有很大影响。羊只发生本病以后，可使幼羊发育缓慢，成年羊的毛、肉、奶的数量减少，质量降低，因而造成严重的经济损失。

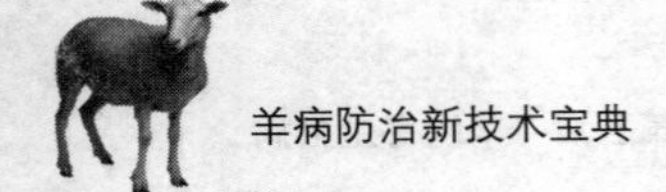

【病原】

病原为棘球蚴。棘球蚴是犬细粒棘球绦虫的幼虫期。细粒棘球绦虫寄生在犬、狼及狐狸的小肠里，虫体很小，全长2～8mm，由三个或四个节片组成，头节上具有额嘴和四个吸盘，额嘴上有许多小钩，最后的体节为孕卵节片，内含400～800个虫卵。

棘球蚴寄生于绵羊及山羊的肝脏、肺脏以及其他器官，它的形态是多种多样的，大小也很不一致，从豆粒大到人头大，也有更大的。

【生活史】

终末宿主犬、狼、狐狸把含有细粒棘球绦虫的孕卵节片和虫卵随粪排出，污染牧草、牧地和水源。当羊只通过吃草饮水吞下虫卵后，卵膜因胃酸作用被破坏，六钩蚴逸出，钻入肠黏膜血管，随血流达到全身各组织，逐渐生长发育成棘球蚴，最常见的寄生部位是肝脏和肺脏。如果终末宿主吃了含有棘球蚴的食物，经2.5～3个月就在肠道内发育成细粒棘球绦虫，并可在宿主肠道内生活达6个月之久。

【症状】

严重感染时，有长期慢性的呼吸困难和微弱的咳嗽。当肝脏受侵袭时，羊表现疼痛。当肝脏容积极度增加时，可观察右侧腹部稍有膨大。绵羊严重感染时，营养不良，被毛逆立，容易脱落。有特殊的咳嗽，当咳嗽发作时，病羊躺在地上。

【病理变化】

可见肝肺表面凹凸不平，重量增大，表面有数量不等的棘球蚴囊泡突。肝脏实质中亦有数量不等、大小不一的棘球蚴囊泡。棘球蚴内含有大量液体，液体沉淀后，可见有大量包囊砂。有时棘球蚴发生钙化和化脓。有时在心、脾、肾、脑、脊椎管、肌内、皮下亦可发现棘球蚴。

【诊断】

严重病例可依靠症状诊断，或用X光和超声检查进行确诊。最好的方法是用皮内变态反应作生前诊断。

【防治措施】

尚无有效疗法。患棘球蚴病畜的脏器一律进行深埋或烧毁，以防被犬或其他肉食兽吃入。做好饲料、饮水及圈舍的清洁卫生工作，防止犬粪污染。驱除犬的绦虫，要求每个季度进行一次，驱虫药用氢溴

酸槟榔碱时，每千克体重1～4mg，绝食12～18h后灌服，也可选用吡喹酮，每千克体重5～10mg，灌服。服药后，犬应拴留1昼夜，并将所排出的粪便及垫草等全部烧毁或深埋处理，以防病原扩散传播。

十一、脑多头蚴病

羊脑多头蚴病又称脑包虫病，是脑多头蚴寄生于羊的脑或脊髓而引起的一系列神经症状的严重寄生虫病。

【病原】

脑多头蚴为乳白色半透明囊泡，圆形或卵圆形，豌豆大到鸡蛋大，囊壁上有集成簇的许多原头蚴，有100～250个。囊内充满液体。羊吞食多头带绦虫虫卵而受感染，六钩蚴钻入肠黏膜，随血流到达脑、脊髓中，经2～3个月发育为多头蚴。

【生活史】

成虫寄生于犬、狼等终末宿主的小肠内，脱落的孕卵节片随粪便排出体外，虫卵逸出，污染饲草、饲料或饮水，羊等中间宿主吞食后，虫卵在其消化道中孵化出六钩蚴，随即钻入肠黏膜血管随血流到达脑和脊髓，经2～3个月发育为脑多头蚴。多头蚴在羔羊脑内发育较快，一般在感染2周时能发育至粟粒大，6周后囊体直径可达2～3cm，经8～13周发育到3.5cm，并具有发育成熟的原头蚴。囊体经7～8个月后停止发育，其直径可达5cm左右。

犬、狼等吞食了含有脑多头蚴的动物脑、脊髓后，脑多头蚴在其消化液的作用下，囊壁溶解，原头蚴吸附在小肠壁上经41～73d发育为成虫。

【流行特点】

这是牧区常见的一种羊寄生虫病，成虫寄生于犬、狼、狐、豺等肉食兽的小肠，多发于犬活动频繁的地方。容易侵袭1～2岁的绵羊和山羊。一年四季都有感染可能。

【症状与病理变化】

感染后1～3周呈现体温升高，类似脑炎或脑膜炎症状，严重者常引起死亡，耐过动物症状消失而呈健康状态。感染2～7个月出现典型症状，呈现异常运动和异常姿势。虫体寄生在一侧脑半球表面时，头倾向患侧，并以患侧做圆圈运动，对侧眼失明。虫体寄生在脑前部时，头低垂，抵于胸前或高举前肢步行或猛冲向前，遇障碍物后倒地或静立不动。虫体寄生在小脑时，知觉过敏，易惊恐，步态蹒跚，平衡失调，痉挛等。虫体寄生在腰部脊髓时，后躯及盆腔脏器麻痹，最后死于高度消瘦或因重要神经中枢受害。前期有脑膜炎和脑炎病变，后期可见囊体或在表面，或嵌入脑组织中。寄生部位的头骨变薄、松软和皮肤隆起。

【诊断】

在流行区，根据其特殊的症状、病史做出初步判断。剖检病畜查虫体确诊。

【防治措施】

预防本病应对牧羊犬定期驱虫，排出的犬粪和虫体应深埋。对野犬、狼等终宿主应予以捕杀，防止犬吃到含脑多头蚴的羊脑和脊髓。

施行手术摘除，但脑后部及深部寄生者则较困难。近年来用吡喹酮和丙硫咪唑进行治疗可获得较满意的效果。

十二、消化道线虫病

消化道线虫病是寄生于山羊消化道内的各种线虫引起的寄生虫病。其特征是患羊消瘦、贫血、胃肠炎、下痢、水肿等，严重感染可引起死亡。山羊消化道线虫种类很多，它们具有各自引起疾病的能力和不同的临床症状，常呈混合感染。本病分布广泛，是山羊重要的寄生虫病之一，给养羊业造成严重的经济损失。

【病原体】

山羊消化道线虫有以下虫体。

① 捻转血矛线虫　呈毛发状，淡红色，头端尖细，口囊小，内有一角质背矛，雄虫长15～19mm，交合伞发达，背肋呈“人”字形。雌虫长27～30mm，眼观可见红白线条相间，阴门位于虫体后半部，有明显的阴门盖。虫卵无色，壳薄，大小为（75～95）μm×（40～50）μm。虫卵随宿主粪便排出，孵出幼虫经蜕皮发育到带鞘的感染性幼虫，羊随吃草和饮水吞食感染性幼虫而感染，经3～4周发育为成虫。

② 普通奥斯特线虫　虫体呈淡红色，前端较细，口囊小，体表有

角质层纵纹。雄虫长7～12mm，背肋于远端1/2处分为2枝。交合刺1对，细而长，其远端分为3叉。引器似球拍状。雌虫长10～13mm，排卵器发达，尾端锥形。虫卵大小为（69～95）μm×（34～59）μm。

③ 蛇形毛圆线虫　虫体很小，呈丝状，体表有细小的横纹，无纵纹。雄虫长5～8mm，交合刺1对，棕黄色，形状相似，不等长，远端均有倒钩1个。引器正面呈梭形，侧面似拉长的S形。雌虫长5～10mm，虫体在肛门之后急速缩小，而形成尖细的尾端。虫卵大小为（69～98）μm×（34～55）μm。寄生于山羊消化道的毛圆线虫属还有艾氏毛圆线虫。

④ 尖刺细颈线虫　虫体前部尖细，头端角质层扩大成头囊，头囊具有横纹。雄虫长7～15mm，背肋每枝末端分为内外2个小枝。交合刺远端套在膜内，形状似红缨枪。雌虫长12～21mm，阴门横缝状，位于虫体后1/3处。虫卵椭圆形，大小为（139～175）μm×（76～91）μm。

⑤ 栉状古柏线虫　虫体头端细小，头部角质层扩大形成对称的头囊，口腔小，无明显的齿，体部有10～16条纵纹。雄虫长5～7mm，背肋于中部分为并行的2枝，每枝的中上方又发出一个指状的侧枝，交合刺中部粗大，远端变细，其上有环纹。雌虫长8～9mm，虫卵大小为（67～80）μm×（31～38）μm。

⑥ 蒙古马歇尔线虫　虫体两端尖细，体表角质层具有纵纹，颈乳突位于食道中部的体表两侧。雄虫长10～15mm，背肋细长，约在远端1/3处分为左右2枝，各枝末端分成内、外2枝，于该两小枝的稍上方有1个外侧枝。交合刺长0.2～0.3mm，远端1/3处分成3枝。引器不明显，呈葱头状。雌虫12～17mm，有阴门盖，尾部细长，末端稍膨大。虫卵椭圆形，大小为（182～217）μm×（83～115）μm。

⑦ 羊仰口线虫　虫体前端弯向背侧，口囊大，呈漏斗状，口囊底部有1个大背齿和2个小亚腹齿。雄虫长12～15mm，交合伞由2个发达的侧叶和1个不对称的小背叶组成。背肋的分枝不对称。交合刺1对，褐色，等长。雌虫长17～22mm，尾端粗短而钝圆。虫卵大小为（72～85）μm×（45～49）μm。

⑧ 哥伦比亚食道口线虫　有发达的侧翼膜，口囊在口领下界的前方，头囊不甚膨大，外叶冠由20～24叶组成，内叶冠由40～48个小

叶组成，颈乳突于颈沟的稍后方，其尖端突出于侧翼膜之外。雄虫长12～14mm，交合伞发达，交合刺长0.7～0.9mm。雌虫长16～19mm，尾部长，有肾形的排卵器。虫卵呈椭圆形，大小为（73～89）μm×（34～45）μm。

⑨ 羊夏伯特线虫　虫体较大，前端略向腹面弯曲，口囊大而无齿，其前缘有两圈由小三角形叶片组成的叶冠，腹面有浅的颈沟，颈沟前有稍膨大的头泡。雄虫长16.5～21.5mm，有发达的交合伞，交合刺褐色，长1.3～1.8mm。引器呈淡褐色。雌虫长22.5～26mm，尾端尖。虫卵呈椭圆形，大小为（100～120）μm×（40～50）μm。

⑩ 球形毛首线虫　虫体鞭状，鞭部与体部之比，雄虫为（2：1）～（3：1），雌虫为（3：1）～（4：1）。雄虫长54～69mm，交合刺长3.3～5.6mm，交合刺鞘伸出时远端有球形的膨大，上有小刺。雌虫长62～86mm，阴道短，阴门开口于虫体粗细交界处。虫卵呈棕黄色，腰鼓形，卵壳厚，两端有卵塞，大小为（57～65）μm×（32～57）μm。

【生活史】

山羊消化道线虫在发育过程中，不需要中间宿主，为直接发育，称土源性线虫。它们的生活史可以概括为3种类型，即圆形线虫型、钩虫型和毛首线虫型。

① 圆形线虫型　雌雄虫在消化道内交配产卵，虫卵随宿主粪便排至外界，在适宜的温度、湿度和氧气条件下，从卵内孵化出第一期幼虫，脱二次皮变为第三期幼虫（感染性幼虫）。感染性幼虫对外界的不利因素有很强的抵抗力，能在土壤和牧草上爬动。清晨、傍晚、雨天和雾天多爬到牧草上，当羊随同牧草吞食感染性幼虫而获得感染。幼虫在终末宿主体内或移行，或不移行，而发育为成虫。

② 钩虫型　虫卵随宿主粪便排至外界，在外界发育为第一期幼虫。孵化后，经两次脱皮变为感染性幼虫。感染性幼虫能在土壤和牧草上活动，主要是通过终末宿主的皮肤感染，随血流到肺，其后出肺泡，沿气管到咽，又随黏液一起咽下，到小肠发育为成虫。也能经口感染。

③ 毛首线虫型　虫卵随宿主粪便排至外界，在粪便和土壤中发育为感染性虫卵。宿主吞食到感染性虫卵后，幼虫在小肠内孵出，在大

肠内发育为成虫。

【致病作用】

虫体的前端刺入胃肠黏膜，引起不同程度的发炎和出血。除上述机械性刺激外，虫体可以分泌一种特殊的毒素，防止血液凝固，致使血液由黏膜损伤处大量流失，这种现象在捻转血矛线虫表现得更为突出。有些虫体分泌的毒素经羊体吸收后，可导致血液再生机能的破坏或引起溶血而造成贫血。有的虫体毒素还可干扰羊体消化液的分泌，胃肠的蠕动和体内糖的代谢，使胃肠机能发生紊乱，妨碍了食物的消化和吸收，病羊呈现营养不良和一系列症状。

【流行特点】

多在夏末和早秋流行。低湿牧地有利于传播此病，在早晚放牧吃露水草或小雨后的阴天放牧，羊更易感染。

【症状与病理变化】

羊在严重感染的情况下，可出现不同程度的贫血、消瘦、胃肠炎、下痢、下颌间隙及颈胸部水肿。羔羊发育受阻。少数病羊体温升高，呼吸、脉搏增数，心音减弱，最后导致病羊衰弱而死亡。剖检可见胸腔及心包有积水，皱胃黏膜水肿、有小创伤和溃疡，大量虫体绞结成一黏液状团块。幼虫在肠壁上形成结节，小肠黏膜卡他性炎症。

【诊断】

羊消化道线虫病病原种类较多，在临床上引起的症状大多无特征性。虫卵检查除毛首线虫、细颈线虫、仰口线虫、古柏线虫等有特征可以区别外，其他各种不易辨认，生前很难诊断。唯有根据本病的流行情况、病羊的症状、死羊或病羊的剖检结果作综合判断。粪便虫卵计数法只能了解本病的感染强度，作为防治的依据。在条件许可的情况下，必要时可进行粪便培养，检查第三期幼虫。

【防治措施】

1.预防

① 计划性驱虫　可根据当地的流行病学资料作出规划，一般春秋季各进行一次驱虫。

② 放牧和饮水卫生　应避免在低湿的地方放牧；不要在清晨、傍晚或雨后放牧，尽量避开幼虫活动的时间，以减少感染机会；禁饮低

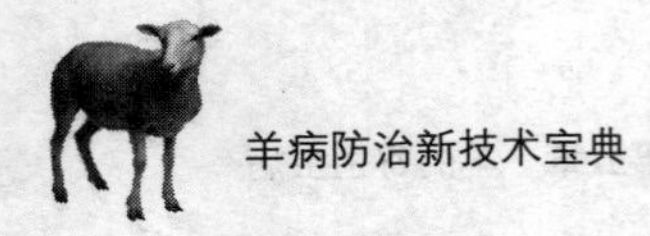

洼地区的积水或死水。

③ 加强粪便管理，将粪便集中在适当地点进行生物热处理，消灭虫卵和幼虫。

2. 治疗

① 左旋咪唑　每千克体重6～10mg，溶水灌服，也可配成5%的溶液皮下或肌内注射。

② 噻苯达唑　每千克体重30～50mg，可配成20%悬浮液灌服，或瘤胃注射。

③ 甲噻嘧啶　每千克体重10mg，灌服或拌饲喂服。

④ 甲苯咪唑　每千克体重10～15mg，灌服或混饲给予。

⑤ 丙硫咪唑　每千克体重5～10mg，灌服。

⑥ 伊维菌素（害获灭）或阿维菌素　每千克体重0.1mg，灌服；0.1～0.2mg/kg体重，皮下注射。

十三、细颈囊尾蚴病

细颈囊尾蚴病是寄生于犬和野狼、狐等肉食动物小肠内的带科泡状带绦虫的幼虫——细颈囊尾蚴，寄生在羊、猪、牛和鹿等动物的腹膜、大网膜、肝脏与膈等处所引起的寄生虫病。

【病原】

病原为细颈囊尾蚴，寄生于感染动物的肠系膜上，有时寄生于肝脏表面。寄生数目不等，有时可达数十个，一般为豌豆到鸡蛋大小，白色，囊内充满透明液体，在囊泡上长有一个像高粱粒大的白色颗粒，就是向内凹陷的头节。其成虫为白色或淡黄色，长60～500cm，宽1～5mm，分为头节、颈节和体节。虫卵呈无色透明的圆形或椭圆形，薄而脆弱，大小为5～70μm，内有六钩蚴。

【生活史】

成虫寄生于终末宿主的小肠内，孕卵节片或虫卵随粪便排出体外，污染草场、饲料和饮水。羊等中间宿主误食了孕节或虫卵后，在消化道内孵化出六钩蚴，钻入肠壁血管，随血流到达肝脏，由肝实质内逐渐移行到肝脏表面寄生，或进入腹腔内寄生于大网膜、肠系膜及腹腔的其他部位，甚至可进入胸腔寄生于肺脏。幼虫生长发育3个月左右

具有感染能力。终末宿主肉食动物如吞食了含有细颈囊尾蚴的脏器后，在小肠内经过52～78d发育为成虫。

【流行特点】

该寄生虫在世界上分布很广，凡养犬的地方，一般都会有牲畜感染细颈囊尾蚴。家畜感染细颈囊尾蚴，是由于感染有泡状带绦虫的犬、狼等动物的粪便中排出有绦虫的节片或虫卵，它们随着终末宿主的活动污染了牧场、饲料和饮水。常见农村宰猪或牧区宰羊时，犬多守立于旁，凡不宜食用的废弃内脏便丢弃在地，任犬吞食，这是犬易于感染泡状带绦虫的重要原因。犬的这种感染方式和这种形式的循环，在我国不少农村是很常见的。细颈囊尾蚴对羔羊致病力强，往往由于六钩蚴移行至肝脏时，形成孔道形成急性肝炎。

【症状】

本病主要危害幼龄羊，成年羊群常仅为带虫者。病羊的临床症状一般不甚明显，主要呈慢性经过，身体日渐消瘦，被毛逆立而无光泽，眼结膜及皮肤的颜色日益变淡，在出牧过程中常常行动落后，平时往往舔食粪尿和其他污物，表现异嗜。病情严重时，患病羊精神不振，采食和饮水减少，喜卧，生长发育缓慢，在寒冷季节和饲料单一而营养不足的情况下，容易发生死亡。

【病理变化】

剖检病死羊，在肝脏、大网膜、肠系膜、腹膜、横膈膜及骨盆腔脏器外面等处发现呈“水铃铛”样的细颈囊尾蚴。该虫体呈乳白色囊泡状，在羊腹腔内寄生的数量不一，多者可达十几个或更多。虫体大小不等，常见其小者如豌豆大，大者如鸡蛋大。虫体寄生于羊浆膜组织表面上时，一般仅以小部分附于组织上，大部分囊泡游离而显现出一段细窄的颈部。病死的羊，皮下脂肪减少，肌肉颜色变淡，血液稀薄，在皮下或肌间往往出现胶样浸润。有的病羊肝脏稍肿大，肝脏表面往往有细小的出血点、小结节或灰白色的瘢痕。虫体寄生于肝脏表面时，附着部位的组织往往褪色与萎缩。

【诊断】

在网膜、肠系膜和胃肠浆膜等腹腔浆膜上可见借助粗细不一的蒂悬挂着成熟的囊尾蚴囊泡。严重时，一只羊可见几十甚至上百个囊泡，

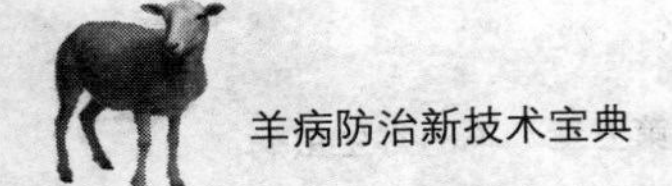

成串地悬挂在腹腔浆膜上，并可见局限性腹膜炎。用细颈囊尾蚴液制成抗原做皮内试验，此法已经成为进行大面积普查和筛选的主要手段。终末宿主检查以粪便检查虫卵或孕卵节片为主。

【防治措施】

（1）预防

犬进行定期检查和驱虫，可选用以下几种药物。

① 氢溴酸槟榔碱　犬1mg/kg体重，停食12～13h，以肠衣片经口给药。

② 盐酸丁奈脒　25～50mg/kg体重，停食3～4h，灌服，用前不得将药捣碎或溶于水，否则会引起中毒。

③ 硫酸双氯酚　200mg/kg体重，1次灌服。

④ 丙硫咪唑　400mg/kg体重，1次灌服。

中间宿主的家畜屠宰后，应加强肉品卫生检验，检出细颈囊尾蚴及其寄生的内脏需进行无害处理，不得随意丢弃或喂犬。

防止犬吞食细颈囊尾蚴，严禁其进入屠宰场，更不能将病畜内脏喂犬。

蝇在传播虫卵中起着重要作用，应采取可行方法灭蝇。

（2）治疗

① 吡喹酮　每千克体重50mg，灌服，可杀死细颈囊尾蚴。

② 用液体石蜡配成10%的溶液，分2次间隔1d肌肉注射有良效。

第六章　羊的内科病

一、口炎

羊的口炎是口腔黏膜表层和深层组织的炎症。其病演变过程有单纯性局部炎症和继发性全身反应。

【病因】

原发性口炎多由外伤引起。如采食尖锐的植物枝杈、秸秆，误饮氨水，舔食强酸、强碱等。继发性口炎多发生于羊患口疮、口蹄疫、羊痘、霉菌性口炎，过敏反应和羔羊营养不良时。

【症状】

原发性口炎病羊常采食减少或停止，口腔黏膜潮红、肿胀、疼痛、流涎，甚至糜烂、出血和溃疡，口臭，全身变化不大。

继发性口炎多见有体温升高的全身反应。如羊口疮时，口腔黏膜以及上下唇、口角处呈现疱疹和出血干痂样坏死；口蹄疫时，除口腔黏膜发生水疱及烂斑外，趾间及皮肤也有类似病变；羊痘时除口腔黏膜有典型的痘疹外，在乳房、眼角、头部、腹下皮肤处亦有痘疹。

霉菌性口炎，常有采食发霉饲料的病史，除口腔黏膜发炎外，还表现下泻、黄疸等病演过程。

过敏反应性口炎，多与突然采食或接触某种过敏原有关，除口腔有炎症变化外，在鼻腔、乳房、肘部和股部内侧等处见有充血、渗出、溃烂、结痂等变化。

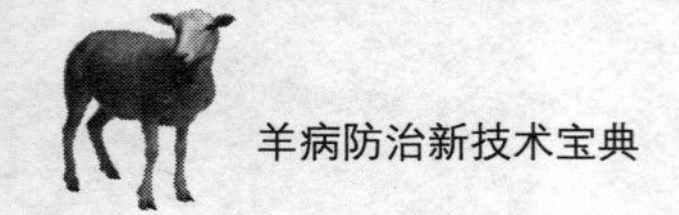

【防治措施】

加强管理，防止因口腔受伤而发生原发性口炎。宜用2%碱水刷洗消毒饲槽，饲喂青嫩、柔软的青干草。对传染病合并口腔炎症者，宜隔离消毒。轻度口炎，可用0.1%雷夫奴耳液或0.1%高锰酸钾液冲洗；亦可用20%盐水冲洗；发生糜烂及渗出时，用2%明矾液冲洗；有溃疡时，用1 ∶ 9碘甘油或用蜂蜜涂擦。全身反应明显时，用青霉素40万～80万IU、链霉素100万单位，1次肌肉注射，连用3～5d；亦可服用磺胺类药物。中药疗法，可口衔冰硼散、青黛散，每日1次。

二、食道阻塞

食道阻塞是羊食道内腔被食物或异物堵塞而发生的以咽下障碍为特征的疾病。

【病因】

该病主要由于过度饥饿的羊吞食了过大的块根饲料，未经充分咀嚼而吞咽，阻塞于食道某一段而酿祸成疾。例如，吞进大块萝卜、西瓜皮、洋芋、玉米棒、包心菜根及落果等。亦见有误食塑料袋、地膜等异物造成食道阻塞的。继发性食道阻塞常见于食道麻痹、狭窄和扩张。

【症状】

该病一般多突然发生。一旦阻塞，病羊采食停止，头颈伸直，伴有吞咽和作呕动作；口腔流涎，骚动不安；或因异物吸入气管，引起咳嗽。当阻塞物发生在颈部食道时，局部突起，形成肿块，手触可感觉到异物形状；当发生在胸部食道时，病羊疼痛明显，并可继发瘤胃臌气。

【诊断】

食道阻塞分完全阻塞和不完全阻塞两种情况，使用胃管探诊可确定阻塞的部位。完全阻塞，水和唾液不能下咽，从鼻孔、口腔流出，在阻塞物上方部位可积存液体，手触有波动感。不完全阻塞，液体可以通过食道，而食物不能下咽。

诊断时，应注意与咽炎、急性瘤胃臌气、口腔疾病相区别。

食道阻塞时，如有异物吸入气管可发生异物性气管炎和异物性肺炎。

【防治措施】

治疗可采取以下方法。

① 吸取法　阻塞物如为草料食团，可将羊保定好，送入胃管后用橡皮球吸取水，然后注入胃管，在阻塞物上部或前部软化阻塞物，反复冲洗，边注入边吸出，反复操作，直至食道畅通。

② 胃管探送法　阻塞物在近贲门部位时，可先将2%普鲁卡因溶液5mL、石蜡油30mL混合后，用胃管送至阻塞部位，待10min后，再用硬质胃管推送阻塞物进入瘤胃中。

③ 砸碎法　当阻塞物易碎、表面光滑并阻塞在颈部食道时，可在阻塞物两侧垫上软垫，将一侧固定，在另一侧用木槌或拳头砸（用力要均匀），使其破碎后咽入瘤胃。

治疗中若继发瘤胃臌气，可施行瘤胃放气术，以防病羊发生窒息。

为了预防该病的发生，应防止羊偷食未加工的块根饲料；补喂家畜生长素制剂或饲料添加剂；清理牧场、厩舍周围的废弃杂物。

三、前胃弛缓

羊前胃弛缓是前胃兴奋性和收缩力量降低导致的疾病。临床特征为正常的食欲、反刍、嗳气紊乱，胃蠕动减弱或停止，可继发酸中毒。

【病因】

由于不良的饲养管理，饲料品种单一，长期的大量饲喂秸秆、麸皮等过硬难于消化的饲料；长期过多给予精料和柔软饲料以及饲喂霉变、冰冻、缺乏矿物质和维生素类饲料，导致消化机能下降，均可引发本病。患有瘤胃积食、瘤胃臌气、胃肠炎和其他多种内科、产科和某些寄生虫病时，也会继发前胃弛缓。本病在冬末、春初饲料缺乏时最为常见。

【症状】

急性前胃弛缓表现食欲废绝，反刍停止，瘤胃蠕动减弱或停止；瘤胃内容物腐败发酵，产生多量气体，左腹增大，叩触不坚实。慢性前胃弛缓表现病畜精神沉郁，倦怠无力，喜卧地；被毛粗乱；体温、呼吸、脉搏无变化，食欲减退，反刍缓慢；瘤胃蠕动力量减弱，次数减少。

【防治措施】

1. 预防

改善饲养管理，排除病因，增强体液调节功能，防止脱水和自体

中毒。

2.治疗

① 消除病因、缓泻、止酵和兴奋瘤胃的蠕动，采用饥饿疗法，先禁食1～2天，每天人工按摩瘤胃数次，每次10～20min，并给以少量易消化的多汁饲料。

② 当瘤胃内容物过多时，可投服缓泻剂，内服硫酸镁20～30g或石蜡油100～200mL。

③ 为加强胃肠蠕动，恢复胃肠功能，可用瘤胃兴奋剂：病初用10%氯化钠溶液20～50mL，静脉注射；还可内服吐酒石0.2～0.5g、番木鳖酊1～3mL，或用2%毛果芸香碱等前胃兴奋剂1mL进行皮下注射。

④ 为防止酸中毒，可加服碳酸氢钠10～15g。后期可选用各种健胃剂，如灌服人工盐20～30g或用大蒜酊20mL、龙胆末10g、豆蔻酊10mL，加水适量1次内服，以便尽快促进食欲的恢复。

四、瘤胃积食

羊瘤胃积食是指瘤胃充满饲料，超过了正常容积，致使胃体积增大，胃壁扩张，食糜滞留在瘤胃引起严重消化不良的疾病。该病临床特征为反刍、嗳气停止，瘤胃坚实，腹痛，瘤胃蠕动极弱或消失。

【病因】

羊吃了过多的质量不良、粗硬易膨胀的饲料，如块根类、豆饼、霉败饲料等，或采食干料而饮水不足等。当前胃弛缓、瓣胃阻塞、创伤性网胃炎、腹膜炎、皱胃炎、皱胃阻塞等也可导致瘤胃积食的发生。

【症状】

病羊在发病初期，食欲、反刍、嗳气减少或停止；鼻镜干燥，排粪困难，腹痛不安，摇尾，弓背，回头顾腹，呻吟咩叫；呼吸急促，脉搏加快，结膜发绀；听诊瘤胃蠕动音减弱、消失；触诊瘤胃胀满、硬实。后期由于过食造成胃中食物腐败发酵，导致酸中毒和胃炎，精神极度沉郁，全身症状加剧，四肢颤抖，常卧地不起，呈昏迷状态。

【防治措施】

1.预防

① 加强饲养管理。如饲草、饲料过于粗硬时，要经过加工再喂养，

并注意预防羊贪食与暴食。要加强羊的运动。

② 对病羊加强护理，停喂草料，待积去胀消、反刍恢复后，喂给少量易于消化的干青草，逐步增量；反刍正常后，方可恢复正常饲喂。治疗期间给予温盐水饮用。

2.治疗

① 应消导下泻，止酵防腐，纠正酸中毒，健胃补液。

② 消导下泻　石蜡油100mL、硫酸镁50g、芳香氨酯10mL，加水500mL，1次灌服。

③ 纠正酸中毒　5%的碳酸氢钠100mL，5%的葡萄糖200mL，1次静脉注射。

④ 药物治疗无效时，即速进行瘤胃切开术，取出内容物。

五、瘤胃臌气

急性瘤胃臌气是草料在瘤胃发酵，产生大量气体，致使瘤胃体积迅速增大，过度膨胀并出现嗳气障碍为特征的一种疾病。常发生于春、夏季，绵羊和山羊均可患病。本病可分为原发性瘤胃臌气（泡沫性臌气）和继发性瘤胃臌气（非泡沫性或自由气体性臌气）两种。

【病因】

原发性瘤胃臌气：主要是所食牧草中含有生泡沫性物质，如皂苷、果胶、半纤维素，特别是可溶性叶蛋白，使瘤胃发酵气体生成大量稳定的泡沫并与瘤胃内容物混合在一起，不能通过嗳气被排出，导致瘤胃臌胀。此外，采食较多粉碎过细的谷物饲料，可引起瘤胃pH下降，适合于带荚膜的细菌生长时，细菌可产生稳定泡沫的细胞外多糖黏液，或者唾液分泌机能不全，也在原发性瘤胃臌气中起重要作用。在这些因素的配合下，臌气可一触即发。在实践中，本病多见于下列情况。

① 吃了大量容易发酵的饲料，最危险的是各种蝶形花科植物，如车轴草、苜蓿及其他豆科植物，尤其是在开花以前。初春放牧于青草茂盛的牧场，或多食萎干青草、粉碎过细的精料、发霉腐败的马铃薯、红萝卜及山芋类都容易发病。

② 吃了雨后水草或露水未干的青草、冰冻饲料或槁秆，尤其是在夏季雨后清晨放牧时，易患此病。

继发性瘤胃臌气：主要是由于前胃机能减弱，嗳气机能障碍。多见于前胃弛缓、食道阻塞、腹膜炎、气哽病等。

【症状】

病羊站立不动，背拱起，头常弯向腹部。不久腹部迅速胀大，左边更为明显，皮肤紧张，叩之如鼓。由于第一胃向胸腔挤压，引起呼吸困难，病羊张口伸舌，表现非常痛苦。呼吸困难的原因除由于胃内气体积蓄之外，同时也因为第一胃能够迅速吸收二氧化碳及一氧化碳。

膨胀严重时，病羊的结膜及其他可视黏膜呈紫红色，不吃、不反刍，脉搏快而弱，间有嗳气或食物反流现象；有时直肠垂脱。此时病羊十分窘迫，站立不稳，最后倒卧地上，痉挛而死。病程常在1h左右。

【病理变化】

尸体腹部膨大。瘤胃壁非常紧张，有时瘤胃或横隔膜破裂。胃内有大量气体或泡沫状物质。肺或静脉淤血，心包及浆膜（胸膜）上有小点状及线状充血，很像窒息病变。

【预防】

此病大都与放牧不认真谨慎和饲养不当有关，因此为了预防臌气，必须做到以下各点。

① 春初放牧时，每日应限定时间，有危险的植物不能让羊任意饱食；一般在生长良好的苜蓿地放牧时，不可超过20min。第一次放牧时，时间更要尽量缩短（不可超过10min），以后逐渐增加，即不会发生大问题。

② 放牧青嫩的豆科草以前，应先喂些富含纤维素的干草。

③ 在饲喂新饲料或变换放牧场时，应该严加看管，以便及早发现症状。

④ 帮助放牧人员掌握简单的治疗方法，放牧时带上木棒、套管针（或大针头、小刀）或药物，以备急需，因为急性膨胀往往可以在30min以内引起死亡。

⑤ 不要喂霉烂的饲料，也不要喂大量容易发酵的饲料。雨后及早晨露水未干前不要放牧。

【防治措施】

根据气胀的程度采用不同的疗法。

① 轻度气胀　可强迫喂给食盐颗粒25g左右，或者灌给植物油100mL左右。也可以用酒、醋各50mL，加温水适量灌服。

② 剧烈气胀　可将羊的前腿提起，放在高处，给口内放以树枝或木棒，使口张开，同时有规律地按压左肋腹部，以排出胃内气体。然后采用以下方法，防止继续发酵。

a.福尔马林溶液或来苏尔2.0～5.0mL加水200～300mL，一次灌服。

b.松节油或鱼石脂5mL，或薄荷油3mL，石蜡油80～100mL，加水适量灌服，若半小时以后效果不显著，可再灌服一次。

c.从口中插入橡皮管，放出气体，同时由此管灌入油类60～90mL。

d.灌服氧化镁：氧化镁是最容易中和酸类并吸收二氧化碳的药物，对治疗臌气的效果很好。其剂量根据羊的大小而定，一般小羊用4～6g，大羊为8～12g。

e.植物油（或石蜡油）100mL，芳香氨醑10mL，松节油（或鱼石脂）5mL，酒精30mL，一次灌服。或二甲基硅油0.5～1mL，或2%聚合甲基硅香油25mL，加水稀释，一次灌服。

③ 若病势非常严重，应迅速施行瘤胃穿刺术。

六、创伤性网胃炎

本病是由于异物刺伤网胃壁而发生的一种疾病。特征为急性前胃弛缓，胸壁疼痛，间歇性臌气，白细胞总数增加及白细胞核左移等。

【病因】

饲养管理不当，饲料加工过于粗放，调理饲料不精心的情况下，常发本病；随意舍饲和放牧，家畜采食了金属尖锐异物（铁钉、铁丝、针等）落入网胃造成本病。

【症状】

本病从吞入异物到发病，快则1～4d，慢则几周。一般发病缓慢，初期无明显变化，日久则表现精神不振，食欲反刍减少，瘤胃蠕动减弱或停止，并常出现反刍性臌气。病情较重时患羊行动小心，常有拱背、呻吟等疼痛表现。触诊网胃部，发生疼痛并抵抗，腹肌紧缩。患羊站立时，肘关节张开，起立时先起前肢。体温一般正常，但有时升高。

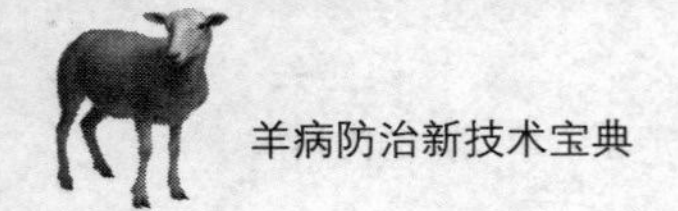

当发生创伤性心包炎时，病羊全身症状加重，体温升高，心跳明显加快，颈静脉怒张，颌下、胸前水肿。叩诊心区扩大，有疼痛感。听诊心音减弱，混浊不清，常出现摩擦音及拍水音。病后期常导致腹膜粘连、心包化脓和脓毒败血症。

【防治措施】

（1）预防

本病的常见病因是食入金属异物，因此减少异物进入网胃是有效的预防方法。除了注意草料的储藏和加强管理外，还可以采取以下方法：在铡草机的饲草过板上放置一磁力足够强的磁铁，以减少金属异物进入饲料和胃。

（2）治疗

早期确诊后，用硫酸镁（钠）40 ～ 100g、石蜡油 100 ～ 200mL 或植物油 100 ～ 200mL，内服。重症病羊，可在用药后 8 ～ 10h，再用 2% 盐酸毛果芸香碱、新斯的明等，以提高疗效。也可采用瘤胃切开术，从网胃中取出异物，同时采用抗生素和磺胺类药物等对症治疗；如病已到晚期，并累及心包和其他器官，应将病羊淘汰。

七、胃肠炎

胃肠炎是指胃肠表层黏膜及其深层组织的炎症。临诊上以体温升高、食欲减退或废绝、腹泻为特征。按发病部位可分为胃炎、肠炎和胃肠炎。按发病原因分为原发性胃肠炎和继发性胃肠炎。

【病因】

原发性胃肠炎主要是由于饲养管理不当引起的。如草料的突然变换，过饥，过饱，饲喂不定时、不定量。饮水不洁，饲喂品质不良的饲料以及灌服刺激性药物等都能引起胃肠炎。另一方面，过食或长期滥用抗生素也可引起本病。继发性胃肠炎，常并发于羊瘟、恶性卡他热、沙门氏菌病、大肠杆菌病、钩端螺旋体病、炭疽及副结核等传染病或肠道寄生的绦虫、蛔虫、弓形虫和球虫等。

【症状】

患畜精神沉郁，食欲减退或废绝，反刍停止，渴欲增加或废绝，

眼结膜先潮红后黄染，舌苔重，口干臭，四肢、鼻端等末梢冷凉。

腹泻是胃肠炎的重要症状之一。排泄软粪，含水较多并混有血液、黏液和黏膜组织。有的混有脓液，恶臭。病的后期，肠音减弱或停止；肛门松弛，排粪失禁。腹泻时间较长的患畜，肠音消失，尽管有痛苦的努责，但并无粪便排出，呈现里急后重的现象。

全身症状较重。瘤胃蠕动减弱或消失，有轻度臌胀。有的伴有程度不同的腹痛症状。眼球下陷，皮肤弹性减退，脉搏快而弱，往往呈不感脉，体温常升高1～2℃，呼吸加快，尿量减少，病变部位不同，症状也有差异。若口臭显著，食欲废绝，主要病变可能在胃；若黄染及腹痛明显，初期便秘并伴发轻度腹痛，腹泻出现较晚，主要病变可能在小肠；若脱水迅速，腹泻出现早并有里急后重症状，主要病变在大肠。

【诊断】

根据病史和临诊症状可获得初步诊断。单纯性胃炎，特别是急性胃炎，一般经对症治疗多可奏效，也可作为治疗性诊断。对于肠炎和胃肠炎要查清病因，多需要进行实验室检验。如检验粪便中寄生虫卵，培养分离病原菌。有条件的进行肠道钡剂造影、X射线照片，或者使用内窥镜进行检查，这对确定病变类型和范围具有诊断参考意义。此外，血液检验和尿液分析，也有助于认识疾病的严重程度和判断预后，并对制定正确的治疗方案有指导作用。

【防治措施】

（1）预防

搞好饲养管理工作，不用霉败饲料喂家畜，不让动物采食有毒物质和有刺激、腐蚀的化学物质；防止各种应激因素的刺激；搞好畜禽的定期预防接种和驱虫工作。

（2）治疗

治疗原则是除去病因，抗菌消炎，清肠止酵，强心补液，解除中毒，恢复胃肠机能。

① 除去病因　病初要禁食，但应让患病动物少量多次饮水，最好让其自由饮用口服补液盐，病情好转时需给予无刺激性、易消化的

食物。

② 抗菌消炎　羊一般可灌服0.1%高锰酸钾溶液2000～3000mL，或者用磺胺脒（琥珀酰磺胺噻唑、酞磺胺噻唑）30～40g、次硝酸铋20～30g、萨罗10～20g，常温水适量，内服。各种家畜可内服诺氟沙星，或肌内注射庆大霉素、庆大-小诺霉素、环丙沙星等抗菌药物。

③ 清理胃肠　肠音弱，粪干、色暗或排粪迟缓，有大量黏液，气味腥臭者，为促进胃肠内容物排出，减轻自体中毒，应采用缓泻。常用液体石蜡（或植物油）、鱼石脂、酒精内服。也可以用硫酸钠（或人工盐）、鱼石脂、酒精，常温水适量，内服。在用泻剂时，要注意防止剧泻。当病畜粪稀如水，频泻不止，腥臭味不大，不带黏液时，应止泻。可用药用炭10～25g，加适量常温水，内服；或者用鞣酸蛋白2～5g、碳酸氢钠5～8g，加水适量，内服。

④ 强心补液，解除中毒　根据临诊脱水情况，选用复方生理盐水、葡萄糖、碳酸氢钠注射液等进行补液和纠正酸中毒。强心可用安钠咖、樟脑磺酸钠等。

⑤ 驱虫　病因为寄生虫时，应选用有效驱虫药进行治疗。

⑥ 中药疗法　可用郁金散、白头翁汤、宽肠止痢散、地榆槐花汤加减。

八、羔羊消化不良

消化不良是幼畜胃肠消化机能障碍的统称，系哺乳期幼畜常发的一种胃肠疾病。主要特征是明显的消化机能障碍、腹泻、营养不良和酸中毒等。本病具有群发性特点，但一般不具有传染性，以羔羊最为多发。

【病因】

母羊乳汁质量对本病发生有密切的关系，妊娠母羊饲喂不全价饲料时，不仅使刚出生的羔羊体质衰弱，抵抗力低下，同时乳汁质量不佳；相反，分娩前给予母羊大量精饲料，乳汁浓稠，蛋白质含量过多；或母羊患乳房炎时，乳汁发生改变，都极易引起羔羊消化不良。

羔羊管理不善，没能及时吸允初乳，过早采食，或人工哺乳不定时定量及乳温过低；或饮水不洁，甚至食母羊粪便，母羊乳头不洁等

皆易引起发病。此外，羔羊受寒、厩舍潮湿等亦为本病发生的原因。

【症状】

羔羊消化不良的主要临床特征是腹泻。患病羔羊精神不振，喜躺卧，食欲减退或完全拒乳，体温一般正常或低于正常。腹泻，粪便的形状和颜色多种多样，粪便多呈灰绿色，且其中混有气泡和白色小凝块，一般无恶臭。

病至后期，体温多突然下降，四肢及耳尖、鼻端厥冷，终至昏迷而死亡。

【预防】

羔羊消化不良的预防措施，主要是加强妊娠母羊的饲养管理，注意对羔羊的护理。

【治疗】

应改善卫生条件，加强饲养，注意护理，维护心脏血管机能，改善物质代谢，抑菌消炎，防止脱水和酸中毒，制止发酵和腐败。

① 应将患病羔羊置于干燥、温暖、清洁、单独的畜舍或畜栏内。

② 缓解胃肠负担。可施行饥饿疗法，即令羔羊禁食（禁乳）8～10h，此时可饮以生理盐酸水溶液，或饮以温茶水（红茶）；羔羊酌减。

③ 促进消化机能。为促进消化可给予胃液、人工胃液或胃蛋白酶。羔羊剂量：2～10日龄，每次2～4mL；10～30日龄，每次4～6mL，每日2次，连用2～4d。人工胃液剂量：羔羊10～30mL，灌服。

④ 抑菌消炎。为防止肠道感染，特别是对中毒性消化不良的羔羊，可选用抗生素进行治疗。为制止肠内腐败、发酵过程，也可选用乳酸、鱼石脂等防腐制酵药物。对持续腹泻不止的羔羊，可使其内服明矾、鞣酸蛋白等。

⑤ 防止机体脱水，保持水盐代谢平衡。病初，可给予羔羊生理盐水250～300mL。亦可应用10%葡萄糖溶液或5%葡萄糖氯化钠溶液50～100mL，静脉或腹腔注射。

九、羔羊肠痉挛

肠痉挛是由于肠壁平滑肌发生痉挛性收缩，并以明显的间歇性腹痛为特征的一种常见疾病。肠痉挛又名痉挛疝、卡他性肠痛、卡他性

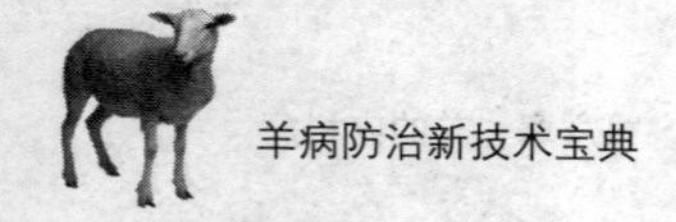

肠痉挛等。秋、冬、春季较常见。

【病因】

寒冷因素和饲养管理不善，是构成本病的主要因素。气温、气压和湿度剧变，风雪侵袭，汗后淋雨，舍饲牲畜寒夜露宿等，都可促进本病的发生。在服重役或大汗之后立即暴饮，采食霜冻的或发霉、腐败的草料等，都有可能成为发病条件。

外因通过内因起作用，消化不良、胃肠的炎症或寄生虫及其毒素被吸收和神经系统的相对平衡发生紊乱，使迷走神经兴奋，从而引起平滑肌痉挛性收缩，则为本病的内在原因。

【症状】

多以阵发性轻度或者剧烈腹痛为特征，腹痛时表现顾腹、刨地、蹴踢，甚至卧地滚转、出汗，每次腹痛持续5～15min。口腔湿润，色淡或发青，重者口色发白，口温偏低，耳鼻部及四肢末梢发凉。腹痛发作期间，大、小肠音增强，连绵不断，有时在数步之外都可听到高朗如雷鸣流水的肠音；偶尔出现金属音。排粪次数逐渐增加，粪便性状很快由稠变稀，但其量逐次递减。

【诊断要点】

腹痛呈间歇或持续而剧烈，病畜于间歇期外观上似健畜。

肠音无规律，有时连绵不断，高朗，有时连绵细弱。

耳鼻发凉，口腔多湿润，口色发淡。排粪次数增多，粪便稀软。

【治疗】

以解除肠痉挛、清肠止酵为主。

镇痛和解痉　可用30%安乃近注射液20～40mL，皮下注射；或安溴合剂80～100mL，静脉注射；或0.25%普鲁卡因溶液200～300mL，缓慢地静脉注射；或水合氯醛15～25g同泻剂、止酵剂合用，也有良好疗效。

清肠止酵　可用水合氯醛8g、樟脑粉8g、植物油500mL，混合一次投服。

此外，针三江、姜牙或耳尖穴，电针关元俞，都有缓解腹痛之功效，达到治愈之目的。

十、羔羊皱胃毛球阻塞

【病因】

对本病的确定目前还不清楚。一般认为，基本原因是母羊及羔羊日粮中维生素和矿物质不足引起的代谢紊乱，致使羔羊对粪尿污染部位的被毛表现出一种病态的贪食，因此又称“绵羊食毛癖”。

春初时节，牧草干枯，给母羊长期饲喂雨淋过的陈旧干草或酒糟等营养不全的饲料；母羊泌乳不足或停止，乳汁营养成分降低；乳腺炎或羔羊消化不良以及羊密度过大等，都可造成本病的发生。

有人提出，日粮中含硫氨基酸缺乏是引起本病的主要原因。机体中常见的氨基酸有胱氨酸、半胱氨酸和蛋氨酸三种。已知羊毛中含有大量的胱氨酸，可见，胱氨酸对羊毛的生长是必不可少的。在胃内细菌作用下，机体将以其他状态存在的硫形成氨基酸。若母羊营养不良，乳汁不足，即会直接影响羔羊对营养物质的需要，而在缺乏胱氨酸时即出现食毛癖。

羔羊将羊毛成簇食入口中略经咀嚼，即成团咽下，在胃内又经黏液浸透，随着胃的蠕动，可滚转成球或与胃内的植物性纤维掺和，逐渐形成团块，即成毛球。毛球质轻，结构致密，大小不等，一般有枣核或拇指大小。毛球多留滞在瘤胃和网胃中，哺乳羔羊多在真胃中，有些细小的毛球可同时成串地进入肠道。毛球若仅在羔羊的瘤胃和网胃中，一般没有明显的全身变化；如果串珠状的毛球卡在真胃和肠道中，尤其是毛球阻塞了真胃幽门，即表现出一系列症状，甚至造成死亡。

【症状】

起初，只有个别羔羊表现异食癖，以后，则有多数羔羊表现异食癖。羔羊经常啃咬母羊的股、腹、尾等部被粪尿污染的被毛，间或拣食脱落在地上的羊毛；同时还有舔食墙土现象。有时，在母羊卧地休息时，羔羊站在母羊身上啃咬，或羔羊互相啃咬被毛。严重时，可在羊群中看到有些母羊有大片秃毛。

病羔被毛粗乱，焦黄，食欲减退，经常下痢，贫血，日渐消瘦。当毛球阻塞幽门或肠道时，羔羊食欲废绝，肚胀，不排便，磨齿，口流涎，气喘，有时表现腹痛。触诊腹部，在皱胃或肠道中可摸到有枣

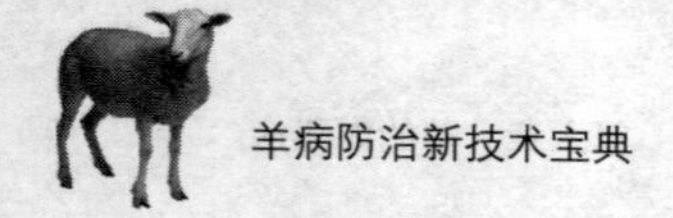

核至拇指大小的硬韧物，同时有的羔羊还会表现出压痛。

【诊断】

当有较多羔羊出现食毛现象时，结合症状并进行仔细的腹部触诊，可作出诊断。

【防治】

① 羔羊出现食毛现象时，应同母羊隔离，仅允许在哺乳时接近。调整母羊饲料，给以全价日粮。注意羊舍卫生，及时清除脱落的羊毛。

② 在经常发生大批食毛症的羊群中，应对饲料、饮水和土壤进行分析，有针对性地进行补饲：用食盐40份、骨粉25份、碳酸钙35份，或者骨粉10份、氯化钴1份、食盐1份，混合，掺在少量麸皮内，置于饲槽，任羔羊自由舔食。另外，也可在羊圈内经常撒一些青干草，任其随意采食。

③ 给瘦弱的羔羊补充维生素A、维生素D和微量元素，如加喂市售的维生素A、维生素D粉和营养素，对有舔食的羔羊更应特别认真补喂。按10只羔羊喂一个鸡蛋的比例，将鸡蛋捣碎，拌在饲料中，连喂5d，停5d，再喂5d，即可制止食毛癖的发生和发展。

对于毛球阻塞皱胃的病羊可进行真胃切开，取出毛球。若肠道已经发生坏死或羔羊过于孱弱，很难治愈，只能淘汰。

十一、感冒

感冒是由于受寒冷的影响，机体的防御机能降低，引起以呼吸道感染为主的一种急性热性病。尤以春、秋气候多变时多见。

【病因】

本病主要是由于寒冷的突然袭击所致，如厩舍条件差，受贼风吹袭；舍饲的家畜突然在寒冷的气候条件下露宿；使役出汗后被雨淋风吹等。寒冷因素作用于全身时，机体防御机能降低，上呼吸道黏膜的血管收缩，分泌减少，气管黏膜上皮纤毛运动减弱，致使呼吸道常在菌大量繁殖，由于细菌产物的刺激，引起上呼吸道黏膜的炎症，因而出现咳嗽、流鼻涕，甚至体温升高等现象。

【症状】

病羊精神沉郁，食欲减退，体温升高，结膜充血，甚至羞明流泪，

眼睑轻度浮肿，耳尖、鼻端发凉，皮温不整。鼻黏膜充血，鼻塞不通，初流水样鼻液，随后转为黏液或黏液脓性。咳嗽、呼吸加快。并发支气管炎时，则出现干、湿性啰音。心跳加快，口黏膜干燥，舌苔薄白。如治疗不及时，特别是羔羊则易继发支气管肺炎。

【诊断】

本病应与流行性感冒相区别。流行性感冒为流行性感冒病毒引起，传播迅速，有明显的流行性，往往大批发生，依此可与感冒相区别。

【预防】

除加强饲养管理，增强机体耐寒性锻炼外，主要应防止家畜突然受寒。如防止贼风吹袭，使役出汗时不要把家畜拴在阴凉潮湿的地方，冬季气候突然变化时注意防寒措施等。

【治疗】

本病治疗应以解热镇痛为主，可肌肉注射复方奎宁液（妊畜禁用）5～10mL，或复方氨基比林液5～10mL，或30%安乃近液5～10mL，每天1～2次。为预防继发感染，在使用解热镇痛剂后，体温仍不下降或症状没有减轻时，可适当使用磺胺类药物或抗生素。

十二、肺炎

绵羊与山羊均可患肺炎，以绵羊引起的损失较大，尤其是羔羊。

【病因】

① 因感冒而引起　如圈舍湿潮，空气污浊，而兼有贼风，即容易引起鼻卡他及支气管卡他，如果护理不周，即可发展成为肺炎。

② 气候剧烈变化　如放牧时忽遇风雨，或剪毛后遇到冷湿天气。严寒季节和多雨天气更易发生。

③ 羊抵抗力下降　在绵羊并未见到病原菌存在，但当抵抗力减弱时，许多细菌即可乘机而起，发生病原菌的作用。

④ 异物入肺　吸入异物或灌药入肺，都可引起异物性肺炎（机械性肺炎）。灌药入肺的现象多由于灌药过快，或者由于羊头抬得过高，同时羊只挣扎反抗。例如，对臌胀病灌服药物时，由于羊呼吸困难，最容易挣扎而发生问题。

⑤ 肺寄生虫引起　如肺丝虫的机械作用或造成营养不良而发生肺炎。

⑥ 可为其他疾病（如出血性败血病、假结核等）的继发病　往往因病中长期偏卧一侧，引起一侧肺的充血，而发生肺炎。一旦继发肺炎，致死率常比原发疾病为高。

【症状】

症状因病因的性质而异。其发展速度大多很慢，但小羊偶尔也有急性的。初发病时，精神迟钝，食欲减退，体温升高达40～42℃，寒战，呼吸加快。心悸亢进，脉搏细弱而快，眼、鼻黏膜变红，鼻无分泌物，常发出干而痛苦的咳嗽音。以后呼吸更加困难，表现喘息，终至死亡。死亡常在一周左右，死亡率的高低不定。

【病理变化】

病灶很显著，可见喉部充血，气管与支气管发炎，内含白色或淡红色泡沫或脓液。肺部硬而呈黑红色，摸起来很像肝脏。病灶有时限于一侧，有时可波及两侧，或为扩散性，或为局限性，严重时其他器官也发生病灶。胸膜可能附着在肺上，胸腔内常含有相当量的淡红色液体。在慢性进行性肺炎时，肺上常见有坚硬的灰色病灶。

【诊断】

根据呼吸症状很容易认识肺炎，但要确定病因却比较困难，必须由实验室来确诊。

【预防】

① 加强调养管理，这是最根本的预防措施。为此应供给富含蛋白质、矿物质、维生素的饲料；注意圈舍卫生，不要过热、过冷、过于潮湿，通气要好。在下午较晚时不要洗浴，因没有晒干机会。剪毛后若遇天气变冷，应迅速把羊赶到室内，必要时还应给室内生火。

② 远道运回的羊只，不要急于喂给精料，应多喂青饲料或青储料。

③ 对呼吸系统的其他疾病要及时发现，抓紧治疗。

④ 为了预防异物性肺炎，灌药时务必小心，不可使羊嘴的高度超过额部，同时灌入要缓慢。一遇到咳嗽，应立刻停止。最好是使用胃管灌药，但要注意不可将胃管插入气管内。

⑤ 由传染病或寄生虫病引起的肺炎，应集中力量治疗原发病。

【治疗】

① 首先要加强护理，发现之后，及早把羊放在清洁、温暖、通风

良好但无贼风的羊舍内，保持安静，喂给容易消化的饲料，经常供应清水。

② 采用抗生素或磺胺类药物治疗，病情严重时可以两种同时应用。即在肌内注射青霉素或链霉素的同时，内服或静脉注射磺胺类药物。采用四环素或卡那霉素，则疗效更为满意。

a. 四环素50万IU，糖盐水100mL溶解，1次静脉注射，每日2次，连用3～4d。

b. 卡那霉素100万IU，1次肌内注射，每日2次，连用3～4d。

对症治疗：根据羊只的不同表现，采用相应的对症疗法。例如，当体温升高时，可肌注安乃近2mL或内服阿司匹林1g，每日2～3次。当发现干咳、有稠鼻时，可给予氯化铵2g，分2～3次，1日服完。还可以按下列处方给药：磺胺嘧啶6g、小苏打6g、氮化铵3g、远志末6g、甘草末6g，混合均匀，分为3次灌服，1日用完。当呼吸十分困难时，可用氧气腹腔注射。此法简便而安全，能够提高治愈率。剂量按100mL/kg体重计算。注射以后，可使病羊体温下降，食欲及一般情况有所改善。虽然在注射后第一昼夜呼吸频率加快（41～47次），呼吸深度有所增加，但经过2～3d后可以恢复正常。为了强心和增强小循环，可反复注射樟脑油或樟脑水。如有便秘，可灌服油类或盐类泻剂。

十三、支气管炎

支气管炎是支气管黏膜表层或深层的炎症，常以重剧咳嗽及呼吸困难为特征，多发生于冬春两季。根据病程可分为急性和慢性两种。

【病因】

急性支气管炎主要是受寒感冒，支气管黏膜下的血管收缩，黏膜缺血而防御机能降低，为感染创造了适合的条件；吸入含有刺激性的物质，如氨、二氧化硫、霉菌孢子、尘埃、烟及有毒的气体；液体或饲料的误咽，都是原发性支气管炎的原因。本病也可继发于喉、气管、肺的疾病或某些传染病（口蹄疫、羊痘等）与寄生虫病（肺丝虫）。

慢性支气管炎常由急性支气管炎的病因未能及时除去延续而来，或继发于全身及其他器官疾病。

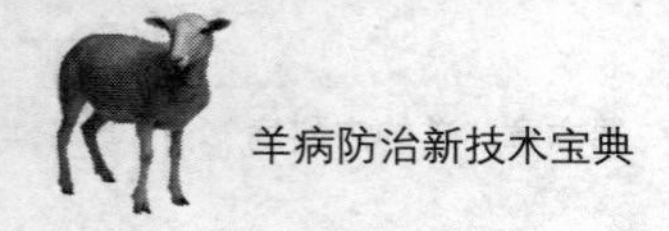

【症状】

急性支气管炎症的主要症状是咳嗽。病初呈干、短并带疼痛的咳嗽。以后变为湿性长咳，痛感减轻，有时咳出痰液，同时鼻腔或口腔排出黏性或脓性分泌物。胸部听诊可听到啰音。体温一般正常，有时升高0.5～1℃，全身症状较轻。若炎症侵害范围扩大到细支气管，则呈现弥漫性支气管炎的特征。全身症状重剧，体温升高1～2℃，呼吸急速，呈呼气性呼吸困难，可视黏膜发绀，有弱痛咳。

慢性支气管炎也是以咳嗽、流鼻、气管敏感和肺部啰音为特征，体温正常，无全身变化。由于病期拖长和反复发作，病羊日渐消瘦和贫血，直至极度衰竭而死亡。

【防治】

① 首先要加强饲养管理，排除致病因素。给病羊以多汁和营养丰富的饲料和清洁的饮水。圈舍要宽敞、清洁、通风透光、无贼风侵袭，防止受寒感冒。

② 在治疗上，祛痰可口服氯化铵1～2g、吐酒石0.2～0.5g、碳酸铵2～3g。其他如吐根酊、远志酊、复方甘草合剂、杏仁水等均可应用。止喘可肌内注射3%盐酸麻黄素1～2mL。慢性气管炎常用下列处方：盐酸氯丙嗪0.1g，盐酸异丙嗪0.1g，人工盐20g，复方甘草合剂10mL，一次灌服，1日1次，连用1～2次。

③ 控制感染，以抗生素及磺胺类药物为主。可用10%磺胺嘧啶钠10～20mL肌内注射，也可内服磺胺嘧啶0.1g/kg体重（首次加倍），每天2～3次。肌内注射青霉素20～40万IU或链霉素0.5g，每日2～3次。直至体温下降为止。

④ 中药治疗，可根据病情，选用下列处方：杷叶散，主用于镇咳。杷叶6g、知母6g、贝母6g、冬花8g、桑皮8g、阿胶6g、杏仁7g、桔梗10g、葶苈子5g、百合8g、百部6g、生草4g，煎汤，候温灌服。紫苏散，止咳祛痰。紫苏、荆芥、前胡、防风、茯苓、桔梗、生姜各10～20g，麻黄5～7g、甘草6g，煎汤，候温灌服。

十四、膀胱炎

膀胱壁发炎称为膀胱炎。多见于绵羊。

【病因】

由于各种刺激所引起。

① 存在有膀胱结石这是最常见的原因。结石的聚集可使膀胱黏膜发红，膀胱壁剧烈增厚和发生炎性水肿，最终引起破裂。在破裂之前，膀胱壁有出血现象。

② 为肾盂肾炎的并发症。在这种情况下，通常是由化脓棒状杆菌所引起，特点是脓性渗出物呈现绿色。

③ 大肠杆菌的作用。大肠杆菌可以侵害膀胱而引起急性炎症。这种情况容易见于母绵羊。

【症状】

主要症状是排尿频繁，时常努责，但每次只能排出少量尿液，甚至完全无尿。尿中含有蛋白和脓细胞。压迫膀胱时，羊有敏感表现（弓背）。如果变为慢性，症状不太明显。

【治疗】

① 急性膀胱炎　让病羊完全休息，给以无刺激性的饲料和大量饮水。最好喂给青草、青干草、麸皮和萝卜等饲料，这样即使不用药物治疗，也常会减轻病情。对于较严重的病例，为了消炎，可以注射青霉素或内服喹诺酮类药物或磺胺类药物（如磺胺嘧啶、磺胺甲基嘧啶）。为了对尿路进行防腐消毒，可以内服乌洛托品或萨罗尔1～2g，每日1次，连用数日。疼痛显著时，再加三溴片3～5g。

② 慢性膀胱炎　可应用尿道防腐消毒剂，如口服乌洛托品2～3g，每日1次，连续服用。但一般疗效不大明显。为了利尿，可以灌服醋酸钾或醋酸钠4～5g，每日1～2次。

③ 中药治疗　可用秦艽散：秦艽12g、当归12g、赤芍6g、炒蒲黄12g、瞿麦12g、栀子9g、车前子9g、大黄9g、药9g、连翘9g、淡竹叶6g、灯芯草6g、茯苓9g、甘草6g，水煎，灌服。

十五、膀胱麻痹

羊膀胱麻痹是由于支配膀胱的神经机能障碍，膀胱平滑肌、括约肌紧张度降低和收缩力丧失，并导致膀胱尿液滞留，以不随意排尿、膀胱充盈、无疼痛等为特征。

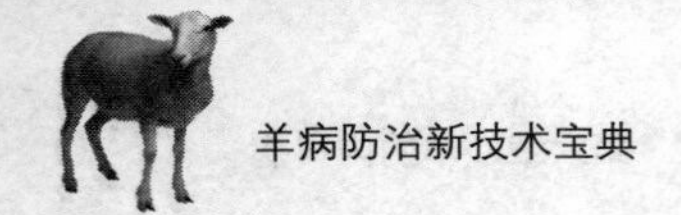

【病因】

造成膀胱麻痹的因素有很多方面，比如脑损伤，脑膜炎，尿道阻塞，腰荐部骨髓操作损伤，膀胱炎或邻近组织器官炎症等。脑损伤、脑膜炎、脊髓损伤时引起的膀胱麻痹，病羊常常缺乏排尿反射，亦无频频排尿动作出现，当膀胱高度充满时才不随意地有少量尿流出。尿道阻塞引起的膀胱麻痹在临床上青年母羊比较少见。

【症状】

病羊精神沉郁、食欲减退、不愿运动、腹围增大、两后肢下蹲、频频做排尿动作，有时每努责一次，有少量尿液流出，腹部触诊，感觉膀胱坚实，用力按压腹部，则尿液畅流，腹围也随之缩小，尿检一般无异常变化。

【预防】

本病是慢性疾病，平时注意观察羊只状况，科学的饲养管理，及时驱虫是防止本病发生的根本措施。

【治疗】

以对症疗法为主，同时消除发病原因为治疗原则。

① 用导尿管导出膀胱内的积尿，促进膀胱的排空，减少膀胱中炎性沉积物对膀胱的刺激。

② 皮下注射中枢兴奋剂0.1%硝酸士的宁2～4mg。

③ 使用尿道消毒剂，用磺胺类等抗生素药控制继发感染，经2d治疗后痊愈。

十六、尿结石

体腔中存在有石样结块时称为结石。结石发生于膀胱及尿道的，称为膀胱结石及尿道结石。公羊及阉羊容易发生，母羊很少见。

【病因】

结石形成一般与以下因素有关。

① 与尿道的解剖构造有关系。

② 公母羊的尿道在解剖上有很大差别。例如，公羊及阉羊的尿道是位于阴茎中间的一条很细长的管子，而且有“S”状弯曲及尿道突，结石很容易停留在细长的尿道中，尤其是更容易被阻挡在“S”状弯曲

部或尿道突内。母羊的尿道很短，膀胱中的结石很容易通过尿道排出体外。

③ 与饲料中的营养不全和矿物质不平衡有密切关系，例如：

a. 饮水中含有大量盐类。

b. 喂给大量棉籽粉、亚麻仁籽粉、麸皮及其他富磷饲料。

c. 缺乏维生素A。

d. 在年轻种公羊配种过度而且吃食盐过多。

【症状】

泌尿系统存有少量细砂粒时，没有多大妨害，但若堆积量太多，使排尿受到部分或全部障碍时，就会显出症状。最初性欲减退，精神委顿，食欲减少，头抵墙壁。体温一般为39.8～41.2℃。小便失禁，尿液不时呈点滴下流，尿道外口周围的毛上可能有盐类堆积，由于尿液的浸润，包皮明显肿胀。以后阴茎根部发炎肿胀，随时频繁作排尿状，不断发出呻吟声，不时起卧。有时双膝跪地；有时呈犬坐式；有时又表现似睡非睡状态；有时头部回顾腰荐部，甚至用角抵肋腹部分。病羊行走十分困难，强迫行走时，后肢勉强作短步移动。如果腹腔内积有尿液，则有腹水症状。若尿继续留滞不通或膀胱破裂时，即引起尿毒血症。到后期时，食欲完全停止，尾下方臀端呈现水肿，有尿酸气。脉搏加快，每分钟达100次以上，最后卧地不起，发生死亡。

【病理变化】

病变集中表现在排尿生殖系统。肾脏及输尿管肿大而充血，甚至有出血点。膀胱因积尿而膨大，剖开时见有大小不等的颗粒状结石，黏膜上有出血点。尿道起端及膀胱颈被结石堵塞。

【预防】

① 对于舍饲的种公羊，可从饲养管理上进行预防，例如增强运动，供给足量的清洁饮水等。在饲料方面，应供给优质的干苜蓿，因其含有大量维生素A，同时能够供应钙质，以调整麸皮和颗粒饲料中含磷过多的缺点。但应注意的是，干苜蓿如果喂量过大，则钙量超过磷量，同样会造成矿物质的不平衡，而发生不良后果。如果没有苜蓿干草，应给精料中加入1%～2%的骨粉或碳酸钙。

② 如果怀疑钙量过大，例如饮水中矿物质含量高，或饲料中含钙量大，可以供给谷类籽实进行校正，因为谷类籽实中含的钙少磷多。

③ 当改变饲料之后还不能制止发病时，可以禁食几天，或给以谷类干草、谷类籽实及肉粉组成的日粮，也可以每日内服氯化铵10～15g，连服一周左右，使尿变为酸性。

④ 饮磁化水，水经磁化后溶解力增强，不仅能预防结石的形成，而且可使结石疏松而排出。

【治疗】

① 立即改变饲养管理　主要是减去食盐及麸皮，单纯给予青草。给饲料中加入黄玉米或苜蓿。

② 中药疗法　羊结石多不是大块，而是小颗粒，故采用以下中药，便可能溶解排出。

中药处方：桃仁12g、红花6g、归尾12g、赤芍9g、香附子12g、海金沙15g、金钱草30g、鸡内金6g、广香9g、滑石12g、木通18g、扁蓄12g，将以上各药碾细，共分3次，开水冲灌。每次用药时加水500mL左右，以增加排尿。

③ 为了控制体内其他细菌的危害，可以注射青霉素。

④ 发生尿道结石而尿液不通时，可用下列两种方法除去结石。

a.用尿道探子移动结石或施行尿道切开或膀胱切开术，将结石取出。

b.割去阴茎末端的尿道突。

十七、羊误食塑料膜及杂物

羊误食废弃的塑料薄膜等杂物，影响消化机能，导致渐进性消瘦死亡，是近几年来全国各地羊、牛、猪等家畜时有发生的一种特异性异食病，并且发病率和社会发展是同步的逐年增高。此病属异食癖。无论什么原因，羊只要染上此癖，致病原因得不到控制，转归不良。死亡率高达100%。

小尾寒羊发病率高于其他羊，绵羊高于山羊。综合各地区，多种资料表明，有关发病率顺序：羊、牛、猪、鸡、兔。

【病因】

羊误食塑料膜等杂物，是由于饲养管理不当。草料中营养物质不足，对机体供需失调，引起代谢紊乱，致使味觉和食欲失常。羊误食塑料膜等杂物，是一种许多疾病的综合症状。所呈现的临床特征是：舔食、啃咬、吃非食物、无营养价值和不应当吃的废弃杂物，如塑料膜、编织袋、破碎布、毛、泥沙等，叫作异食癖。

① 长期患慢性消耗病：机体消化吸收机能紊乱，母羊在怀孕过程中，产后羔羊吃奶，机体消耗过多，饲料中营养不足，使体内缺乏某种物质。

② 草料中长期钙、磷和盐不足所引起的佝偻病和软骨病，容易发生异食癖。草料中缺乏铁、铜、锰、锌、钴等微量元素，也是发生异食癖的因素。

③ 饲料中长期维生素的缺乏，特别是维生素C和维生素B的不足，可以引起代谢紊乱，促使异食癖的发生。

④ 饲养管理水平低，环境条件差，羊群密度大，过于拥挤，是促使本病发生的重要条件。

【症状】

羊吃进胃内的塑料膜、破布等杂物，占胃内容物1/15，多数不出现临床症状。达到1/10可出现比较轻的胃弛缓，拉干粪球和拉稀。达到1/5左右时，呈现出明显临床症状，采食减少，反刍失常。胃胀气，持续性拉稀。如果达到1/2～2/3时，卧地不起，无力活动，消瘦死亡。

病的初、中期，体温不升高，一般症状不明显，不容易发现。后期略低于常温。随着吃进胃内异物增多，症状明显，病情逐日加重。精神沉郁，被毛粗乱，结膜苍白。采食减少，拉稀。瘤胃弛缓，时胀时消。反刍失常，多则10余口，少则3～5口便停。站立时拱腰，不愿走路，表现腹痛。咬牙，口流水样黏液，间有白沫。常离群单独卧地不起。不能自行站立，影响呼吸，渐进性消瘦，加重病情。不采取手术方法治疗，100%死亡。

【诊断】

本病绝大多数根据临床症状便可以确诊。

① 根据临床症状、药物治疗无效，可建立初步诊断。

② 只要病情发展到一定程度，临床症状明显。用手便可以触摸到瘤胃中的0.5 ～ 1kg、如茄子大硬结物。有的1.5 ～ 2kg，如西瓜大的硬结物。

【预防】

① 主要是加强饲养管理。在管理上，根据羊的生活习性、环境条件等，制定饲养、放牧和管理方法。

② 在饲养方面，根据饲料的营养组合、土壤成分、环境条件等因素，添加适当的不足物质，如维生素、矿物质、微量元素等。

要特别注意，在饲料中经常加些苏打粉，成年羊每次10 ～ 20g，确保瘤胃碱性环境，提高消化吸收率，增强体质。

【治疗】

主要用瘤胃切开术，取出异物。这是最有效的方法。

十八、中暑（日射病与热射病）

羊中暑症是日射病、热射病的统称。日射病是因羊的头部被日光直射，引起脑及脑膜充血的急性病变；热射病是因天气潮湿闷热，机体产热大于散热，使体内积热而引起中枢神经系统紊乱的疾病。

【病因】

一是夏季天气炎热，日照强烈，阳光直晒头部引起的日射病。二是由于外界温度过高，羊舍内潮湿、闷热、拥挤、狭小，或车船运输时通风不良，导致热在体内蓄积所致。

【症状】

病羊初期表现精神极度沉郁，食欲减退或废绝，步态不稳，摇晃不定，心跳亢进。脉搏快而弱，呼吸次数增多，呼吸困难，体温升高，可视黏膜潮红，肌肉震颤，全身出汗；有的在发病后出现兴奋状态。后期常因虚脱而卧地不起，或突然倒地不动，呈昏迷状态。最后因心脏麻痹发生死亡。

【防治】

1. 预防

夏季天气炎热，要做好羊舍的防暑降温工作，严禁中午放牧，午

间休息时到阴凉处或树阴下。还要保证充足的饮水。

2.治疗

发现病羊后立即将羊移到通风良好的阴凉处，用凉水浇头及全身，或用凉水灌肠。当病羊昏迷不醒时，可于颈脉放血，放血量视病羊大小及身体状况而定，一般放血80～100mL，放血后进行补液，静脉注射氯化钠注射液500～1000mL；病羊心脏衰弱或严重水肿时，应静脉注射10%安钠咖4mL。

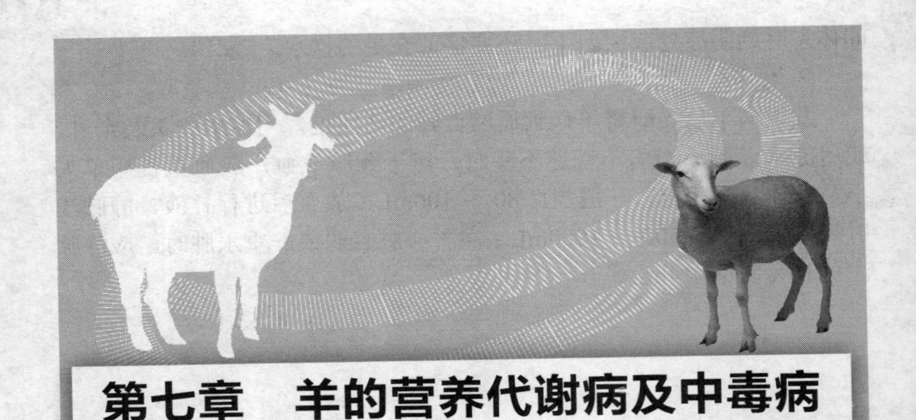

第七章　羊的营养代谢病及中毒病

一、常见营养代谢病

（一）白肌病

白肌病在绵羊羔及仔山羊都可发生，其特征是心肌与骨骼肌发生变性，发病严重的骨骼肌呈灰白色，病羊步态僵硬，故又称为僵羔。本病常在春夏之际发生，呈地方流行性，沙土或沼泽地区发生较多，1～5周龄的绵羊羔及仔山羊最易患病。死亡率有时可达40%～60%。

【病因】

本病既非传染病，又非遗传性疾病，目前一般认为主要是由于缺乏维生素E和微量元素硒所致。当饲料中硒的含量和维生素E不足时，就可能发生硒-维生素E缺乏病。

【症状】

① 绵羊羔　病羔营养状况较差者居多，但发育良好者亦不少见。羔羊常于放牧及采食时突然倒地死亡，或者在典型症状出现后1～2d内死亡。病羔体温正常，胃肠蠕动无显著变化；心跳节律不齐，呈显著的传导阻滞和心房纤维颤动；病程较长者，最初精神沉郁，离群，不愿行动，食欲减少或废绝，以后卧地不起，颈部僵直而偏向一侧；如果强迫起立，轻者走路摇摆，肢体强硬；重者站立不稳或举步跌倒；少数病羔有腹泻症状。

② 仔山羊　在发病初期，外部并无任何可见症状，仅仅是听诊时

心跳无节律或有间歇。以后表现精神沉郁，被毛竖立而粗乱，食欲略减或废绝。有时不表现症状即突然死亡。但事实上能够从症状上发现病羊时，已经达到垂危阶段。在羊群中发病的最初阶段，可以见到约有1/3的病羊起立不便，喜卧，跛行，行走困难。站立时肌肉颤抖，特别是在肩臂部和股部肌肉，严重时对周围刺激反应迟钝。在发病的后一阶段，不易看到运动器官发生障碍。大多数病羊表现呼吸粗粝，次数增多；结膜潮红，边缘稍黄；体温一般正常，唯有并发症时，可以升高到40～41.3℃；听诊时，心跳加快，节律不齐，有间歇，部分病例还有舒张期杂音。少数病羊伴有顽固性下痢。

病程经过颇不一致，最严重者为突然不安，哀叫，呈兴奋状态，10～30min死亡。较重者多经3～4d死亡；轻者经2～3周死亡，但为数极少。

【病理变化】

① 绵羊羔　尸体有时消瘦，有时营养良好。主要病变是肌肉发生对称性病变，即身体两例的同种肌肉发生病变，其后腿最为明显。平常见到者为臂二头肌、臂三头肌、肩胛下肌、股二头肌及胸下锯肌等。有时咬肌与膈肌发生病变。病变肌肉呈弥散性或局限性的浅黄色或灰黄色，有时为白色，肌组织干燥，表面粗糙不平；少数病例肌肉硬化，有钙盐浸润。肌肉中钙含量增加至14%～15%，而正常者仅为2%。心包中有透明或红色液体，心肌呈灰色，较柔软，有时有出血点，心室扩大。

② 仔山羊　尸僵完全或不完全，血液凝固不良。心脏极度扩张，心肌厚薄不均，颜色淡。心肌变性，心内膜下心肌和乳头肌周围有灰黄色条纹，顺着肌纤维方向存在，状似虎斑。将病变部切开时，可见心肌纤维粗糙、色淡，其结构如木质纤维。在严重的病例，整个心内膜都布满有上述病变。骨骼肌变性，尤其是前、后肢肌肉和背最长肌变性比较明显，肌纤维粗糙，颜色淡白，其中夹杂着颗粒性增生物，并有瘀血小点。肠系膜淋巴结肿胀、柔软，切面多汁，压之有大量乳白色液体流出，切面上有小粒状突出物。皱胃发炎、出血；十二指肠、空肠、回肠和部分盲肠黏膜呈紫红色，充血或出血，其内容物呈红色粥状。

【诊断】

① 病羔死后的剖检所见，可作为诊断的主要依据。最明显者为肌肉中有灰白色条纹存在，尤以后肢最为多见。显微镜下最清楚，在尸僵发生之前亦可在镜下观察其变化。

② 病羔的血清谷草转氨酶超过200IU/mL，血清肌酸、磷酸转移酶和乳酸脱氢酶均有增加，补加维生素E到不全价的日粮中，可以降低乳酸脱氢酶的含量。

③ 尿中含有大量肌酸，也可作为临床诊断的重要根据之一。

【预防】

① 应用0.2%亚硒酸钠皮下法射，预防效果良好。具体方法如下。

a.注射年龄　1～2月份出生的羔羊，在20日龄左右注射，一般不要晚于25日龄；3月份及以后出生的羔羊，一般在出生后半月大时注射，尤其是3月份以后出生的羔羊，最晚不能超过20日龄，过迟就有发病的危险。

b.注射次数　一般进行两次预防注射，第1次注射后，间隔20d，再进行第二次注射。如果羔羊在40～50日龄时，天气连阴多雨，干草质量不好，青草又不能正常供应时，还可以进行第三次预防注射。

c.注射剂量　应用0.2%亚硒酸钠溶液，每只羊第1次1mL，第二、三次各1.5mL，作颈侧皮下注射。亚硒酸钠溶液的配制方法是亚硒酸钠0.2g，加注射用水100mL，盛入灭菌瓶内，待溶解后备用。

② 在分娩之前给母羊皮下注射亚硒酸钠1次，用量为4～6mg。

③ 供给孕羊维生素A、维生素D、维生素E及磷酸盐　在冬季可喂给豆科干草（干苜蓿最理想）、胡萝卜、大麦芽与骨粉。如在产后才发现饲料中缺乏维生素A和维生素E，应肌内注射维生素A和维生素E。

当仔羊群中已经发病，应在治疗病羊的同时，给未发病羊注射治疗量的维生素A和维生素E，或者用青苜蓿制作饲料膏，或者在饲料中拌入棉籽油。

【治疗】

可将病羊放于宽敞通风的畜舍中，限制活动，然后按照以下方法治疗。

① 给日粮中增加燕麦或大麦芽，补给磷酸钙，亦可拌入富含维生

素E的植物油，如棉籽油、菜油等。

② 用0.2%亚硒酸钠溶液1.5 ～ 2mL，皮下注射。

③ 皮下或肌内注射维生素E，剂量为10 ～ 15mg，每天1次，连续应用，直到痊愈为止。

（二）佝偻病

羊佝偻病是羔羊钙、磷代谢障碍引起骨组织发育不良的一种非炎性疾病，维生素D缺乏在本病的发生中起着重要作用。

【病因】

本病的发生主要是由于饲料中维生素D的含量不足，导致羔羊体内维生素D缺乏，直接影响钙、磷的吸收和血液内钙、磷的平衡；此外，即使维生素D能满足羔羊的需要，但母乳及饲料中钙、磷比例不当或缺乏以及多原因的营养不良，也可诱发本病。

【症状】

病羊轻者主要表现为生长迟缓，异嗜，喜卧，卧地起立缓慢，行走步态摇摆，四肢负重困难，触诊关节有疼痛反应。病程稍长则关节肿大，以腕关节较明显；长骨弯曲，四肢可以展开，形如青蛙。患病后期，病羔以腕关节着地爬行，躯体后部不能抬起；重症者卧地，呼吸和心跳加快。

【预防】

① 加强怀孕母羊和泌乳母羊的饲养管理，饲料中应含有较丰富的蛋白质、维生素D和钙、磷，并注意钙、磷配合比例，供给充足的青绿饲料，补喂骨粉，增加运动和日照时间。

② 羔羊饲养更应注意，有条件的喂给干苜蓿、胡萝卜、青草等青绿多汁的饲料，并按需要量添加食盐、骨粉、各种微量元素等。

【治疗】

维生素A或维生素D注射液3mL，肌肉注射；精制鱼肝油3mL，灌服或肌内注射。补充钙制剂，可用10%葡萄糖酸钙注射液5 ～ 10mL。

（三）骨软症

骨软症是一种营养代谢疾病。发生原因主要是由于动物的饲料内钙和磷的供应不足或比例不当。结果发生骨质疏松，并由此引发一系列的变化。

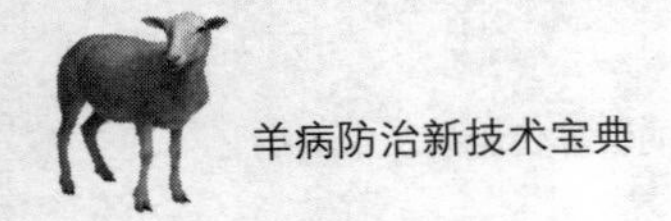

【病因】

① 饲料中钙、磷供应不足或钙、磷比例不当。

② 钙的需要量增加。母羊在产奶盛期、妊娠后期，特别是在产羔后一个月左右，由于机体对钙磷的需要量大，最易引起本病。

③ 维生素D不足。正常的骨形成除需要足够的钙、磷外，还需要维生素D，它能促进钙、磷从小肠吸收，同时还能直接作用于成骨细胞，促使骨的形成过程。

【症状】

患有骨软症的羊，在疾病早期一般都会出现异嗜癖，经常啃墙壁，啃泥巴沙石，食欲明显失常。呈现消化机能紊乱现象。随着病情发展，可见患羊易发生疲劳，四肢无力，行走时摇晃不稳，不断消瘦，喜伏卧。全身骨骼疏松变形，用针易于刺入。四肢关节肿大，容易发生骨折。

【防治措施】

在生理要求上，动物对钙磷的要求应该是1.5∶1或2∶1。因此，必须检查饲料内这两种物质的配比是否恰当，如有不妥，应予改正。此外，可给病羊补充钙质和磷质。为了做好这一工作，最好是先送材料到有关单位检查血清，了解究竟是缺磷还是缺钙。了解有无高磷和高钙现象，然后再有的放矢地进行治疗。原则是：高磷低钙所致的软骨症，以补钙为主，同时兼用维生素D，如给予乳酸钙或硫酸钙，成年羊每天1次5～10g内服，并皮下或肌内注射含维生素D 25000IU的维丁胶性钙3～5mL，羔羊用量酌减，连用15～20d。如为低磷所致，应予补磷，可用3%次磷酸钙溶液静脉内注射，成年羊1次50mL，连用3～5d。但关键仍在于对羊饲料内的钙磷比例做合理调整，并改善动物的饲养方法，如增加光照和增多户外活动等，方能奏效。

（四）维生素A缺乏症

当羊的饲料中缺乏胡萝卜素或维生素A时，易引起维生素A缺乏症。

【病因】

本病的发生是由于饲料中缺乏胡萝卜素或维生素A；饲料调制加工不当，使其中脂肪酸变质，加速饲料中维生素A类物质的氧化分解，导致维生素A缺乏。脂肪不足会影响维生素A类物质在肠中的溶解和

吸收。因此，当蛋白质和脂肪不足时，即使在维生素A足够的情况下，也可发生功能性的维生素A缺乏症。此外，慢性肠道疾病和肝脏有病时，最易继发维生素A缺乏症。

【症状】

缺乏维生素A的病羊，特别是羔羊。最早出现的症状是夜盲症，常发现在早晨、傍晚或月夜光线朦胧时，患羊盲目前进，碰撞障碍物，或行动迟缓，小心谨慎；继而骨骼异常，常继发唾液腺炎、副眼腺炎、肾炎、尿石症等；后期病羔羊的干眼症尤为突出，导致角膜增厚和形成云雾状。

【预防】

① 加强饲料的管理，防止饲料发热、发霉和氧化，以保证维生素A不被破坏。

② 在冬季饲料中要有青储饲料或胡萝卜，秋季储收的干草要绿；长期饲喂枯黄干草应适当加入鱼肝油。

【治疗】

① 饲料加入维生素A、维生素D粉，按说明书使用量添加。

② 病重羊肌内注射维生素A、维生素D、维生素E注射液，成年羊5mL/只，羔羊1～2mL/只。

③ 对有眼部症状的羊，结膜涂红霉素眼膏，每天1次。

④ 每天在羊舍内驱赶羊运动，上、下午各1h，每只羊每天喂给优质紫花苜蓿和胡萝卜各0.25kg。病羊经治疗3d后逐渐好转，到1周时，所有病羊均恢复正常。

（五）食毛症

羔羊食毛症，主要是由母羊和羔羊饲料中的矿物质和维生素不足，尤其是钙和磷的不足；羔羊缺乏必需的蛋白质；羊群过于拥挤；羔羊受虱、蜱叮咬，啃咬叮咬处，食入绒毛等因素引起的。绵羊食毛症是绵羊羊羔的一种代谢紊乱疾病，表现喜欢舔食羊毛。由于食毛过多，影响消化，甚至并发肠梗阻造成死亡。

【病因】

① 无机盐及微量元素的缺乏　日粮中含硫氨基酸（胱氨酸、半胱氨酸和蛋氨酸）缺乏，即发生食毛症；钴和铜缺乏以及钙、磷缺乏或

比例失调发生的佝偻症亦能引发此病。圈养期间，仅投放牧草或农作物秸秆，从不饲喂无机盐及微量元素等饲料添加剂，饲料粗劣、单一，母羊严重营养不良，产后奶水不足或质量不良，以致羊羔得不到充足的营养补给，导致异嗜。

② 管理、环境因素　圈养的饲舍十分拥挤，饲养密度太大，积粪太多，环境卫生很差，异味严重，羊体脱落很多羊毛，以致羊群互相舔食现象严重。圈养羊只圈养期间很少户外活动，日光照射严重不足，再加上饲料粗劣、单一，降低了皮肤内维生素D原转为维生素D的能力，严重影响了钙的吸收，患骨软病现象严重。

③ 寄生虫病引发　圈养羊只秋季药浴不彻底，患疥螨等寄生虫病现象严重，个别羊只严重脱毛，牧主又不定期驱虫，体内寄生虫亦较严重，成年母羊身体瘦弱，严重营养不良，舔食土块、破布等异物，互相摩擦、啃咬，以致顺口吞下羊毛。

【症状】

发病初期，病羔羊喜吃被粪尿污染的腹股部和尾部的毛，以后变为吃其他羊的毛，往往羔羊之间互相食毛。严重时全身毛被吃光。吃下的毛积在皱胃及肠管内，形成毛球，刺激胃肠，引起消化不良、便秘、腹痛及臌胀等症。

绵羊食毛症是因某些矿物质及微量元素缺乏而引起的一种代谢病，病羊常因异食羊毛而形成毛球使胃肠梗塞而死亡。尤以冬春圈养羊羔常发，山羊少见。

病羊精神沉郁，四肢软弱无力，喜卧，站立时低头磨牙，嘴角有少许泡沫。食欲废绝，呼吸急促，回头顾腹，小便消失，肛门皮毛被稀便污染。最终四肢抽搐而死亡。

剖检：心、肺、肾均正常，肝略微肿大，胆囊增大，皱胃内有6cm×4.5cm的大小不一毛球，奶汁滞留，有奶酪状乳状物，肠道有长絮状毛缕，膀胱充盈。

【诊断与治疗】

① 本病很难诊断。病羊发病前，养殖户因疏于管理，且因饲养数量多而不易发现，到诊所就诊时已至晚期，只能凭牧主的口述及临床经验予以判断，按有关报道介绍的治疗方案治疗，均未收到良好效果。

② 此病可行皱胃切开术取出毛球。

【预防】

① 改善饲养管理，供给饲料营养要全面，并经常进行运动。对于羔羊，应供给富含蛋白质、维生素和矿物质的饲料，如青绿饲料、红萝卜、甜菜和麸皮等，每日供给骨粉5～10g和足量的食盐。

② 将吃毛的羔羊与母羊隔开，只在吃奶的时候让其母子相见。

③ 将母羊乳房周围的毛清理干净。

④ 及时清扫圈内羊毛。给羔羊补喂动物性蛋白质，如鸡蛋，可以有制止羔羊吃毛的作用。

⑤ 加强羔羊卫生，驱除羔羊身上的虱、蜱等寄生虫，避免羔羊啃食叮咬处。

（六）碘缺乏病

碘缺乏时的主要特征是甲状腺发生非炎症性增大，故又称甲状腺肿。

【病因】

① 原发性碘缺乏　主要是羊摄入碘不足。羊体内的碘来源于饲料和饮水，而饲料和饮水中碘与土壤密切相关。土壤缺碘地区主要分布于内陆高原、山区和半山区，尤其是降雨量大的沙土地带。土壤含碘量低于0.2～0.25mg/kg，可视为缺碘。羊饲料中碘的需要量为0.15mg/kg，而普通牧草中含碘量0.006～0.5mg/kg。许多地区饲料中如不补充碘，可产生碘缺乏症。

② 继发性碘缺乏　有些饲料中含碘拮抗物质，可干扰碘的吸收和利用，如芜菁、油菜、油菜籽饼、亚麻籽饼、扁豆、豌豆、黄豆粉等含拮抗碘的硫氰酸盐、异硫氰酸盐以及氰苷等。这些饲料如果长期喂量过大，可产生碘缺乏症。

【流行特点】

本病常发生在碘缺乏地区，羔羊发病率远高于成年羊。患病羊如果甲状腺肿块不大，外表很难看到，也难触及。

【症状】

怀孕母羊患病时，常产出死胎、弱胎或畸胎。所生患有甲状腺肿病羔，体弱多病很难存活，多因肺炎或腹泻而死亡。怀孕母羊的甲状腺肿如由长期饲喂大量致甲状腺肿物质所致，其临床表现虽无异常，但肿大的甲状腺可触摸到，所产羔羊软弱无力，不能站立，低头偏向一侧，不能吮乳；颈下可见鸡蛋至拳头大一肿块；呼吸极度困难；头颈皮肤、眼眶、眼睑水肿，四肢水肿，关节弯曲；于出生后数小时至24h死亡。

【诊断】

临床上甲状腺肿大易于诊断。无甲状腺肿时，如果血液碘含量低于24μg/L，羊乳中碘低于80μg/L可诊断为碘缺乏。

【防治措施】

（1）预防

在碘缺乏区内，坚持对怀孕和泌乳期母羊以及羔羊补碘。补碘的方法很多，如饮水中每羊每天加入50μg碘化钾或碘化钠；舍饲羊的饲料中加入含碘添加剂或在食盐中加碘化钾或碘化钠1mg/kg，让绵羊自由采食；在绵羊股内侧，用3%～5%碘酊棉球涂搽，每月1次，两侧轮换涂搽。怀孕期和泌乳期母羊，禁止饲喂含致甲状腺肿物质和硫脲类物质的饲料或植物。

（2）治疗

一旦发现羊群中有甲状腺肿病羊，立即用碘化钾或碘化钠治疗，每羊每天5～10mg混于饲料中饲喂，或在饮水中每天加入5%碘酊或10%复方碘液5～10滴，20d为1疗程，停药2～3个月，再饲喂20d，即可达到治疗效果。

（七）铜缺乏病

铜缺乏症是动物体内铜含量不足所致的一种重要营养代谢性疾病，其特征是贫血、腹泻、运动失调和被毛褪色。

【病因】

（1）原发性

日粮缺铜引起动物机体缺铜，主要是由于生长在低铜土壤上的饲草或土壤中铜的可利用性低所致。一般认为，饲料中铜低于3μg/g即可引起发病，3～5μg/g为临界值，10μg/g以上能满足动物的需要。

（2）继发性

动物对铜的摄入量是足够的，但机体对铜的利用发生障碍。

① 钼与铜具有拮抗性。当饲草、饲料中钼含量过多时，可妨碍铜

的吸收和利用，牧草含钼低于3μg/g对铜并无影响；但当饲料中钼含量达3～10μg/g即可引起铜的不足而出现临床症状。通常认为铜∶钼应高于2∶1。

② 饲料中锌、镉、铁、铅和硫酸盐等过多，影响铜的吸收，造成机体铜缺乏。

③ 饲草中植酸盐含量过高，可与铜形成稳定的复合物，降低动物对铜的吸收。

④ 反刍兽饲料中的蛋氨酸、胱氨酸、硫酸钠、硫酸铵等含硫物质过多，经过瘤胃微生物的作用均可转化为硫化物。后者与钼共同形成一种难溶解的铜硫钼酸盐（$CuMoS_4$）复合物，可降低铜的利用。

【流行特点】

本病在世界各地均有报道，常呈地方流行或大群发生。原发性铜缺乏主要发生在幼龄动物，绵羊和山羊最为易感。

【症状】

运动障碍是羔羊铜缺乏的主要症状，故又称为摆腰病或地方性共济失调。主要危害1～2月龄的羔羊，在严重暴发时刚出生的羔羊也可发病，常常造成死亡。早期症状为两后肢呈八字形站立，驱赶时后肢运动失调，跗关节屈曲困难，球节着地，后躯摇摆，极易摔倒，快跑或转弯时更加明显，呼吸和心率随运动而显著增加。严重者做转圈运动，或呈犬坐姿势，后肢麻痹，卧地不起，最后死于营养不良。羔羊随年龄增长，其后躯麻痹症状可逐渐减轻。

铜缺乏时被毛的变化很明显，被毛稀疏，粗糙，缺乏光泽，弹性降低，颜色变浅。绵羊铜缺乏时被毛柔软，光滑，失去弯曲性，黑毛颜色变浅。羊毛的这些变化是最早的症状，在亚临床铜缺乏可能是唯一引起该症状的原因。

贫血是多种动物严重、长期缺铜的常见症状，发生于铜缺乏的后期。羔羊主要表现低色素小红细胞性贫血，而成年羊则呈巨红细胞性低色素性贫血。

腹泻是继发性铜缺乏的常见症状，粪便呈黄绿色或黑色水样，腹泻的严重程度与拮抗元素钼的摄入量成正比。

此外，母畜的发情表现常不明显，不孕或流产，奶牛产奶量下降，其幼畜生长不良。

【病理变化】

铜缺乏的特征病变是贫血和消瘦。骨骼的骨化推迟，易发骨折，严重时表现骨质疏松。地方性铜缺乏的最主要组织病变是小脑束和脊髓背外侧束的脱髓鞘。在少数严重病例，脱髓鞘病变也波及大脑，白质结构发生破坏，出现空洞。并且有脑积水、脑脊髓液增加和大脑回几乎消失等病理变化。肝脏、脾脏和肾脏有大量含铁血黄素沉着。

【预防】

铜缺乏症的预防措施主要如下。

① 日粮中添加硫酸铜，最低铜水平为羊5μg/g。

② 在妊娠中后期口服硫酸铜，羊1～1.5g，每周1次，能预防幼畜铜缺乏症，也可在幼畜出生后口服铜制剂。

③ 经口投服含硒、铜、钴等微量元素的长效缓释丸。

④ 在饮水中添加硫酸铜，让动物自由饮用。

⑤ 给低铜草地施用含铜肥料，能显著提高牧草中铜的含量。

【治疗】

治疗铜缺乏症比较简单，但如果神经系统和心肌受到严重损伤时，病畜将不能完全康复。2～6月龄羔羊为1～2g，每周1次，连用3～5周。在日粮中添加铜，使硫酸铜的水平达25～30μg/g，连喂2周效果显著。也可将矿物质添加剂舔砖中硫酸铜的水平提高至3%～5%，让其自由舔食，或按1%剂量加入日粮饲喂动物。

二、常见中毒病

（一）疯草中毒

棘豆属和黄芪（紫云英）属植物都可引起以神经症状为主的慢性中毒，因此，这类植物统称为疯草，所引起的中毒病称疯草中毒或者疯草病。疯草是危害我国草原养羊业最严重的一类毒草，造成了巨大的经济损失。

【病因】

① 含脂肪族硝基化合物　羊吃了含米瑟毒苷的疯草后，导致三羧酸循环不能正常进行而死亡；还会引起高铁血红蛋白血症，严重时亦

可导致死亡。

② 含有毒生物碱　一些疯草含吲哚兹啶生物碱——苦马豆素，引起甘露糖储积和糖蛋白合成异常，并导致细胞空泡化和器官功能障碍。

③ 本病的发生与自然生态环境有关　疯草在一些地区发展为优势种，这不仅与其抗逆性强，耐干旱、耐寒等特性有关，更重要的是草场管理不善，放牧压力过大，草场退化及植被破坏等，为疯草的蔓延和密度的增加创造了条件。疯草适口性不佳，在牧草充足时，羊并不主动采食，只有在可食牧草耗尽时才被迫采食。因此，常于每年秋末到春初发生中毒。干旱年份有暴发的倾向。

④ 采食疯草数量与发病有关　大量采食疯草，羊可在10余天内发生中毒，少量连续采食需1月到数月才能表现临床症状。

【症状】

① 山羊　病初精神沉郁，反应迟钝，站立时后肢弯曲；中期头部呈水平震颤，颈部僵硬，行走时后躯摇摆，追赶时易摔倒；后期四肢麻痹，卧地不起，心律不齐，最终衰竭死亡。

② 绵羊　头部震颤，头、颈皮肤敏感性降低，而四肢末梢敏感性增强，随着病情的发展，表现步态蹒跚如醉，失去定向能力，瞳孔散大，终因衰竭而死亡。

③ 妊娠绵羊和山羊易发生流产，或产出畸形胎儿。公羊表现性欲降低，或无性交能力。

④ 疯草中毒的初期，若停食疯草，改食优良牧草，中毒症状逐渐消失，2周左右可恢复正常。

【病理变化】

尸体极度消瘦，血液稀薄，腹腔有少量清亮液体，有些病例心脏扩张，心肌柔软。组织学检查，主要是神经及内脏组织细胞空泡化。

【诊断】

疯草中毒可根据采食疯草的病史，结合运动障碍为特征的神经症状，不难做出诊断。当羊只安静或卧地时，可能看不出中毒症状，当给予刺激或用手捏提一下羊耳，便立即出现摇头不止或突然倒地不起等典型疯草中毒症状。

【预防】

① 禁止羊只在疯草特别多的草场上放牧。

② 用除草剂杀灭疯草　2,4-丁酯、使它隆、百草敌等单独使用或复配使用，对疯草有很好的杀灭作用。但是疯草种子在其草场上储量很大（400～4300粒/平方米），要保持疯草密度低于危害羊群的程度，定期喷药是必要的。最好能结合草场改良及草场管理措施，才能取得良好效果。

③ 合理轮牧　在有疯草的草场放牧10～15d，再在无疯草或疯草很少的草场上放牧10～15d或更长一点时间，然后又在有疯草的草场放牧，如此反复，可以避免中毒。

【治疗】

对轻度中毒的病羊，及时转移到无疯草的安全牧场放牧，适当补饲，一般可不药而愈。严重中毒的羊，目前尚无有效治疗方法。

（二）有毒萱草根中毒

本病是由于羊采食了萱草属植物的根而引起的中毒。临床上以双目失明、瞳孔散大，进而全身瘫痪和膀胱麻痹、积尿为特征，有瞎眼病之称。

【病因】

萱草根又名黄花菜根、金针菜根。萱草根中毒是由于羊群采食了萱草根而引起的中毒病。该病多发于2～3月份，正值刨出地面的萱草根大多抛弃野外，由于属枯饲期，放牧羊一旦遇到新鲜的草根便争相采食后，造成大批羊中毒死亡。

【症状】

病羊症状出现的快慢和严重程度，视羊吃入量而定。病羊初期精神委顿，食欲减少或废绝，呆滞迟步，尿为橙红色。继而口角流涎，瞳孔逐渐散大，双目相继或同时失明，病羊惊恐、哀叫，无目的乱走或抵靠障碍物，倒地后四肢不停划动，似游泳状。有的四肢肌肉抽搐，行走无力，尤以后肢严重，终至肢体瘫痪，卧地不起。后期牙关紧闭，咀嚼困难，有时磨牙，呼吸困难，心跳加快，一般经2～4d后死亡。中毒较轻的可以康复，但双目失明瞳孔散大则不能恢复。

【病理变化】

眼观变化：急性中毒羊，心内、外膜有出血斑点；肾脏色黄，质软，肾盂水肿；膀胱积尿，黏膜充血并散在出血点；脑、脊髓膜血管扩张，有出血点，脊髓液增多；视神经肿胀松软或变细。

组织变化：整个视觉传导径均受损害，以视神经和视网膜最为严重。视神经损害呈双侧性。视神经乳头充血、水肿或出血，局部组织疏松呈网孔状。视网膜常发生严重出血。

【预防】

枯草季节禁止羊到有黄花菜的草场放牧，妥善保管和处理废弃或移栽的黄花菜。

【治疗】

目前尚无特效解毒方法。羊发病后应停止放牧，早期可投服盐类泻剂，给予优质干草、饲料，加强护理，并应用抗生素防止继发感染。同时静脉注射葡萄糖生理盐水有助于本病的恢复。

（三）有机磷中毒

羊有机磷中毒是由于羊接触、吸入或采食了有机磷制剂引起的一种中毒性病理过程，以体内胆碱酯酶活性受到抑制，导致神经生理机能紊乱为特征。

【症状】

病羊流涎，流泪，咬牙，瞳孔收缩，眼球颤动，个别羊严重拉稀，无食欲，反刍停止，全身发抖，步态不稳，卧倒在地，全身麻痹，呼吸困难，有的窒息死亡。病羊心跳100次/分钟以上，呼吸50次/分钟以上，体温正常。

【病理变化】

胃黏膜充血、出血、肿胀，黏膜易脱落，肺充血肿大，气管内有白色泡沫，肝脾肿大，肾脏混浊肿胀，包膜不易剥落。

【治疗】

① 阿托品皮下注射，剂量为每只2～4mg，病情严重者可加大剂量2～3倍，第1次注射后隔2h再注射1次，直到症状减轻为止。

② 10%葡萄糖注射液500mL，解磷定注射液15mg/kg，静脉滴注；2h后再静脉推注1次，剂量同上。

【注意事项】

① 有机磷中毒后应尽早采用药物治疗。阿托品皮下注射配合胆碱酯酶复能剂（碘解磷定、氯解磷定或双复磷注射液）的同时，结合其他对症疗法。

② 对兴奋不安的、出汗严重的静脉滴注镇静剂，不可使用氯丙嗪。

③ 对超过36h中毒者，复能剂已不能发挥治疗作用，除使用阿托品治疗，给病羊输血100～200mL，有良好作用。

④ 中毒症状缓解之后，不要过早停止阿托品的使用，以免残毒再被吸收而引起复发，最低限度维持量不能少于72h。

⑤ 在治疗有机磷中毒的过程中，切忌静脉补碱。因为解磷定在碱性环境中会水解成毒性极强的氰化物。

（四）尿素中毒

反刍动物瘤胃内的微生物可将尿素或铵盐中的非蛋白氮转化为蛋白质。人们利用尿素或铵盐加入日粮中以补充蛋白质来饲喂羊，用于畜牧生产，但补饲不当或过量即可发生中毒。

【病因】

① 由于利用尿素和铵盐（亚硫酸铵、硫酸铵、磷酸氢二铵）作为饲用蛋白质代替物时，超过了规定用量。根据试验，如给绵羊灌服尿素8g，即可引起死亡，但如用尿素18g加糖渣72g喂给，却不至发生死亡。

② 由于误食含氮化学肥料（尿素、硝酸铵、硫酸铵）而引起中毒。

【症状】

发病羊大约1h后出现中毒症状，表现为精神沉郁，呆滞，来回走动，不安，呻吟，反刍停止，腹胀，肌肉发抖，走路来回摇摆，不停地出现强直性痉挛，呼吸困难，脉搏增数，大量出汗，口吐白沫。2h后病羊倒地，四肢出现游泳样运动，大部分羊3h左右开始死亡。

【病理变化】

羊的鼻孔内流出红褐色液体，眼球下陷，眼结膜发绀，阴道黏膜发绀，有白色胶样物，皮下淤血。腹腔内有强烈的腐败气味。瘤胃饱满，浆膜呈暗褐色，切开后有刺鼻的氨味，黏膜脱落，底部出血，胃内容物呈现红白相间。肠黏膜脱落出血，尤其是小肠前段的出血和溃

疡严重。肝脏肿大，含血量多，质地变脆，胆囊扩张，充满胆汁。肾脏肿大，有大量的尿酸盐沉积。肺脏淤血，支气管内有粉红色泡沫状分泌物。心外膜有鲜红色弥漫性出血点。心室扩大，血凝块分层明显。膈膜有轻度充血和少量淤血。

【诊断】

根据具有采食尿素的病史、中毒的临床症状并在很短时间内死亡以及病理剖检变化，可做出确诊。一般情况下，当血氨为8.4～13mg/L时，即出现症状；当达20mg/L时，表现共济失调；达50mg/L时，动物即死亡。

【预防】

① 防止羊只误食含氮化学肥料。

② 在饲用各种含氮补饲物时，应遵守以下原则。

a. 必须将补饲物同饲料充分混合均匀。

b. 必须使羊只有一个逐渐习惯于采食补饲物的过程，因此在开始时应少喂，于10～15d内达到标准规定量。如果饲喂过程中断，在下次补喂时，仍应使羊只有一个逐渐适应过程。

c. 不能单纯喂给含氮补饲物，也不能混于饮水中给予。

【治疗】

① 在中毒初期　为了控制尿素继续分解，中和瘤胃中所生成的氨，应该灌服0.5%的食醋200～300mL，或者灌给同样浓度的稀盐酸或乳酸；若有酸羊乳时，可灌服酸羊乳500～750g，或给羊灌服1%醋酸200mL，糖100～200g加水300mL，可获得良好效果。

② 臌气严重时，可施行瘤胃穿刺术。

③ 对于铵盐中毒者，还可内服黏浆剂或油类，混合大量清水灌服。如吞咽困难，可慢慢插入胃管投服。

④ 对症治疗，用苯巴比妥以抑制痉挛，静脉注射硫代硫酸钠以利解毒。

（五）硒中毒

硒中毒是动物采食大量含硒牧草、饲料或补硒过多而引起动物出现精神沉郁、呼吸困难、步态蹒跚、脱毛、脱蹄壳等综合症状的一种疾病。急性中毒（又名瞎撞病）以出现神经系统症状为特征；慢性中

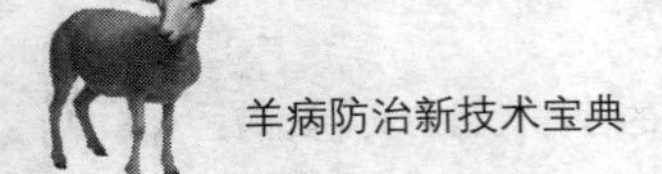

毒（又名碱病）则以消瘦、跛行、脱毛为特征。

【病因】

① 土壤含硒量高，导致生长的粮食或牧草含硒量高，动物采食后引起中毒。一般认为土壤含硒1～6mg/kg，饲料含硒达3～4g/kg即可引起中毒。一些专性聚硒植物（或称硒指示植物），如豆科黄芪属某些植物的含硒量可高达1000～1500mg/kg，是羊硒中毒的主要原因。此外，有些植物如玉米、小麦、大麦、青草等，在富硒土壤中生长亦可引起动物硒中毒。

② 人为因素，多因硒制剂用量不当，如治疗白肌病时亚硒酸钠用量过大，或动物饲料添加剂中含硒量过多或混合不均匀等都能引起硒中毒。此外，由于工业污染而用含硒废水灌溉，也可使作物、牧草被动蓄硒而导致硒中毒。

【症状】

急性中毒时，羊表现为不安，后则精神沉郁无力，头低耳耷，卧地时回头观腹，呼吸困难，运动障碍，可视黏膜发绀，心跳快而弱，往往因虚脱、窒息而死。中毒羊死前高声鸣叫，鼻孔流出白色泡沫状液体。

慢性中毒时，动物表现为消化不良，逐渐消瘦，贫血，反应迟钝，缺乏活力。此外，慢性硒中毒还可影响胎胚发育，造成胎儿畸形及新生仔畜死亡率升高。

【病理变化】

急性中毒动物表现为全身出血，肺充血、水肿，腹水增多，肝、肾变性。急性硒中毒羊的气管内充满大量白色泡沫状液体。

亚急性及慢性中毒时，组织器官的病变见于肝脏、肾脏、心脏、脾脏、肺脏、淋巴结、胰脏和大脑。如肝脏萎缩、坏死或硬化，脾肿大并有局灶性出血，脑水肿、软化等。

病理组织学检查表现为组织细胞变性、坏死，细胞核变形，毛细血管扩张充血，充满大量红色均染物质。心肌变性。肝脏中央静脉与肝窦隙扩张，甚至破裂、出血，并出现局灶性坏死。肾小球毛细血管扩张、充血，部分胞核增生、深染，肾小管上皮变性坏死。

【诊断】

结合病史、临床症状可做出诊断。

【治疗】

急性硒中毒尚无特效疗法，慢性硒中毒可用砷制剂治疗，治疗时可采用以下方法。

① 在饲料或饮水中加0.1%对氨苯砷酸或饲料中加5mg/kg的亚砷酸钠或砷酸钠（饮水加5～25mg/kg），可预防和治疗本病。

② 给予高蛋白（鸡蛋白、煮黄豆浆、亚麻籽油），可降低硒的毒性。

③ 日粮中加入50～100mg/kg对氨苯砷酸，可促进硒从胆汁排出。

④ 在治疗过程中，不要用维生素C，因其能减少硒的排泄。

⑤ 用10%～20%的硫代硫酸钠以0.5mL/kg静注，有助于减轻刺激症状。

【预防】

植物含硒大于5mg/kg时用作饲料即有中毒危险。因此在富硒地区或不明土壤含硒量的地区，应检查土壤和植物的含硒量。如含硒高，应换地放牧或引入低硒区的饲料，以免引起硒中毒。被富硒煤矿或其他冶炼含硒矿产的厂矿（硫酸厂、熔炼硫铁矿）排放的废气、废水所污染的水和饲料，不能供羊饮用和食用。建设羊圈也应远离这些厂矿，以免发病。若已发病，应立即停用原来的饮水和饲料。

（六）铜中毒

本病是由于给羊长期摄入过多铜盐而引起中毒的疾病。急性者以呕吐、流涎、剧烈腹痛、腹泻为特征。慢性中毒则以瘤胃迟缓、粪少呈黑褐色、黏膜黄疸为特征。

【病因】

在使用过含铜喷雾或土壤含铜量高的牧场放牧，饲料中添加铜盐过多，误食杀虫或杀灭蜗牛的铜制剂，均可引发本病。

【症状】

本病分为急性和慢性。急性中毒主要表现呕吐，流涎，剧烈腹痛、腹泻，心动过速，惊厥，麻痹和虚脱，最后死亡。粪便中含有黏液，呈深绿色。慢性病例则表现精神沉郁，厌食，黏膜黄疸，尿中含有血红蛋白，粪便变黑。尸体剖检可见肝脏黄染，肾脏呈暗黑色。

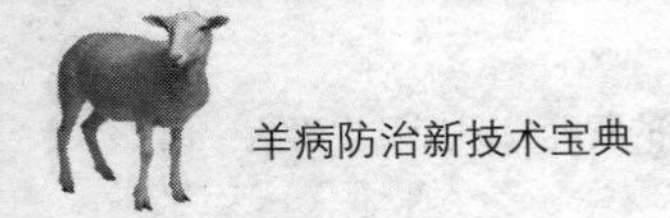

【诊断】

根据临床症状，进行胃内容物和粪便分析有助于本病的诊断，取胃内容物和粪便加入氨水，若由绿变蓝，则为阳性。

【防治】

（1）预防

防止用硫酸铜喷雾污染草料，药用硫酸铜制剂要严格掌握用量，使用补加铜饲料添加剂时，必须混合均匀，控制喂量。

（2）治疗

治疗原则是消除致病因素，加速毒物的排除及解毒疗法。首先应把病羊置于安全处所，更换饲料，加强护理。促进铜盐的排出，可用0.1%亚铁氰化钾溶液洗胃；也可灌服羊奶、蛋清、豆浆或活性炭等肠黏膜保护剂，以减少铜盐的吸收。排除已吸收的铜盐，可应用乙二胺四乙酸二钠钙或二巯基丁二酸钠。慢性中毒者，可给予钼酸铵50～500mg。

（七）氟中毒

氟中毒是由于羊饲养于含氟量高的地区，长期摄取的氟化物超过生理需要量而引起的中毒病。

【病因】

由于误食或误饮有机氟化物污染的饲料或饮水引起。

【症状】

病羊因采食量不同，所表现临床症状的严重程度也不同，摄取量大常呈急性经过，表现急性氟中毒症状。摄取量少呈慢性经过，表现慢性中毒症状。

急性中毒表现不反刍，不合群，尖叫、颤抖，呼吸促迫，角弓反张。慢性氟中毒病能使病羊骨质变形，牙齿形成氟斑及磨灭过度或不整，跛行，四肢运动障碍。

【病理变化】

急性死亡羊只胃肠腐蚀严重，呈出血性胃肠炎病变，心脏扩张，心肌变性，心内、外膜有出血斑点，脑软膜充血、出血，肝、肾淤血、肿大，而且尸僵迅速。慢性死亡的羊只除牙齿的特殊变化外，以头骨、肋骨、桡骨、腕骨和掌骨变化显著。

【预防】

① 在含氟量高的地区，水中含氟量也高，要打深机井，找到含氟量低的水层供饮用水。

② 含氟量高的地区可与外地调剂饲料，互相交换，以避免本病发生。

③ 平时要在饲料中增加钙、磷，用骨粉效果较好，能提高羊对氟的耐受性。

【治疗】

中毒较深的，及时使用解氟灵（50%乙酰胺），剂量为每天0.1～0.3g/kg，以及0.5%普鲁卡因，分2～4次肌内注射，首次注射为日量的1/2，连续用药3～7d。若没有解氟灵，也可用乙二醇乙酸脂（醋精）100mL溶于500mL水中饮服或灌服。或用5%酒精和5%醋酸各2mL/kg内服。或用高锰酸钾洗胃，然后灌服鸡蛋清。进行强心补液、镇静、兴奋呼吸中枢等对症治疗，由于病畜心脏受损，静脉注射时必须十分缓慢。

慢性中毒治疗较困难，首先要停止摄入高氟牧草或饮水，移至安全牧区放牧是最经济有效的办法，并给予富含维生素（主要是维生素A、维生素D、维生素C）的饲料及矿物质添加剂。修整牙齿。对跛行病畜，可静脉注射葡萄糖酸钙。

（八）氢氰酸中毒

氢氰酸中毒是由于羊采食富含氰苷配糖体的饲料，在胃内由于酶和盐酸的作用，产生游离的氢氰酸而发生的中毒病。主要特征为严重的呼吸困难，肌肉震颤和可视黏膜呈鲜红色。

【病因】

采食了含氰苷配糖体的植物。含氰苷的饲料主要有下列几种。

木薯：南方产的木薯，含大量淀粉，常用作饲料，但含有较多的氰苷，尤其是秋后的木薯，含量更高，饲喂不当则引起中毒。

高粱、玉米苗：新生幼苗含有氰苷，特别是再生苗的含量更高。

亚麻籽：亚麻籽饼可用作饲料，但很有较多的氰苷。

其他植物：如桃、杏、李子、枇杷、樱桃等的叶子、种子都含有氰苷。

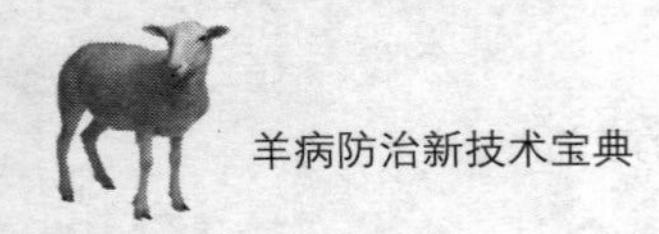

【症状】

一般在采食后30min发病。

呼吸变化：严重的呼吸困难，可视黏膜呈鲜红色，呼出气有苦杏仁味。

消化障碍：口流泡沫样唾液，全身或局部出汗，羊常伴有胃肠臌气。

神经症状：首先兴奋不安，挣扎脱缰，很快抑制，全身衰弱无力，行走不稳，后肢麻痹，肌肉痉挛。

全身症状：体温正常或下降，瞳孔散大，脉细弱无力，心搏动徐缓，反射减弱或消失，迅速死亡。

【诊断】

① 有采食含氰苷配糖体植物的病史。

② 严重的呼吸困难且可视黏膜呈鲜红色。

③ 剖检时血液呈鲜红色，胃、肠内容物有苦杏仁味。

【预防】

用含有氰苷配糖体的饲料喂动物时，最好能经过流水浸泡24h或漂洗后再加工利用。另外，不要在含有氰苷配糖体的植物地区放牧。

【治疗】

特效疗法：1%亚硝酸钠，20～30mL，静脉注射。随后用10%硫代硫酸钠，10～30mL，静脉注射。也可用亚甲蓝每千克体重2.5～10mg，制成2%溶液，静脉注射。

强心和兴奋呼吸中枢：10%安钠咖，羊静脉或肌肉注射3～5mL。回苏灵，配入适量的糖盐水中，8～16mg静脉注射。

（九）亚硝酸盐中毒

亚硝酸盐中毒是动物采食富含硝酸盐和亚硝酸盐的饲料引起的一种中毒病。其临床特点：起病突然，黏膜发绀，呼吸困难，神经紊乱和病程短促。

【病因】

羊采食富含硝酸盐的饲料，如白菜、甜菜叶、牛皮菜、萝卜叶等，可引起中毒。对动物来说，硝酸盐是无毒或低毒的，而亚硝酸盐是高毒的。促进硝酸盐转化为亚硝酸盐的条件有两个：一是20～40℃的温度；二是还原菌的作用。如果将上述饲料堆积发酵或文火焖煮，其内

的硝酸盐经24～48h，转化成亚硝酸盐。羊的瘤胃，也是形成亚硝酸盐的适宜环境，在饲料结构不合理时，会形成大量的亚硝酸盐，导致中毒。

【发病机理】

① 刺激作用　强烈刺激胃肠道，引起呕吐和胃肠炎。

② 形成高铁血红蛋白　亚硝酸盐吸收进入血液后，将二价铁血红蛋白，氧化成三价铁血红蛋白，使之失去运载氧的能力，导致组织缺氧和严重的呼吸困难。

③ 血管扩张作用　使血管扩张，血液循环障碍，血压下降，脑组织缺血、缺氧，呈现神经症状。

【症状】

羊大量食入菜类饲料后1～5h发病，除了呼吸困难、黏膜发绀等基本症状外，还伴有流涎、呕吐、腹痛、腹泻等症状。整个病程可持续12～24h。

【诊断】

① 有食入硝酸盐和亚硝酸盐的病史。

② 发病急，死亡快，呼吸困难，黏膜发绀。

③ 实验室检查，亚硝酸盐呈阳性。

【预防】

改善青绿饲料的堆放和调制方法：将青绿饲料摊开放置，切忌堆积发热，熟饲时不要小火闷煮。已腐败、变质的饲料不能喂动物，羊在喂青绿饲料时，要添加适量碳水化合物。

【治疗】

① 特效解毒药　美蓝（亚甲蓝），羊每千克体重4mg，配成1%溶液，静脉注射。也可用甲苯胺蓝每千克体重5mg，配成5%溶液，静脉注射。

② 强心升压　0.1%肾上腺素，羊0.2～1mL皮下或肌内注射。10%安钠咖，羊3～5mL，肌肉或静脉注射。

③ 兴奋呼吸中枢　呼吸抑制时，可用尼可刹米注射液（0.25mg/mL），1～4mL，肌肉或静脉注射。

（十）黑斑病甘薯中毒

羊黑斑病甘薯中毒是由于吃了一定量的黑斑病甘薯引起的。其特

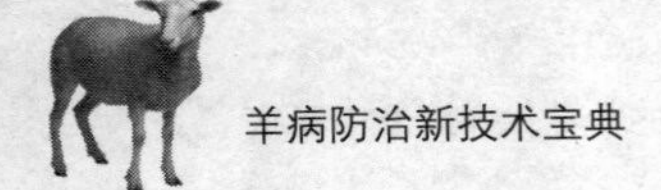

征为急性肺水肿和肺气肿，严重呼吸困难以及皮下气肿。

【病因】

羊采食了有黑斑病的甘薯后，其内的有毒成分（翁家酮、甘薯酮和翁家醇）首先刺激胃肠道，导致皱胃及小肠出血和炎症。毒物吸收后，随血液循环到达各组织、器官，引起广泛病变如肝脏肿大、心脏出血、肺气肿等。

【症状】

呼吸困难：张口喘，冲突式呼吸，由于呼吸用力，远处即可听到似拉风箱的声音。病羊头颈伸直，长期站立，从口、鼻流出泡沫样液体。病重者，结膜发绀，眼球突出，张口伸舌，瞳孔散大，肌肉痉挛，呈现窒息状态。

皮下气肿：疾病后期，颈部及胸部皮下气肿，触诊有捻发音。

【诊断】

① 有采食甘薯的病史。

② 呼吸困难，有拉风箱音，皮下气肿。

③ 病死羊胃内有病薯残渣，肺水肿、气肿。

【预防】

防止黑斑病的发生，是预防的最根本措施。另外，加强饲养管理，防止羊偷食病薯，严禁用病薯及副产品喂羊，也可有效防止本病发生。

【治疗】

目前对本病尚无特效疗法，多采取对症治疗措施。

破坏毒物，促进排出：0.1%高锰酸钾2000～4000mL，内服，可氧化毒物，使之失去毒性。而后内服6%硫酸钠3000～5000mL，促进毒物排出。

补氧、缓解呼吸困难：10%硫代硫酸钠100～200mL，20%葡萄糖500～1000mL，5%维生素C 30～50mL，静脉注射。3%双氧水用5%葡萄糖稀释成0.3%的浓度，按每千克体重2～3mL计算，静脉注射。

解除酸中毒：5%碳酸氢钠500～1000mL，静脉注射。

（十一）有机氯农药中毒

有机氯农药中毒是由接触、吸入或误食某种有机氯农药所致。

【病因】

常用有机氯农药有碳氯灵、毒杀酚、滴滴涕等。其中毒原因同“有机磷中毒”。羊有机氯中毒往往因误食、舔食撒有有机氯制剂（六六六、滴滴涕、毒杀芬等）的青草、蔬菜；误食拌过农药的种子；饮水被农药污染；错误的农药保存方法等。

【症状】

主要侵害神经系统，羊只首先兴奋不安，易惊恐。肌肉抽搐或痉挛性收缩，共济失调，步态不稳，行走摇摆，倒地或卧地不起。视力减弱，流涎，磨牙，咬肌痉挛，吞咽困难，腹泻。病重者表现呻吟，神态痛苦，狂躁，眼球突出，震颤，心动加快但脉搏细弱，心律不齐、呼吸浅表，黏膜发绀。若治疗不及时，可在2～12h内死亡。

有机氯农药是神经毒，又是一种肝毒。羊发生中毒后主要表现精神萎靡，食欲减少或消失，口吐白沫，呕吐，心悸亢进，呼吸加快，行动缓慢，呆立不动。中枢神经兴奋而引起肌肉颤动，逐渐表现运动失调，痉挛，步态不稳。过1～2h流涎停止，四肢无力，倒地，心律不齐，呻吟，眼球震颤，体表肌肉抽动。以后四肢麻痹，多于12～24h内死亡。

【预防】

① 严禁将喷洒过有机氯制剂的谷物、饲草喂羊。

② 妥善保管有机氯农药。

③ 用有机氯农药防病灭虫时，打开门窗，让药气消散，以防发生中毒。

【治疗】

尽快灌服盐类泻剂，排除胃内毒物，用硫酸镁或硫酸钠20～50g，加水200mL，灌服，禁用油类泻剂。

缓解痉挛，可用巴比妥类，按体重25mg/kg，肌内注射；或用氯丙嗪，按体重1～3mg/kg，肌内注射。

内服石灰水等碱性药物可破坏其毒性，用石灰500g加水1000mL，搅拌澄清，服用澄清液300～500mL。

第八章　羊的产科疾病

一、流产

羊流产是指母羊的妊娠过程受到破坏而中断，其表现为胚胎被吸收，早产或产出死胎。

【病因】

分传染性和非传染性两大类。

① 传染性流产病因　病原体有布氏杆菌、弯杆菌、鹦鹉衣原体等。

② 非传染性流产病因

a. 饲养管理不当。如长期营养不足导致母羊瘦弱；饲喂冰冻饲料或冰水；饲料发霉或含毒物等。

b. 机械性损伤。如踢伤或因饲养密度过大而造成互相挤压冲撞；公母羊同圈乱交配。

c. 胎儿及胎膜异常。胎儿畸形及胎儿器官发育异常；胎膜水肿、胎水过多或过少、胎盘炎等可导致流产。

d. 母羊患病。如肝、肾、肺、胃肠的疾病及神经性疾病等破坏了妊娠过程而引起流产。

【症状】

突然发生流产者，产前一般无特征表现。发病缓慢者，表现精神不佳，食欲停止，腹痛起卧，努责咩叫，阴户流出羊水，待胎儿排出后稍为安静。若在同一群中病因相同，则陆续出现流产，直至受害母

羊流产完毕，方能稳定下来。外伤性致病结果，可使羊发生隐性流产，即胎儿不排出体外，自行溶解，形成胎骨残留于子宫。由于受外伤程度的不同，受伤的胎儿常因胎膜出血、剥离，于数小时或数天排出体外。

【防治】

根据病因采取相应的防治措施，概括如下。

① 要确诊布氏杆菌引起的流产病，必须经细菌检验，发现阳性者均应及时隔离，以淘汰屠宰为宜，严禁与健康羊接触。对污染的用具和场地进行彻底消毒；对流产的胎儿、胎衣及其产道分泌物作深埋处理。对于菌检呈阴性者，可用布氏杆菌猪型2号弱毒苗或羊型5号弱毒苗进行免疫接种。

② 经细菌检验确诊弯杆菌引起的流产病，可用呋喃西林全群预防性治疗，每只羊0.6～0.7g，连服3d。

③ 预防衣原体性流产病，可用羊衣原体流产病油乳剂灭活苗，皮下注射3mL/只，免疫期7个月。

④ 对于非传染性流产病，应以加强饲养管理为主，预防各种病因的发生。对有流产先兆的母羊，可用黄体酮注射液（含15mg），1次肌内注射。如果胎儿死亡未排出，且子宫已开张时，可注射脑垂体后叶素1～2mL。

二、产后败血症

母羊在分娩时由于机体抵抗力下降失去了自身的抗感染能力。难产、胎儿腐败、胎衣不下及助产不当等均可造成大量病原微生物的入侵和增殖，引起严重感染。若处理不及时，局部感染会波及全身，引发败血症和脓毒血症。

【病因】

产后败血症是由于助产不当，软产道受到损伤、子宫脱、胎衣不下、化脓性乳腺炎等，没有得到及时处理，受到细菌严重感染，加上母羊产后体质差，机体的防御机能弱，生殖道黏膜上淋巴管、血管扩张，使细菌很快进入血液，造成全身感染等而引起的。主要病原菌为溶血性链球菌、金黄色葡萄球菌、大肠杆菌及化脓性棒状杆菌等。

【症状】

产后败血症体温上升至40～41℃后持续不降，四肢末梢发凉；病羊卧地呈半昏迷状态。食欲废绝，反刍停止，喜饮水；脉搏快速，呼吸浅快。随病程发展，患羊腹泻，粪中带血、腥臭，表现高度衰竭。急性病例可在2～3d内死亡。

产后脓毒血症病情时好时坏，体温40～41℃，后有下降，甚至恢复正常，呈弛张热型，反映体内脓灶形成、局限、转移形成新脓灶的反复过程。

【治疗】

本病病程发展急剧，需及时治疗，消除病原和增强机体抵抗力为原则。

① 全身使用广谱抗生素和磺胺类药。

② 大剂量补充水分和营养成分，防止酸中毒。

③ 肌内注射催产素促进子宫内分泌物及分解产物的排出。

④ 体表局限性脓灶可行外科处理。

【预防】

分娩期做好卫生清洁工作，严格消毒，防止感染。本病宜精心护理，喂以营养丰富易消化的饲料，充分饮水，加厚垫草，定时翻转羊体。

预防本病要对产房、产室严格消毒；助产人员和使用的器械要严格消毒，助产手术要在无菌的条件下进行；分娩过程中损伤产道时，要及时给予治疗，避免造成细菌感染。产后败血症病程急，发展迅速。产后要加强护理，注意观察，一旦发现病畜要先清除局部感染，涂布青霉素软膏。子宫内感染，要用子宫收缩剂排除子宫内的炎性产物，可肌肉注射脑垂体后叶素0.2～0.5mL，也可子宫内注入青、链霉素各20万IU，但禁止按摩和冲洗子宫，以防感染扩散。同时可肌内注射青霉素，每千克体重1万～1.5万IU，静脉注射四环素，每千克体重6～10mg，配合补液和使用维生素C，每天1次。

三、难产

羊难产是指羊在分娩过程发生困难，不能将胎儿顺利地由阴道排出来。

【病因】

母羊发育不全，提早配种，骨盆和产道狭窄，加之胎儿过大，不能顺利产出；营养失调，运动不足，体质虚弱，老龄或患有全身性疾病的母羊引起子宫及腹壁收缩微弱及努责无力，胎儿难以产出；胎位不正，羊水破裂过早，使胎儿不能产出，称为难产。

【症状】

孕羊发生阵痛，起卧不安，时有拱腰努责，回头顾腹，阴门肿胀，从阴门流出红黄色浆液，有时露出部分胎衣，有时可见胎儿蹄或头，但胎儿长时间不能产出。

【预防】

① 对于留作繁殖用的母羊，从小就要加强饲养管理，保证发育良好，体格健壮。

② 怀孕期间，保持母羊体况良好，但不可过肥。为此应该分群饲养管理。

③ 对于接近预产期的母羊，应再进行分群，特别多加照管。

a.准备好分娩场所，天气温暖时，可在露天生产，但必须备有羊棚，以防天气突然变化时应用。在大牧场，应备有较大的空气良好的产圈或产棚，除了干燥及排水良好外，还应装置分娩栏。每个分娩栏的大小约为1.5m^2，可排列成行，将临产羊和产后羊放于栏内，由经验丰富的饲养员护理。

b.清晨和傍晚，母羊分娩较多，应该有专人值班，特别注意接产。

④ 在分娩过程中，要尽量保持环境安静；接产人员不要高声喧哗，也不要让狗在羊群中惊扰。

⑤ 对于分娩的异常现象，要做到尽早发现，及时处理。当发现分娩时间拉长时，即应进行产道检查，根据反常情况进行助产。只要发现及时，母羊还有分娩力量，稍微加以帮助，即容易产出，可以防止发生严重的难产。

⑥ 产道检查方法

a.最好让母羊站立，呈前低后高姿势。但一般都不能站立，可以让羊躺卧一侧，将后躯垫高。

b.洗涤消毒外阴部和手臂。

c.将手臂伸入产道，详细检查，确定难产的种类，以便采取相应的助产措施。

【治疗】

羊发病后应及时采取助产方法进行治疗。

① 保定及消毒　一般使母羊侧卧保定。助产器械需浸泡消毒，术者、助手的手及母羊的外阴处，均要彻底清洗消毒。

② 胎儿、胎位检查　将手伸入阴道内检查胎儿姿势及胎位是否正常，胎儿是否死亡。若胎儿有吸吮动作、心跳，或四肢有收缩活动，表示胎儿仍存活。

③ 助产方法　按不同的异常产位将其矫正，然后将胎儿拉出产道。多胎母羊，应将全部胎儿助产完毕，方可将母羊归群。对于阵缩及努责微弱者，可皮下注射垂体后叶素、麦角碱注射液1～2mL。麦角制剂只限于子宫颈完全开张，胎势、胎位及胎向正常时方可使用。对于子宫颈扩张不全或子宫颈闭锁，胎儿不能产出，或骨骼变形，致使骨盆腔狭窄，胎儿不能正常通过产道者，可进行剖腹产，以保护母羊安全。

四、胎衣不下

胎儿出生以后，母畜排出胎衣的正常时间为绵羊3.5（2～6）h，山羊2.5（1～5）h。如果在分娩后超过14h胎衣仍不排出，即称为胎衣不下。此病在山羊和绵羊都可发生。

【病因】

包括下列两大类。

① 产后子宫收缩不足

a.子宫因多胎、胎水过多、胎儿过大以及持续排出胎儿而伸张过度。

b.饲料质量不好，尤其饲料中缺乏维生素、钙盐及其他矿物质时，而使子宫发生弛缓。

c.怀孕期（尤其在怀孕后期）中缺乏运动或运动不足，往往会引起子宫弛缓，因而胎衣排出很缓慢。

d.分娩时母羊肥胖，可使子宫复旧不全，因而发生胎衣不下。

e.流产和其他能够降低子宫肌肉和全身张力的因素，都能使子宫收缩不足。

② 胎儿胎盘和母体胎盘发生黏着，患布氏菌病的母羊常因此而发生胎衣不下，其原因有以下两种情况。

a. 怀孕期中子宫内膜发炎，子宫黏膜肿胀，使绒毛固定在凹穴内，即使子宫有足够的收缩力，也不容易让绒毛从凹穴内脱出来。

b. 当胎膜发炎时，绒毛也同时肿胀，因而与子宫黏膜紧密粘连，即使子宫收缩，也不容易脱离。

【症状】

胎衣可能全部不下，也可能是一部分不下。未脱下的胎衣经常垂吊在阴门之外。病羊背部拱起，时常努责，有时由于努责剧烈可能引起子宫脱出。如果胎衣能在14h以内全部排出，多半不会发生什么并发病。但若超过一天，则胎衣会发生腐败，尤其是气候炎热时腐败更快。从胎衣开始腐败起，即因腐败产物引起中毒，而使羊的精神不振，食欲减少，体温升高，呼吸加快，泌乳量降低或停止，并从阴道中排出恶臭的分泌物。由于胎衣压迫阴道黏膜，可能使其发生坏死。此病往往并发败血病、破伤风或气肿疽，或者造成子宫或阴道的慢性炎症。如果羊只不死，一般在5～10d内全部胎衣发生腐烂而脱落。山羊对胎衣不下的敏感性比绵羊大。

【预防】

预防方法主要是加强孕羊的饲养管理：饲料的配合应不使孕羊过肥为原则，每天必须保证适当的运动。

【治疗】

在产后14h以内，可待其自行脱落。如果超过14h，即须采取适当措施，因为这时胎衣已开始腐败，假若再滞留在子宫中，可以引起子宫黏膜的严重发炎，导致暂时的或永久的不孕，有时甚至引起败血病。故当超过14h时，应尽早采用以下方法进行治疗，绝不可强拉胎衣，以免扯断而将胎衣留在子宫内。

（1）手术剥离胎衣

① 先用消毒液洗净外阴部和胎衣，再用鞣酸酒精溶液冲洗和消毒术者手臂，并涂以消毒软膏，以免将病原菌带入子宫。如果手上有小伤口或擦伤，必须预先涂搽碘酊，粘上胶布。

② 用一只手握住胎衣，另一只手送入橡皮管，将高锰酸钾温溶液

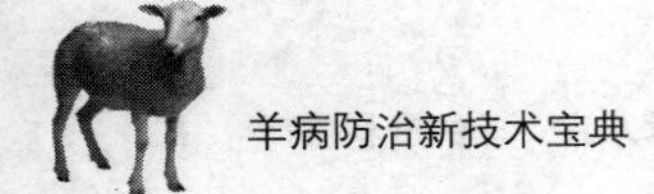

（1 ∶ 10000）注入子宫。

③ 手伸入子宫，将绒毛膜从母体子叶上剥离下来。剥离时，由近及远。先用中指和拇指捏挤子叶的蒂，然后设法剥离盖在子叶上的胎膜。为了便于剥离，事先可用手指捏挤子叶。剥离时应当小心，因为子叶受到损伤时可以引起大量出血，并为微生物的进入开放门户，容易造成严重的全身症状。

（2）皮下注射催产素

羊的阴门和阴道较小，只有手小的人才能进行胎衣剥离。如果将手勉强伸入子宫，不但不易进行剥离操作，反而有损伤产道的危险，故当手难以伸入时，需要皮下注射催产素 2 ～ 3 单位（注射 1 ～ 3 次，间隔 8 ～ 12h）。如果配合用温的生理盐水冲洗子宫，收效更好。为了排出子宫中的液体，可以将羊的前肢提起。

（3）及时治疗败血症

如果胎衣长久停留，往往会发生严重的产后败血症。其特征是体温升高，食欲消失，反刍停止。脉搏细而快，呼吸快而浅；皮肤冰冷（尤其是耳朵、乳房和角根处）。喜卧下，对周围环境十分淡漠；从阴门流出污褐色恶臭的液体。遇到这种情况时，应该及早进行以下治疗。

① 肌内注射抗生素　青霉素 40 万 IU，每 6 ～ 8h 一次；链霉素 1g，每 12h 一次。

② 静脉注射四环素　将四环素 50 万 IU，加入 5% 葡萄糖注射液 100mL 中注射，每日 2 次。

③ 用 1% 冷食盐水冲洗子宫，排出盐水后给子宫注入青霉素 40 万 IU 及链霉素 1g，每日一次，直至痊愈。

④ 10% ～ 25% 葡萄糖注射液 300mL，40% 乌洛托品 10mL，静脉注射，每日 1 ～ 2 次，直至痊愈。

⑤ 结合临床表现，及时进行对症治疗，如给予健胃剂、缓泻剂、强心剂等。

五、子宫内膜炎

子宫内膜炎在绵羊和山羊都比牛少见得多。但在绵羊，有时由于

某种病原微生物传染而发生，可能成为显著的流行病。

【病因】

① 常发生于流产前后，尤其是传染病引起的流产。这种子宫内膜炎容易相互传染，如不及时采取防制措施，正常分娩的羊也难免受到感染。

② 分娩时期圈舍不清洁，或接产过程消毒不严，容易引起发病。

③ 为阴道脱出、子宫脱出、胎衣不下及阴道炎等疾病的继发症。

【症状】

临床表现有急性和慢性两种情况。

急性：病羊体温升高，食欲减少，反刍停止，精神萎靡，常从阴门流出污红色腥臭的排出物，阴门周围及尾部有干痂附着。由于炎性渗出物的刺激，同时可使阴道及前庭发炎。有时由于病羊努责而发生阴道不全脱出。如为传染性子宫炎，则体温显著增高，病羊极度虚弱，泌乳停止，有时表现昏迷及血中毒现象，甚至造成死亡。

慢性：多由急性转变而来，食欲稍差，阴门排出少量卡他性或脓性渗出物，发情不规律或停止发情，不易受胎。卡他性子宫内膜炎有时可以变为子宫积水，造成长期不孕，但外表没有排出液，不易确诊，只能根据有子宫卡他性炎症的病史进行推测。

【预防】

① 加强饲养管理，防止发生流产、难产、胎衣不下和子宫脱出等疾病。

② 预防和扑灭引起流产的传染性疾病。

③ 加强产羔季节接产、助产过程的卫生消毒工作，防止子宫受到感染。

④ 抓紧治疗子宫脱出、胎衣不下及阴道炎等疾病。

【治疗】

① 严格隔离病羊，不可与分娩的羊同群喂管。

② 加强护理，保持羊舍的温暖清洁，饲喂富于营养而带有轻泻性的饲料，经常供给清水。

③ 抓紧治疗急性子宫内膜炎，全身注射青霉素或链霉素，防止转为慢性。

④ 进行子宫冲洗及灌注，可用0.1%高锰酸钾100 ～ 200mL、1% ～ 2%小苏打、1%的盐水或含有0.05%的呋喃唑酮盐水冲洗子宫，每日1次或隔日1次。在子宫内有较多分泌物时，盐水浓度可提高到3%。促进炎性产物的排出，防止吸收中毒，并可刺激子宫内膜产生前列腺素，有利于子宫机能的恢复。如果子宫颈口关闭很紧，不能冲洗，可给子宫颈涂以2%碘酒，使它变为松弛。冲洗后灌注青霉素40万IU。

⑤ 子宫内给予抗菌药，由于子宫内膜炎的病原菌非常复杂，且多为混合感染，宜选用抗菌范围广的药物，如四环素、氯霉素、庆大霉素、卡那霉素、金霉素、呋喃类药物、氟哌酸等。可将抗菌药物0.5 ～ 1g用少量生理盐水溶解，做成溶液或混悬液，用导管注入子宫，每日2次，也可每日向子宫内注入5% ～ 10%的呋喃唑酮混悬液10 ～ 20mL。

⑥ 激素疗法，可用前列腺素类似物，促进炎症产物的排出和子宫功能的恢复。在子宫内有积液时，可注射雌二醇2 ～ 4mg，4 ～ 6h后注射催产素10 ～ 20IU，促进炎症产物排出。配合应用抗生素治疗，可收到较好的疗效。

六、乳房炎

乳房炎多见于泌乳期的绵羊、山羊。其临床特征为，乳腺发生各种不同性质的炎症，乳房发热、红肿、疼痛，影响泌乳机能和产乳量。常见的有浆液性乳房炎、卡他性乳房炎、脓性乳房炎和出血性乳房炎。

【病因】

本病主要由于环境卫生条件差、挤奶方法不妥、乳房过分充盈、创伤或产前饲食过多等原因，致使病原菌经乳头孔和创伤口进入乳房而引起，尤以干奶期和分娩期舍饲的高产及经产母羊多发。亦见于结核病、口蹄疫、子宫炎、羊痘、脓毒败血症等病的过程中。

【症状】

乳房炎是泌乳母羊最为常见和危害最严重的疾病之一，尤其是对奶山羊。本病可分为临床型（显性）和隐性型乳房炎，后者占多数，且不易诊断。症状以乳房热、痛、肿为特征，还可发现乳房里有硬结，奶变色或变质。鲜奶外感或许无异常，也可能呈水样，灰白色或深黄色，浓稠、絮状凝块或混有血液等。病初乳房肿胀，皮肤发紫，以后

越发肿大，外观有许多小丘，直到化脓溃烂，乳腺组织破坏而丧失产奶能力。母羊行走时后腿呈跛行，食欲丧失，便秘，发高烧，有的患羊还伴有干酪性淋巴腺炎、关节炎、角膜炎或流产。

【防治】

注意挤乳卫生，扫除圈舍污物，在绵羊产羔季节应经常注意检查母羊乳房。

病初可用青霉素40万IU、0.5%普鲁卡因5mL，溶解后用乳房导管注入乳孔内，然后轻揉乳房腺体部，使药液分布于乳房腺中。也可应用青霉素、普鲁卡因溶液进行乳房基部封闭，或应用磺胺类药物抗菌消炎。为了促进炎性渗出物吸收和消散，除在炎症初期冷敷外，2～3d后可施热敷，用10%硫酸镁水溶液1000mL，加热至45℃，每日外洗热敷1～2次，连用4次。中药治疗，急性者可用当归15g、生地6g、蒲公英30g、二花12g、连翘6g、川芎6g、瓜蒌6g、龙胆草24g、山栀6g、甘草10g，共研细末，开水调服，每日1剂，连用5日。亦可将上述中药煎水内服，同时应积极治疗继发病。

对脓性乳房炎及开口于乳房深部的脓肿，宜向乳房脓腔内注入0.02%呋喃西林溶液，或用3%过氧化氢溶液，或用0.1%高锰酸钾溶液冲洗消毒脓腔，引流排脓。必要时应用四环素族药物静脉注射，以消炎和增强机体抗病能力。

为使乳房保持清洁，可用0.1%新洁尔灭溶液经常擦洗乳头及其周围。

① 由于本病多数为难以诊断的隐型乳房炎，因此良好的卫生措施和挤奶方法及管理是防治本病的有效途径。

② 给羊挤奶时，应用清洁温水和毛巾按摩乳房，挤出头几把奶检查有无异常。产奶量高的母羊每日应挤奶2次。

③ 挤奶后用消毒液浸泡乳头，尤其是在奶山羊分娩前后和干奶期应坚持这样做。

④ 母羊应去角，经常修蹄，防止乳房创伤。

⑤ 在病羊初期，应减少精料和水的喂量，增加挤奶次数，病重的母羊应停止挤奶。

⑥ 药物治疗：引起本病的病原菌较多，应对症治疗。

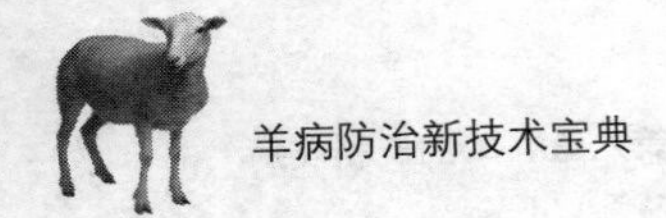

全身治疗：

① 红霉素每千克体重2～4mg；或螺旋霉素15mg；或庆大霉素3～6mg，肌内注射。

② 氯霉素25～50mg；或磺胺和甲氧苄氨嘧啶50～100mg，静脉注射。

③ 林可霉素10mL；或泰乐霉素120mg，肌内注射。

④ 口服磺胺类药物等。

局部治疗：生理盐水或0.05%～1%雷夫奴尔500～1000mL经乳头注入冲洗乳房，连续数次，然后注入20万～40万IU青霉素或10万～25万IU土霉素，连续处理2～3d。同时辅以冷敷（炎症初期）和热敷（40～45℃）处理。

七、不孕症

羊体成熟后达到繁殖年龄或分娩后经过一定时间不能正常受胎者称为不孕症。具体表现为：性周期不规则，即发情周期少于14d或超过30d以上仍缺乏发情的。经产母羊空怀天数超过90d。处女母羊配种5个以上情期不能怀孕或空怀年龄超过20.5月龄，30月龄后仍不能投产的。

【病因】

造成不孕症的原因有的是由于卵细胞发育或排卵障碍造成；有的是因为精液质量太差，精子密度不够，有效精子数不够而造成的；有的则是精子与卵子的结合发生障碍，如输卵管炎、未适时输精、子宫炎等；有的是因受精卵附植发生障碍，如子宫发育不良、子宫内膜炎等造成。而造成上述病因主要有以下两个因素。

① 人为因素　包括人工授精技术不良、未适时配种、配种对消毒不严格，造成输精器械及子宫的污染等；近亲繁殖；精子污染；饲料管理差、饲料配合单一。

② 繁殖器官与机能障碍因素　包括产羔子宫污染、子宫复位不全；传染病，如布氏杆菌、结核病等；机体衰老或生理机能下降等。

在临床上根据不孕症的发生原因，一般可把不孕症分为以下几种类型：先天性不孕，老年性不孕，症状性不孕，营养性不孕，人为性不孕，气候性不孕，利用性不孕。

【诊断】

（1）问诊

① 了解母羊乳产量及饲养管理等情况，特别是饲料的配合、各成分比例等。

② 了解母羊过去的繁殖情况。如产后发情时间、产羔间隔期、产后情况。

③ 了解不孕母羊的家族史，可判断是否遗传因素引起。

④ 了解母羊发病情况，尤其是生殖器官等疾病的情况。

⑤ 了解精液活力、精子质量等情况。

（2）临床检查

① 母羊的外阴部检查　主要检查外生殖器官的大小、形状，阴部有无炎症，有无炎性分泌物流出。

② 阴道检查　视诊和触诊，用开膣器打开阴道，触诊阴道软硬度，注意子宫颈的位置，观察阴道内有无脓液、血液及其他炎性分泌物。

（3）直肠检查

以食指插入羊直肠，隔着直肠壁探查卵巢、子宫等的情况。

① 卵巢　注意大小、形状、质地，同时要考虑性周期的变化。

② 输卵管　正常的纤细、弯曲、滑动，须仔细触摸方可感觉到，如变硬、粗即表示发生病理变化。

③ 子宫　注意其位置、形状、质地、大小。正常时触诊未孕子宫有收缩反应，发情的则有弹性。若发生疾病时，则收缩反应弱或全无收缩反应。

④ 子宫颈　注意粗细、软硬度、有无炎症等，特别是经产母羊常因慢性炎症而使结缔组织增生，变粗变硬。

【症状与治疗】

1. 营养性不孕症

（1）蛋白质长期供应不足

不仅可使膘情下降而且新陈代谢发生障碍，其中包括生殖系统机能性变化。常表现为一侧或二侧卵巢萎缩，持久黄体，发情排卵均不明显。经产母羊产后4～6个月不发情。防治办法：要合理搭配精料，尤其是加强蛋白质饲料的供应。

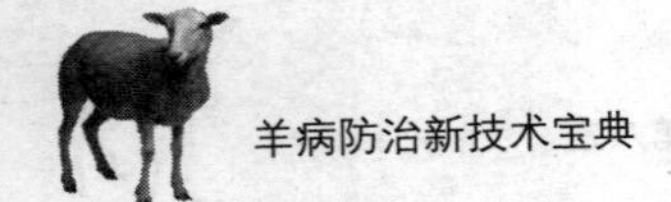

（2）碳水化合物供应不足

它是母畜能量的源泉，而且还参与生殖器官、子宫黏液的分泌，如供应不足也可引起蛋白质代谢障碍，使机体内酸碱平衡失调。主要表现为性周期紊乱，卵巢萎缩，通常无卵泡成熟，有时出现持久黄体或卵巢囊肿。防治办法：加强饲养管理，多供给碳水化合物饲料。

（3）维生素缺乏

维生素A、维生素B、维生素D、维生素E缺乏均可造成母羊不孕，一般表现为持久性黄体，卵巢萎缩，个别出现卵巢囊肿。防治办法：对长期不孕的羊或出现性周期不正常的，可加喂维生素E，因羊的本身不能合成维生素E，在冬季，长期舍饲或饲喂稻草而出现较多的不孕羊时，可加喂维生素制剂。

（4）矿物质缺乏

对不孕有影响的主要是钙、磷、钴、铀。如磷不足可引起母畜无情期，钙不足、磷过多可引起卵巢萎缩，质地坚硬，发情后生殖器官出血严重，排卵延迟，受胎率低。防治办法：要适当加喂骨粉，Ca ∶ P=5 ∶ 3，或补充矿物质添加剂。

（5）蛋白质过多和过肥引起不孕

当长期饲喂过量的蛋白质和脂肪性饲料，而同时矿物质、维生素供应缺乏，加上运动不足时，会造成不孕。过肥时，会造成脂肪在卵巢及其周围大量沉积，导致卵巢发生脂肪变性，出现持久性黄体，个别的羊虽性周期正常，但屡配不孕，当高蛋白质、高能量饲养时，往往出现卵巢囊肿。防治办法：减少精料、糖料、豆饼等造成蛋白质、脂肪沉积的饲料，但必须保证青饲料的供应，母羊的膘情以6～7成为宜，控制哺乳，加强运动，适当加喂食盐，由药物激活卵巢的活动。

（6）管理不当造成的不孕

当羊群饲养在寒冷、潮湿、光线弱、通风不良环境中或羊舍高温、无适当的运动也可使母羊经常处在紧张状态之下，再得不到完全光照，便会造成性周期紊乱，使得卵巢体积缩小，无成熟卵泡，且有明显的持久黄体。防治办法：改善饲养条件，适当运动，用药物促进生殖机能的恢复。

2. 生殖器官疾病引起的不孕

（1）卵巢机能衰退

卵巢静止、幼稚，久不发情，性机能不定期衰退，卵巢萎缩。

症状：卵巢机能暂时性扰乱，性周期长，严重时卵巢明显萎缩硬化，子宫收缩力减弱，泌乳明显下降。

防治：主要刺激家畜性机能的恢复。

① 乙烯雌酚10～15mL，肌注，1次/2天，连用3次，6d后如无性欲，可用绒毛膜促性腺激素200～500IU，肌注。

② 促卵泡生成素100～200IU，1次/天，肌注，连用2～3次，发情后可用促黄体生成素100～200IU，肌注。

③ PMSG 200～500IU，肌注。

④ 三合激素，每10kg体重1mL，肌注。

⑤ 中药 当归、菟丝子各40g、枸杞子50g、益母草20g、阳起石30g、补骨脂10g、藕叶5个、干草50g、红糖50g，煎服，每天一服，连用三天。

（2）持久黄体

性周期或分娩后的卵巢中黄体超过25～30d，不消退者称为持久黄体，前者为周期黄体，后者为妊娠黄体。

病因：主要是由于脑垂体前叶分泌的促卵泡素不足，促使黄体生成素分泌过多引起，常发生于高产母羊因消耗过大导致卵巢机能减退，运动不足，饲料单一，缺乏维生素，子宫炎，子宫内积脓汁、死胎、产后子宫复旧不全或胎衣滞留。

症状：性周期停止，不发情，个别母羊出现很不明显的发情。

防治：

① 促卵泡生成素100～200IU，肌注，1次/2d，连用2次。

② 三合激素，每10kg体重2mL，肌注。

③ 前列腺素5mL加20mL生理盐水灌注子宫。

④ 氦氖激光照射交巢穴，每次10min，每天一次，连用3d。

（3）卵巢囊肿

分为黄体囊肿和卵泡囊肿。

卵泡囊肿是卵泡上皮变性，卵泡壁结缔组织增生变厚，卵细胞死亡，卵泡液未被吸收，引起囊肿，造成慕雄狂。症状为：母畜频频发情，外阴部下垂、充血，卧地时外阴门张开，伴随流出透明的分泌物，

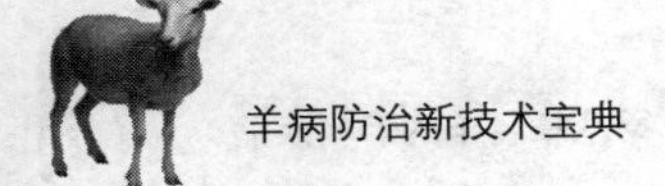

性情粗野，严重时叫声变粗，频频爬跨和排尿，每次发情期6～8d，直肠检查时患侧卵巢肿大，摸到实质部，有卵泡液波动。

治疗：黄体酮50～100mg肌注，每天一次，连续3d；促黄体生成素100～200IU，肌注3次；绒毛膜促性腺激素加30mL生理盐水每天冲洗子宫，连续3d。

黄体囊肿是由于未经排卵的卵泡壁上皮黄体形成的囊肿。其症状为：完全停止发情，卵巢上黄体块突出，且富有弹性。

治疗：子宫内用前列腺素5mg加生理盐水20mL冲洗，注射绒毛膜激素200～500IU，用针刺法去除囊液。

（4）子宫疾病

包括子宫复位不全与子宫内膜炎。

① 子宫复位不全

病因：难产，子宫脱出，胎衣不下，胎水过多，胎儿过大，多胎，妊娠期及产后期缺乏运动。症状：产后恶露滞留或排出时间延长，子宫颈在产后1～2周及以上仍开放，恶露从浅红色渐渐变成黏液性。

防治：补液结合抗菌素治疗；脑垂体后叶激素50～100IU，肌注；土霉素粉10g加蒸馏水50mL灌注；柠檬酸3g，土霉素2g制成泡沫剂冲洗子宫。

② 子宫内膜炎　母畜的发情周期及发情表现正常，直检时触诊子宫较肥厚，阴道中存有从子宫分泌的稍浑浊的黏液状炎性分泌物。

防治：1%土霉素100mL，0.05%～0.1%高锰酸钾溶液50mL反复冲洗，冲洗后子宫内放入土霉素胶囊3g。对不明显的子宫内膜炎，可在配种前1～2h用80万IU青霉素和100万IU链霉素加5～10mL生理盐水冲洗，然后配种。

3.反复输精产生免疫而造成不孕

精子有特异性抗原和血型抗原，由于精子具有抗原性，多次重复交配和反复输精会引起母畜体内滴度升高，每输精一次，畜体血清与精子凝集就增高。

防治方法：

① 对产后子宫复旧不全或母畜有病者不可输精。

② 对于四个性周期输精不孕时，在以后2个性周期内不输精。

③ 用2.9%柠檬酸钠精液稀释液20mL加80万IU青霉素，一天一次冲洗子宫。

八、妊娠毒血症

羊妊娠毒血症也称羊妊娠中毒症，多发生在妊娠中后期。由于该病的发生原因尚未完全查明，故又有“妊娠反应病”之称。

【病因】

羊妊娠毒血症致病因素有两方面。一为外界因素，即饲养管理不当，饲料单一、营养不足或不全，缺乏运动，致使妊娠羊营养失调，物质代谢减弱，对外界环境适应能力降低。二为机体内在因素，即孕畜体内物质代谢障碍，随着胎儿迅速生长发育，而母体不能满足胎儿及本身的需要时，首先消耗自身储存易被利用的肝糖原，肝糖原过度消耗后，脂肪组织中的脂肪进入肝脏后转为糖原，从而形成高血脂。由于氧供应不足而脂肪不全氧化，所以酮体超过了肝外组织所利用的限度，致使发生酮血症和酸中毒，加上环境因素影响，气候骤变等作用。母羊在产前易发生妊娠毒血症。

【症状及病理变化】

患病母羊在临产前，精神不振，心音增强，尿少色黄如油状；食欲不振或废绝，喝水少，粪便时干时稀；体温正常或偏低，耳震颤，全身发抖，咬牙；反射机能减弱，运动失调，盲目运动；站立不稳，最后昏迷而死亡。

肝脏肿大，质脆易碎，肝变性；肾脏肿大，出血并有脂变；心脏变性，质脆、心内外膜有出血点；脾充血和出血；胃肠黏膜下出血及坏死炎症，腹水增多。

【诊断】

根据母羊的发病症状，结合母羊临产前拒食及营养状况，是否圈养，缺乏运动，日粮搭配是否合理等，再根据剖检变化，一般即可确诊。有条件可进行实验室检查。

【治疗】

（1）保肝、提高血糖

50%葡萄糖每次100mL，加维生素C注射液0.5g，静脉注射，连

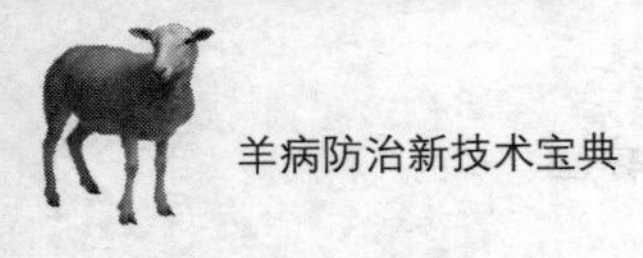

用7d。

（2）促进代谢

氢化可的松注射液0.08g，加入10%葡萄糖溶液稀释后一次静脉注射，每日一次。维生素B_1注射液0.05g，一次肌内注射，每日一次，连用7d。

（3）纠正酸中毒

5%碳酸氢钠注射液100mL静脉注射，每日一次，连用4d。心力衰竭时注射强心药，食欲不佳时给予健胃药物。

九、子宫脱出

子宫脱出是指子宫的一部分或全部脱出于阴道内或阴道外。

【病因】

本病继发于分娩，多见于分娩后数小时内。妊娠期营养不良、运动不足、过于肥胖、胎伸张和弛缓，同时分娩后努责仍很剧烈，易发生子宫脱出。羊水过多、胎儿过大及过多等因素，引起子宫肌过度伸张。

【症状及病理变化】

如果只有一个子宫角怀孕时，从阴门裂中垂出红色、发亮、拳头大以至小儿头大的梨形物，其末端扩大下垂到跗关节，而另一个子宫角则包在脱出部分之内，并不外翻。在两个子宫角都怀孕时，则脱出子宫的大小加倍，表面显有杯状子叶。

在严重时与阴道共同翻转而脱露。如果在空气中停留时间过久，则变为暗红色。往往因受到粪尿及蓐草的污染而发生黑色斑点。时间再长时，黏膜下组织及肌内层发生浮肿，逐渐变为坏疽。严重的子宫脱出常常并发便秘或拉稀。

【诊断】

依据从阴道脱出组织的特殊形状，容易作出诊断。但应注意与阴道脱出相区别，阴道脱出后其外观呈球形囊状，表面光滑，体积较小，与子宫脱出外观不同。

【防治措施】

（1）预防

① 平时加强饲养管理，保证饲料质量，使羊身体状况良好。

② 在怀孕期间，保证羊只有足够的运动，增强子宫肌内的张力。

③ 多胎的母羊，往往在产后14h左右才发生子宫脱出，因此在产后14h以内必须细心注意产羔羊，以便及时发现病羊，尽快进行治疗。

④ 遇到胎衣不下时，绝不要强行拉出。

⑤ 遇到产道干燥时，在拉出胎儿之前，应给产道内涂灌大量油类，并在拉出之后立刻施行脱宫带，以预防子宫脱出。

（2）治疗

① 对病羊进行全身麻醉，提高后躯，用消毒药液冲洗子宫，清除黏膜上的泥土、草屑及未脱落的胎盘碎片。

② 用温热的2%明矾溶液或1%硼酸溶液冲洗子宫。若水肿严重，应在冲洗的同时揉掐压迫子宫，使水肿液得以排除。最后在子宫黏膜表面涂上抗生素软膏。

③ 用灭菌大纱布包裹子宫，防止子宫再次污染，将两手置于子宫基部慢慢向内还纳。如还纳后子宫不能正常复位，可施行剖腹术，使子宫完全恢复正常位置。

④ 为防止再次脱出，应进行阴门缝合。

⑤ 应注意对症治疗。

十、阴道脱出

阴道脱出是阴道部分或全部外翻脱出于阴户之外，阴道黏膜暴露在外面，引起阴道黏膜充血、发炎，甚至形成溃疡或坏死的疾病。

【病因】

饲养管理不良，羊体弱、年老，致使阴道周围的组织和韧带弛缓；怀孕羊到后期腹压增大；分娩或胎衣不下而努责过强。助产时强行拉出胎儿，常是发生阴道脱的直接原因。

【症状】

阴道脱出有完全脱出和部分脱出两种。当完全脱出时，脱出的阴道如拳头大，也可见阴道连同子宫颈脱出。部分脱出时，仅见阴道入口部脱出，大小如桃。外翻的阴道黏膜发红，甚至青紫，局部水肿。因摩擦可损伤黏膜，形成溃疡，局部出血或结痂。

病羊常在卧地后，被地面的污物、垫草、粪便黏附于脱出的阴道局部，导致细菌感染而化脓或坏死。严重者，全身症状明显，体温可

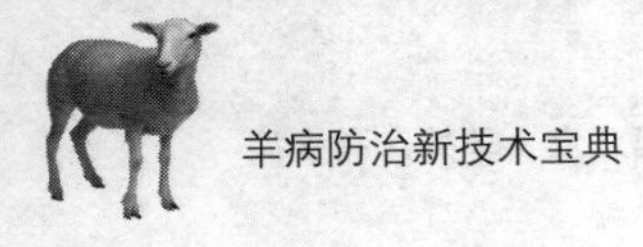

高达40℃以上。

【防治】

体温升高者，用磺胺双甲基嘧啶5～8g，每日1次内服，连用3日；或用青霉素和链霉素肌内注射。配合0.1%高锰酸钾溶液或新洁尔灭溶液清洗局部，涂擦金霉素软膏或甘油溶液。然后，用消毒纱布捧住脱出的阴道，由脱出基部向骨盆腔内缓慢地推入，至快送完时，用拳头顶进阴道；然后用阴门固定器压迫阴门，固定牢靠为止，对形成习惯性脱出者，可用粗线对阴门四周做减张缝合，待数日后，阴道脱出症状减轻或不再脱出时，拆除缝线。

十一、睾丸及附睾炎

【病因】

睾丸与附睾紧密相连，常同时发炎或相互继发。主要由外伤引起，也可因睾丸附近组织发炎而继发，或由于布氏杆菌病、结核病等转移而来。

【症状】

在急性发炎时，睾丸及附睾均肿大、热痛，精索粗硬，并伴有机能障碍。严重的患羊出现体温升高（达40℃以上）及其他全身症状。羊的睾丸及附睾炎常由布氏杆菌病转移而来，此时，大部分患羊呈现跛行，关节肿大、疼痛，关节囊内常有液体。

【病理变化】

剖检可见睾丸和附睾实质变性、脓肿。除急性炎症外，尚有慢性间质性炎症，多因急性期失治转来，表现硬肿无痛，睾丸及附睾严重萎缩，局部温度不高，有时比正常略低，常与周围组织粘连。

【防治】

病初1～2d局部施行冷敷，后改用温敷，亦可在外部涂擦樟脑软膏或鱼石脂软膏，并用吊带将阴囊托起，以促进血液循环和痊愈。疼痛严重时，可用普鲁卡因青霉素做精索封闭。睾丸严重肿大的，若不宜留作种畜时，可将其切除。有脓肿形成时，则应切开排脓后，按外科常规处理。当有全身症状时，可用抗生素及磺胺类药物治疗。

第九章　羊的外科疾病

一、创伤

（一）撕裂创

【病因】

撕裂创或称裂创，是由钩、钉等物的钝性牵引所造成。

【症状】

创形不整齐，组织发生撕裂或剥离，创缘呈现不正的锯齿状，创腔深浅不一，创壁和创底凹凸不平，存在有创囊和组织碎片，创口很大，出血很少，羊只剧烈疼痛。

【治疗】

① 首先用灭菌纱布遮盖创面，剪除创围被毛。用冷生理盐水或消毒液洗涤创围和创面，用镊子除去创面上的毛发和凝血块，并用70%酒精棉球擦拭干净。

② 创面撒以青霉素粉或1 ∶ 9碘仿磺胺粉；创围涂以凡士林，盖上脱脂棉或纱布。

③ 对严重的撕裂创，在清洗、消毒之后，应修正创缘、创壁，撒以抗菌药粉，进行缝合。

④ 在炎热季节，应给创伤外部施用驱蝇防腐剂，以防止发生蝇蛆病。

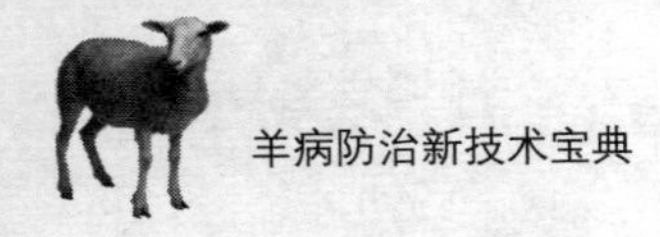

（二）刺伤

【病因】

刺伤一般是由于尖钉、尖桩或其他尖锐的东西刺入皮肤和肌内而形成的。

【症状】

创口小，创道狭而长，常伴发深部组织内出血，或形成血肿。当致伤异物在创内折断而存留时，易形成化脓性窦道，或引起厌氧菌感染。

【治疗】

深部刺伤非常危险，决不可因为看到只是一个小孔而认为无关大局，随便对表面清洗擦干而了结，因为这种伤口给细菌的侵入开了方便之门，最危险的是容易继发破伤风。应该在拔除异物之后，给伤口内注入0.1%高锰酸钾或3%过氧化氢进行彻底消毒，然后给创道内灌注5%碘酊或抗生素溶液。

（三）急性出血

【病因】

多发生于意外的刺伤、摔伤、砸伤、车祸等，山羊常由于跳越带刺篱笆和冲击而引起。

【症状】

可发现羊的体表有血液污染现象。严重者脉搏细弱，呼吸浅表，可视黏膜苍白，血压和体温下降。

【急救】

迅速查明出血部位，采取局部和全身止血措施，以防止发生出血性休克。

止血之后，根据具体情况采取相应处理。处理的难易与出血部位有关。

① 如果发生在四肢，比较容易处理，应用止血带即可。如果出血严重，为了防止失血过多，应采用填塞止血法。止血带应用时间不能太长，应每隔15min左右放松一次再缠扎。如已止血，应进行消毒，撒上磺胺粉，并施用绷带。

② 其他部位出血时，止血比较困难，原则是用清洁棉枕直接压迫止血。如果严重，可采取缝合措施，对小伤可用药棉填塞。

（四）电击

【病因】

电击又称电休克，是由于羊接触高压电流所引起，多发生于意外情况下，绵羊和山羊都有可能发生。

【症状】

一般都发生严重烧伤甚至休克，多数迅速死亡。个别情况下羊失去知觉，体表有烧焦的痕迹，经一定时间后恢复知觉，但留有神经后遗症。

【预防】

一切用电设施应该放在羊的放牧区以外，且位置要高。

【急救】

① 在接触电击羊只之前，必须先切断电源。

② 对幸存的羊应进行心脏按摩刺激，并采用供氧疗法。给予利尿剂和支气管扩张剂，但禁用强心剂。

③ 对羊体保温。为此应多铺垫草，并盖以麻袋或毛毯。

二、脓肿

脓肿是急性感染过程中，组织、器官或体腔内，因病变组织坏死、液化而出现的局限性脓液积聚，四周有一完整的脓壁。常见的致病菌为金黄色葡萄球菌。脓肿可原发于急性化脓性感染，或由远处原发感染源的致病菌经血流、淋巴管转移而来。往往是由于炎症组织在细菌产生的毒素或酶的作用下，发生坏死、溶解，形成脓腔，腔内的渗出物、坏死组织、脓细胞和细菌等共同组成脓液。由于脓液中的纤维蛋白形成网状支架才使得病变限制于局部，另脓腔周围充血水肿和白细胞浸润。最终形成的肉芽组织增生为主的脓腔壁。脓肿由于其位置不同，可出现不同的临床表现。

【病因】

金黄色葡萄球菌侵入组织或血管内所致。

【症状】

① 浅部　脓肿表现为局部红、肿、热、痛及压痛，继而出现波动感。

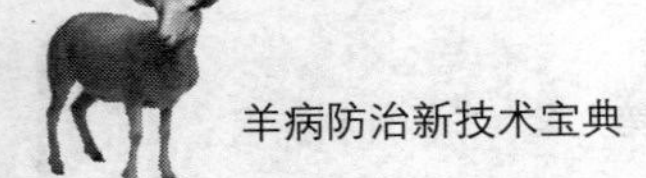

② 深部　脓肿为局部弥漫性肿胀，疼痛及压痛，波动不明显，穿刺可抽出脓液。

【诊断】

① 可有急性化脓性感染病史。

② 局部红、肿、疼痛且有波动感，穿刺有脓液。

③ 全身症状有发热、乏力等。

④ 白细胞计数增高。

⑤ 深部脓肿经B超检查可呈液性暗区。

【治疗】

① 及时切开引流，切口应选在波动明显处，切口应够长，并选择低位，以利引流。深部脓肿，应先行穿刺定位，然后逐层切开。

② 术后及时更换敷料。

③ 全身应选用抗菌消炎药物（头孢唑啉钠）治疗。伤口长期不愈者，应查明原因。

三、休克

休克不是一种独立的疾病，而是神经、内分泌、循环、代谢等发生严重障碍时在临床上表现出的症候群。其中以循环血液量锐减，微循环障碍为特征的急性循环不全，是一种组织灌注不良，导致组织缺氧和器官损害的综合征。

【病因】

失血与失液、烧伤、创伤、感染、过敏、急性心力衰竭、强烈的神经刺激。

【分类】

临床上将休克分为低血容量性休克、创伤性休克、中毒性休克、心源性休克、过敏性休克。

【症状】

通常在发生休克的初期，主要表现兴奋状态，这是畜体内调动各种防御力量对机体的直接反应，也称之为休克代偿期。动物表现兴奋不安，血压无变化或稍高，脉搏快而充实，呼吸增加，皮温降低，黏膜发绀，无意识地排尿、排粪。这个过程短则几秒钟即能消失，长者

不超过1h，所以在临床上往往被忽视。

继兴奋之后，动物出现典型沉郁、食欲废绝、不思饮食，或对痛觉、视觉、听觉的刺激全无反应，脉搏细而间歇，呼吸浅表不规则，肌肉张力极度下降，反射微弱或消失，此时黏膜苍白，四肢厥冷，瞳孔散大，血压下降，体温降低，全身或局部颤抖，出汗，呆立不动，行走如醉，此时如不抢救，能导致死亡。

【诊断】

根据临床表现，诊断并不困难。但必须了解，休克的治疗效果取决于早期诊断，待患畜已发展到明显阶段，再去抢救，为时已晚。若能在休克前期或更早地实行预防或治疗，不但能提高治愈率，同时还可以减少经济上的损失。

【治疗】

（1）消除病因

要根据休克发生不同的原因，给以相应的处置。如为出血性休克，关键是止血，同时迅速地补充血容量。如为中毒性休克，要尽快消除感染原，对化脓灶、脓肿、蜂窝织炎要切开引流。

（2）补充血容量

在贫血和失血的病例，输给全血是需要的。还要根据需要补给血浆、生理盐水或右旋糖酐等。

（3）改善心脏功能

当中心静脉压高、血压低，为心功能不全的表现，采用提高心肌收缩力的药物，如异丙肾上腺素和多巴胺是应选药物。大剂量的皮质类固醇能促进心肌收缩，降低周围血管阻力，有改善微循环的作用，并有中和内毒素作用，较多用于中毒性休克。

中心静脉压高，血压正常，心率正常，是容量血管过度收缩的结果，用氯丙嗪可解除小动脉和小静脉的收缩，纠正微循环障碍，改善组织缺氧，从而使休克好转，适用于中毒性休克、出血性休克。

（4）调节代谢障碍

轻度的酸中毒给予生理盐水；中度酸中毒则须用碱性药物，如碳酸氢钠、乳酸钠等；严重的酸中毒或肝受损伤时，不得使用乳酸钠。

外伤性休克常并有感染，因此，在休克前期或早期，一般常给广谱抗生素。如果同时应用皮质激素时，抗生素要加大用量。休克羊要加强管理，指定专人护理，使其保持安静，要注意保温，但也不能过热，保持通风良好，给予充分饮水。输液时使液体保持同体温相同的温度。

四、风湿

本病是关节或肌肉的一种反复发作的疼痛性炎症。

【病因】

羊舍较长时期的潮湿、阴冷、空气污浊，或者羊只受到贼风侵袭、阴雨淋浇，都容易诱发本病，但真正原因还不完全清楚。目前一般认为与溶血性链球菌感染有关，也有人认为是由于饲料不适宜，使体内产酸过多，或者身体某一部分不能将废物排出，而引起发病。

【症状】

有全身发生的，也有局部发生的。一般表现四肢僵硬，行动不便，或者呈十字形跛行。有时关节肿大，体温升高。急性病例常突然跌倒，不能起立。发生于颈部时，头偏向一侧，颈部不能自由运动。如为肌肉风湿，可摸到患部肌肉发硬。

【诊断】

在诊断时，应注意以下两个特点。

① 患病部位并不局限于一处，常有游走性，而且多侵害后肢，故常有腰部发硬表现。

② 跛行特点是步子短，步态僵硬。在开始行走时跛行显著，行走一段之后跛行减轻，甚至很不明显。

鉴别诊断：应注意与脑脊髓丝状虫病、钙缺乏及破伤风相区别。

a.风湿病。发病过程：先是跛行，只有急性者突然卧地不起。患肢特点：肌肉紧张发硬，有转移性，按压局部时有疼痛反应。体温：急性时升高。食欲：急性时食欲减少。

b.脑脊髓丝状虫病。发病过程很突然，患肢特点：不紧张、不发硬、不转移，按压肌肉时无疼痛反应。体温：不升高。食欲：不受影响。如果时间长了，由于不活动，才逐渐减少。

c.钙缺乏。发病过程：由不明显的跛行到明显跛行，卧地时已很

消瘦。患肢特点：不硬不紧张，有时可看到腿变形，关节变大。体温：不升高。食欲：逐渐减少。

d.破伤风。发病过程：发展快。患肢特点：四肢直伸，关节不能屈曲。体温：不升高。食欲：迅速减少到完全废绝，牙关紧闭。

此外，还要考虑季节性和地方性。例如，脑脊髓丝状虫病的季节性很强，大部分都发生于7～10月间蚊子多的时候；风湿病多见于秋冬湿冷的情况下，无蚊子时同样可以发生；钙缺乏及破伤风均无明显的季节性。只要是饲料缺钙或钙磷比例失调时间较长，即可发生钙缺乏病，而且常为地方性疾病（地下水位高，土壤缺钙）。

【治疗】

本病在秋冬多发，多因风、寒、湿的侵袭使肌肉、肌腱、关节等部位呈现疼痛。急性发作多突然发病，有的伴有体温升高，病羊卧多立少，治疗方法有以下几种。

（1）激素治疗

25%醋酸可的松混悬注射，每日1次，连用3～5d。

（2）穴位注射维生素疗法

可选两侧关元、腰中、肾棚等穴位，每个穴位注射维生素B_{12} 5mg，每日一次，三次为一个疗程，一般一个疗程即可痊愈。

（3）石蜡油热疗法

将石蜡油250～1000mL装入热水袋内，放入90℃热水盆中加热15min，把石蜡油袋绑在百会穴上，每次2h，每日一次，直至痊愈。

（4）酒糟、醋麸灸法

将酒糟炒热，装入布袋或麻袋内，敷于患部，每日1～2次，或用醋炒麸皮（麸皮3kg、醋1kg充分拌匀），炒至烫手，装入麻袋内，热敷患部并将病羊置于温暖舍内。

（5）中药疗法

中兽医治疗风湿的方剂很多，如独活散、通经活络散、巴戟散、祛风除湿散、五虫四藤汤、乌地灵散等均有较好的效果。

治疗风湿症要根据实际情况，就地选材，因地制宜确定治疗方案，在成本最低的情况下治愈本病，另外还有温针疗法、艾条燃灸法、针灸疗法、自家血疗法、静脉注射疗法、穴位药物注射方法等。

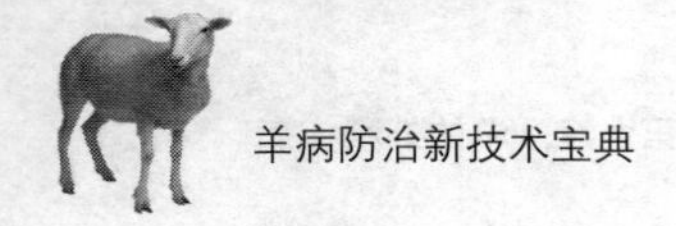

五、骨折

骨折常见于山羊，因为山羊比绵羊活泼，喜欢乱跳及狂奔。公羊较母羊多发。

【病因】

山羊狂奔时，将后肢夹入树枝之间而折断，多见于放牧时期，尤其是公羊在放牧中遇到其他羊群在旁边走过时最易发生。无论绵羊或山羊，在打架时都容易引起骨折。

【症状】

山羊骨折常发生于后肢，而且多为单纯的完全骨折。主要是因为这些部分缺乏肌肉层的保护。山羊后肢骨折的特征是：病羊突然倒卧不起，或者悬起断肢，其余三肢负担体重，而呆立不动。病羊精神稍差，在刚发生之后由牧地赶回时，由于断肢不能负重而行走困难，故见口吐白沫、呼吸急促。但在休息十余分钟之后，即可好转。

骨折部分发生带痛的肿胀，且常伴发皮肤损伤，但出血极轻微。若用手按摸骨折部分，可以听到断端摩擦音。

【治疗】

（1）清洗消毒

用消毒液洗净受伤部及创伤周围的皮肤，涂以碘酒，以防细菌感染。

（2）正确复位

整复骨折部分，使断端接合良好。

（3）合理固定

用硬纸剪成长条，宽度根据骨折部的粗细，在腿的四面（前、后、内、外）各放一条，然后用绷带紧紧缠住，以保护伤口及固定折断部分。在使用绷带以前，应该在压力特别大的地方垫以棉花或麻屑。为了固定良好，可以给绷带外面涂以松木油，使其变硬。

（4）加强护理

在治疗初期，应将羊关在舍内，不让其过多活动，或者只允许其在运动场里走动，绝对不可放牧。待病肢可以着地时，让其在羊舍周围逍遥活动，促使及早恢复正常行动。

除了整复、固定和加强护理以外，还必须正确处理局部与整体的

关系，做到外治与内治相结合，以加速骨折愈合。例如可以内服中药接骨散或静脉注射氯化钙溶液。

接骨散的处方：血竭60g、乳香30g、没药30g、川断30g、煅自然铜30g、当归15g、土鳖60g、南星15g、红花15g、川羊膝30g，共为细末，分为3次，开水冲灌，每日1次。每次加白酒30mL。

如果是脱臼，找准部位，按正常方位，用力推、拉、压的整复法，一次整复还原，即可手到病除。

六、眼病

羊眼病一年四季均可发生，以夏秋季最易感染和流行，且传染很快，多呈地方性流行。各种羊均可发病，发病率高达90%～100%。

【症状】

羊眼病发生后，病羊表现为眼睑肿胀、有脓性分泌物、流眼泪、怕见光。初发病时，可见角膜混浊，呈灰白色半透明状或乳白色不透明状。这种症状一般先从角膜的边缘开始，逐渐向眼睛的中央发展；最后可使羊的视力完全丧失。如果在羊眼病的流行季节予以预防或发病后及时治疗，羊眼病是可以控制和治愈的。

【治疗】

① 先用1%～2%的硼酸水溶液冲洗眼部，待洗干净后涂搽四环素眼药膏。每日早、晚各1次，连用数日。

② 用青霉素、链霉素各100万IU，加注射用水20mL调制成清洗剂，冲洗眼部，每日2～3次。同时，肌内注射青霉素和链霉素各80万IU，每日2次，连用3～4d。

③ 内服中药“决明汤”。取石决明、草决明、没药、郁金、黄药子、白药子、黄连、大黄、黄芩、枝子、黄芪各10g，加适量清水共煎取汁后，再加适量清水煎1次，然后将2次药汁合在一起，每日分2次趁温热灌服。此汤每日用1剂，连用3剂即可治愈羊眼病。

七、蹄病

1. 羊蹄脓肿

本病是蹄壳真皮的一种非化脓性传染病。主要特征是蹄部肿烂，发生进行性坏死。引起蹄匣脱落。绵羊和山羊都可发生。一般都是继发于未及时治疗的腐蹄病，但也可以是原发性的，故作为另一种病对待，以便及时采取正确疗法。

【病原】

通常为坏死梭形杆菌和化脓棒状杆菌。这些细菌可通过蹄壳的小裂缝或草籽创伤而进入蹄内。

【流行特点】

在干燥环境下不发生传染，潮湿环境容易促进传染的扩散。例如长期把羊圈养在冷湿环境或潮湿发酵的蓐草上，运动不足，蹄子不清洁以及蹄有损伤等，都是蹄脓肿发生的有利因素。

【症状】

主要表现为跛行，病羊蹄部有疼痛反应。

检查蹄部时，可发现蹄子上部（蹄冠）发热、肿胀而变软，发红或腐烂，有时伴有湿疹，羊有疼痛。一旦脓肿破裂，则疼痛减轻，如果不继续用抗生素治疗，脓肿容易复发。更严重时，蹄间腐烂，流出灰白色脓汁，恶臭，甚至蹄匣脱落。

检查病羊蹄部病理变化过程，发现最初是趾部充血，角质发生湿性表面坏死。几天以后，坏死扩延到蹄踵部及蹄壳真皮。到了后期，蹄壁下部出现一层灰色坏死组织，造成蹄壁脱离。

【预防】

① 平时加强蹄子护理，不要把羊圈养在潮湿环境及潮湿蓐草上；保证充分运动；经常修剪蹄子，及时除去蹄间的夹杂物。

② 对新引进的羊只，应进行检疫，先隔离一个时期，对蹄子经检查及做必要的处理以后，再放入羊群内。

③ 当羊群内发现本病时，应立刻隔离病羊，给其余羊只清洗蹄部并用1% ～ 2%硫酸铜溶液浸浴1 ～ 2min，达到预防目的。对蹄子的浸浴，最好在药浴池内进行。

有条件时注射腐蹄病疫苗，效果更好。

【治疗】

本病如不治疗，病期往往拉得很长。

① 在有炎症和湿疹时，应用温浓盐水或浓醋加等量冷水洗浴，然

后涂以碘洒。也可以用2%石炭酸浸浴，然后涂以松馏油。疼痛剧烈而严重跛行者，可用2%普鲁卡因10mL、青霉素20万IU进行低掌封闭。如连续注射青霉素5d，每天6mL（30万IU/mL）效果更好。也可以用土霉素代替青霉素。

② 起初由表面向内腐烂、坏死时，可先用清水洗去泥土，然后用温的10%硫酸铜浸洗，每日一次，每次2～3min，直到痊愈为止。如果用30%硫酸铜浸洗，每隔2～3d一次，连洗3次，疗效更好。也可以用10%福尔马林溶液浸洗蹄子，每次10min以上。若以上方法见效很慢，可以小心除去蹄壳，涂布10%氯霉素甲醇溶液，包扎绷带，精心护理。

③ 遇到化脓情况时，可将病羊隔离到干燥处，用小刀切开患部，将脓液排除干净，然后用消毒液洗涤，吹入消炎粉，裹上绷带。每2～3d重复一次，直到痊愈为止。还可以局部使用青霉素水油乳剂或青霉素-凡士林软膏。

洗伤口所用消毒液，在起初剧烈时可用10%硫酸铜溶液，等坏死组织消除后改用0.1%高锰酸钾溶液，以免腐蚀新生的肉芽组织，影响痊愈。

2.绵羊趾间皮肤炎

本病的特征是趾间发红而湿润，很像受烫后的伤面，故俗称“烫伤”。

【病因】

通常有坏死梭形杆菌存在，但确实病原未完全清楚。

【症状】

病羊趾间发红、发炎而疼痛，严重时导致绵羊跪行。有时可使皮肤浸软，但无臭味和脓汁。如不及时治疗，可发展成腐蹄病或蹄脓肿。

【治疗】

可以喷洒广谱抗生素，如土霉素，或者用10%福尔马林溶液或10%硫酸铜溶液进行蹄浴，然后迁移到清洁的草场。

3.羊蹄叶炎

蹄叶炎是角质蹄壁下层和蹄底肉样血管组织的一种急性或慢性炎症，多发生于奶山羊，其发病率可高达10%以上。

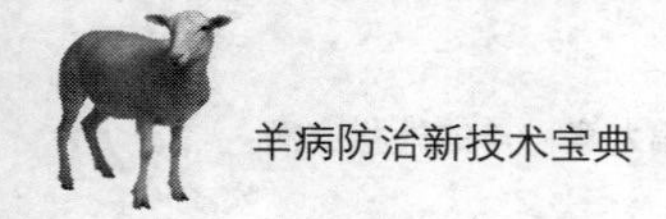

【病因】

急性蹄叶炎多发生于分娩时或突然变换饲料之后，或者伴发于肠毒血症、肺炎、乳房炎、子宫炎或过敏反应等情况下。

慢性蹄叶炎常发生于过食精料或肠毒血症轻度发作之后。春季的草含蛋白量高，也可能成为病因之一。

【症状】

急性蹄叶炎通常于分娩后与子宫炎同时发生。病羊体温升高达41℃左右，强迫起立和行走时，表现极度痛苦，触摸蹄时有热感。这种蹄叶炎通常很少与肺炎或急性严重过敏反应同时发生。

在奶山羊更为常见的是慢性隐性发作的蹄叶炎。因此，只有在蹄子发育不正常和不愿行走时才能发现。由于病羊长期站立，常导致蹄子向上卷曲而变为“雪橇蹄”，或者由于病蹄一半负重，导致蹄底一侧显著增厚，而无法全面着地。由于病羊前蹄疼痛，常跪地休息和吃草，或者跪下做转圈运动。长期跪地和不能运动的结果，可造成前胸狭窄，食欲减少，因而病羊逐渐消瘦，产奶量大为降低，给奶品生产带来一定损失。

【预防】

① 蹄叶炎是高产而管理粗放的奶羊群的大患。为了使奶羊达到最高生产能力而不发生慢性蹄叶炎，必须重视经常的精细的饲养管理。特别重要的是，要避免突然给予大量浓厚饲料。

② 定期修剪蹄子，使其正常负荷体重和进行运动。

③ 有计划地定期接种肠毒血症菌苗。

【治疗】

奶山羊的急性蹄叶炎往往难以治愈，必须抓紧时间，采用综合疗法。

① 采用对蹄子有益的温包法。用热酒糟、醋炒麸皮等（40～50℃）温包病蹄，每日1～2次，每次2～3h，连用5～7d。

② 抗组织胺疗法，注射苯海拉明2～3mL，并结合静脉注射电解质，以利毒物的排除。

③ 当子宫有感染时，应给子宫内灌注10份等渗盐水和1份过氧化氢溶液，促使腐败物从子宫排出，然后灌注抗生素。

④ 对发生难产的羊，应及时使用缩宫素，帮助子宫复归。产后

24 ～ 36h胎衣不下者，可采取“胎衣不下”的疗法，促进胎衣排除。

⑤ 当因变换饲料、过食料或营养过于丰富的粗饲料而引起山羊停食时，应内服硫酸钠100 ～ 120g或石蜡油80 ～ 100mL，以帮助解除瘤胃酸中毒和排除毒物。

八、乳头状瘤

乳头状瘤是源于皮肤的一种良性肿瘤，常呈结节状或乳头状。

【病原】

病原为乳头状瘤病毒。有好几种因素有利于乳头状瘤的发生，包括皮肤缺乏色素、日光照射和年龄等。在日晒时间较长的情况下，缺乏色素的皮肤比有色素的皮肤容易发病。

【症状】

乳头状瘤可发生于体表任何部位的皮肤，多见于头部、颈部、四肢、胸部和乳房，呈结节状或乳头状，突出于皮肤表面。

【防治】

较小的可用硫酸铜棒腐蚀或烧烙法除去。有蒂的，结扎蒂部，切断其血液供给，即可将其除去。亦可采用冷冻外科法或外科手术切除并烧烙止血。治疗乳头状瘤的根治性措施是手术，非手术不能彻底治愈。

九、淋巴肉瘤

淋巴肉瘤又称恶性淋巴瘤、淋巴组织增生病、白血病，是淋巴组织的一种恶性肿瘤。

【症状及病变】

淋巴肉瘤开始发生于淋巴结，以后逐渐向肝脏、肺脏、肾脏、脾脏、心脏和子宫等组织器官转移、扩散。导致机体多种功能衰竭而死亡。

淋巴结特别是肩前和股前淋巴结明显肿大，变形，质地坚实，切面出现大小不等的灰白色肿瘤结节或完全被肿瘤组织代替，有包膜，与周围界限清楚。转移、扩散到其他组织器官的淋巴肉瘤一般呈大小不一的结节状，小者如大米粒，大者如蚕豆，但在心脏、子宫除表面出现肿瘤结节以外，器官肿大，壁变肥厚。

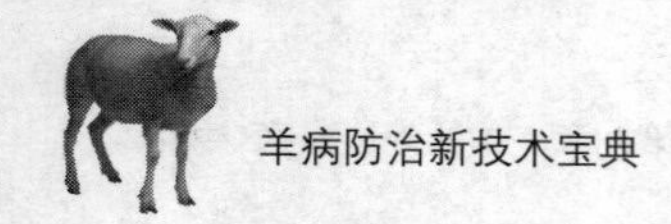

【防治措施】

尚无有效的预防措施。早期可尝试手术切除，但很难切除干净。病羊尽早淘汰。

十、山羊肛门癌

山羊肛门癌是在我国发现的一种癌瘤，见于甘肃、西藏、青海等地。

【流行特点】

大多发生于白色山羊，杂色者较少，而黑色山羊尚未发现。公母羊均可发生，但多出现于8岁以上的老龄羊。发病率因羊群不同而异，一般为10%～20%，有的羊群甚至可达20%以上。

【症状】

肛门及其附近呈现癌瘤病变外，病羊精神沉郁，渐进性消瘦，病部敏感，排便痛苦，严重时后躯下蹲似犬坐姿势。

【病理变化】

病变主要位于尾根下、肛门及其周围，也可发生于肛门和阴门之间、阴门及其附近。不见转移病灶。肿瘤为单发或多发。初期呈小结节状，或局部皮肤粗糙，色灰红或灰白，以后多表现为不规则的融合性结节或呈花椰菜状，其表面粗糙，并常因摩擦感染而继发化脓或坏死性炎症，故常有恶臭。组织上，始发阶段呈基底细胞癌结构，以后表现为鳞状上皮细胞癌，但癌珠较少。癌细胞分化程度不一，大小不均，核大，核仁常在两个以上，分裂较多。癌巢附近往往有较多淋巴细胞和浆细胞，间质里可见中性粒细胞浸润甚至出血。肿瘤表面如有感染，则瘤组织表层可见大量中性粒细胞和脓细胞。

【防治措施】

早期可尝试手术切除。病羊应尽早淘汰。

十一、疝

疝是腹部的内脏从天然孔道或病理性破裂孔脱出至皮下或其他腔孔的一种疾病。常见的有脐疝和腹股沟阴囊疝。

【病因】

其原因有先天性缺损（脐孔或腹股沟管开口过大）和病理性缺损（如腹肌破裂等），后者常因外力作用（斗殴、棍棒打击等），或腹压剧增（跳跃、分娩努责等）所引起。

【症状】

脐疝常见于羔羊，多为先天性的脐孔闭合不全或腹壁发育有缺陷。在腹部下部的稍后方有一明显可见的呈半圆形的触之柔软、没有痛感且易压回的肿胀物，其中多为小肠及其肠系膜，其大小不等，小者如核桃大，大者可至拳头大。将内容物复整之后，可触之疝孔的状态。腹股沟阴囊疝是腹股沟管先天性扩大，肠管下坠至阴囊内。一侧或两侧阴囊明显增大，大小不一，阴囊皮肤紧张发亮，捕捉或腹压增大时，症状加重。触诊阴囊柔软，无热、痛等炎性反应。提举两后肢并挤压增大的阴囊，常可使疝内容物还纳回腹腔中，肿胀的阴囊缩小到自然状态，但有些由于肠壁与囊壁发生粘连而不能还纳。

【防治措施】

脐疝和腹股沟阴囊疝，可以通过手术疗法将肠道送回腹腔内，如果肠壁与囊壁粘连，要小心将粘连处进行剥离，封闭疝孔，将多余的囊壁及皮肤做对称切除，缝合手术创口。

十二、脱肛和直肠脱

脱肛和直肠脱是指直肠末端的黏膜层脱出肛门（脱肛）或直肠一部分、甚至大部分向外翻转脱出肛门（直肠脱）。严重的病例在发生直肠脱的同时并发肠套叠或直肠疝。本病多见于幼龄动物。

【病因】

直肠脱是由多种原因综合的结果，但主要原因是直肠韧带松弛，直肠黏膜下层组织和肛门括约肌松弛和机能不全。而直肠全层肠壁脱垂，则是由于直肠发育不全、萎缩或神经营养不良松弛无力，不能保持直肠正常位置所引起。直肠脱的诱因为长时间泻痢、便秘、病后瘦弱，或用刺激性药物灌肠后引起强烈努责，腹内压增高促使直肠向外突出。

【症状】

轻者直肠在病犊或病羔卧地或排粪后部分脱出，即直肠部分性或

黏膜性脱垂。在发生黏膜性脱垂时，直肠黏膜的皱襞往往在一定的时间内不能自行复位，若此现象经常出现，则脱出的黏膜发炎，很快在黏膜下层形成高度水肿，失去自行复原的能力。临诊诊断可在肛门口处见到圆球形、颜色淡红或暗红的肿胀。随着炎症和水肿的发展，则直肠壁全层脱出，即直肠完全脱垂。诊断时可见到由肛门内突出呈圆筒状下垂的肿胀物。由于脱出的肠管被肛门括约肌箝压，而导致血循障碍，水肿更加严重。同时，因受外界的污染，表面污秽不洁，沾有泥土和草屑等，甚至发生黏膜出血、糜烂、坏死和继发损伤。此时，病犊或病羔常伴有全身症状，体温升高，食欲减退，精神沉郁，并且频频努责，做排粪姿势。

【防治措施】

病初及时治疗便秘、下痢等，并注意饲予青草和软干草，充分饮水。对脱出的直肠，则根据具体情况，参照下述方法及早进行治疗。

（1）整复

适用于发病初期或黏膜性脱垂的病羊。整复应尽可能在直肠壁及肠周围蜂窝组织未发生水肿以前施行。方法是先用0.25%温热的高锰酸钾溶液或1%明矾溶液清洗患部，除去污物或坏死黏膜，然后用手指谨慎地将脱出的肠管还纳原位。为了保证顺利地整复，可使躯体后部稍高。在肠管还纳复原后，可在肛门处给予温敷以防再脱。为了减轻疼痛和挣扎，最好给病羊施行荐尾硬膜外腔麻醉或直肠后神经传导麻醉。为防再度脱出，应做肛门环缩术：用弯三角针系10#缝线，线端穿上青霉素胶盖，缝针距肛门缘1.5～2cm处的6点钟处刺入皮下，经皮下至3点钟处穿出，再缝合上一个胶盖，缝针于2～3点钟之间的皮外进针，经皮下于12点钟处出针，再系上一个胶盖，在9点钟处同样出针，至6点钟处胶盖进针与出针，缝线绕肛门一周，抽紧两线头使肛门缩小。

（2）黏膜剪除法

此法是我国民间传统治疗家畜直肠脱的方法，适用于脱出时间较长、水肿严重、黏膜干裂或坏死的病例。其操作方法是按“洗、剪、擦、送、温敷”五个步骤进行。先用温水洗净患部，继以温防风汤（防风、荆芥、薄荷、苦参、黄柏各12.0g，花椒3.0g，加水适量煎两

沸，去渣，候温待用）冲洗患部。之后用剪刀剪除或用手指剥除干裂坏死的黏膜，再用消毒纱布兜住肠管，撒上适量明矾粉末揉擦，挤出水肿液。用温生理盐水冲洗后，涂1%～2%的碘石蜡油润滑。然后从肠腔口开始，谨慎地将脱出的肠管向内翻入肛门内。最后在肛门外进行温敷。

3.固定法

在整复后仍继续脱出的病例，则需考虑将肛门周围予以缝合，缩小肛门孔，防止再脱出。方法是：距肛门孔1～3cm处，做一肛门周围的荷包缝合，收紧缝线，保留2～3指大小的排粪口，打成活结，以便根据具体情况调整肛门口的松紧度，经7～10d左右病犊不再努责时，则将缝线拆除。

4.直肠周围注射酒精或明矾溶液

本法是在整复的基础上进行的，其目的是利用药物使直肠周围结缔组织增生，借以固定直肠。临诊上，常用70%酒精溶液或10%明矾溶液注入直肠周围结缔组织中。

5.直肠部分截除术

手术切除用于脱出过多、整复有困难、脱出的直肠发生坏死、穿孔或有套叠而不能复位的羔羊。

手术后喂以麸皮、米粥和柔软饲料，多饮温水，防止卧地。根据病情给予镇痛、消炎等对症疗法。

参考文献

[1] 马玉忠．羊病诊治原色图谱．北京：化学工业出版社，2013.

[2] 马玉忠．肉羊防疫保健手册．北京：金盾出版社，2016.

[3] 马玉忠．简明羊病诊断与防治原色图谱．北京：化学工业出版社，2009.

[4] 东北农业大学．兽医临床诊断学．北京：中国农业出版社，2009.

[5] 任和平．现代羊场兽医手册．北京：中国农业出版社，2014.

[6] 金东航，马玉忠．牛羊常见病诊治彩色图谱．北京：化学工业出版社，2014.

[7] 陈怀涛．羊病诊疗原色图谱．北京：中国农业出版社，2008.

[8] 丁伯良．羊的常见病诊断图谱及用药指南．北京：中国农业出版社，2008.